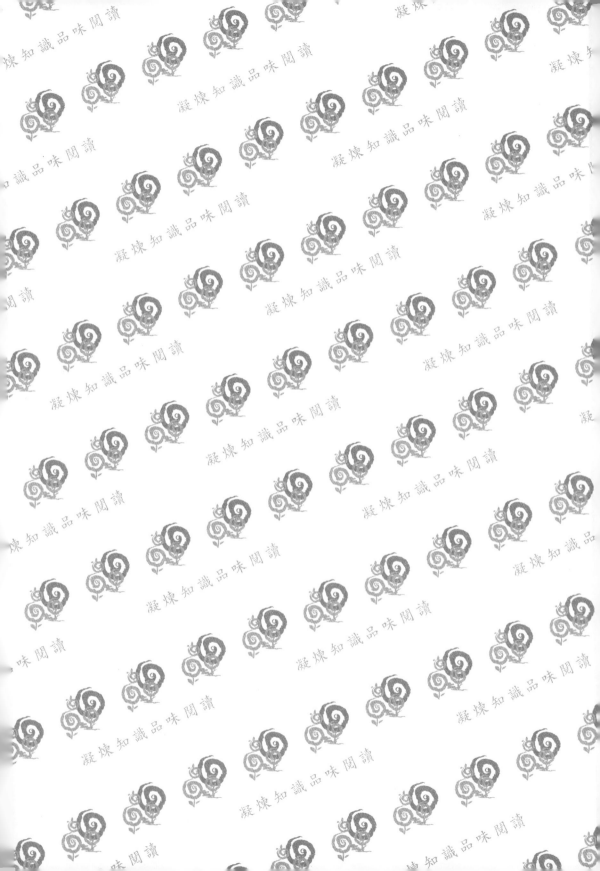

促銷管理精論

行銷關鍵的最後一哩路

第二版

Essential Sales Promotion Management:
Keys to the Last Mile of Marketing

林隆儀 著

五南圖書出版公司 印行

SALES
PROMOTION

推薦序一

　　自從人類有商業行為以來，就避免不了有促銷的動作。促銷活動今日已是商業活動的一種主要銷售方式，幾乎銷售活動都離不開銷售促進。多年來也有很多國內外的專家、學者研究討論這個題目。國內也出版了翻譯本或著作，有與整合行銷一起討論，也有單獨著述，各有特點。

　　林隆儀博士早年服務於黑松公司三十三年多，歷經公司生產、行銷等部門重要職位，如：黑松公司中壢、斗六廠總廠長，尤其曾擔任黑松公司：銷售促進課長、企劃處長及行銷處長十多年，對銷售促進的企劃及執行有相當的實務經驗。後來從事學術方面的研究獲博士學位，並在臺北大學、淡江大學、真理大學等大學擔任教職。曾出版多本行銷、促銷方面的譯作，並經常在各學術刊物及報紙、雜誌等媒體發表有關行銷、廣告、促銷等方面的論述，達一千一百多篇。

　　此次出版《促銷管理精論：行銷關鍵的最後一哩路》，集作者多年來對促銷理論與實務的體會，全方位的介紹促銷。書中舉出許多實例，特別的是每一章開始都有一個「暖身個案」，包括：黑松公司、台灣大哥大、屈臣氏、日立冷氣等十四個不同類別產品的國內案例，都是發生在身邊讓您容易理解。而且在每一章結束時，也特別整理出「摘要」讓您容易記住重點。是一本可

供業界參考，也可當課本教材的難得佳作，是一本值得推介的好
書。

黃奇鏘

臺北市廣告代理公會榮譽理事長

BBDO黃禾廣告公司創辦人

推薦序二

在講授行銷學相關課程時，我喜歡將行銷譬喻為「牧童讓牛喝河水」！

1. 牧童，就是「行銷者」；他的任務就是要知道何時、何地、如何讓牛喝河裡的水，也就是要讓消費者購買產品，並且獲得滿意。

2. 牛，就是「消費者」；牧童必須瞭解牛的體能及生理狀況與日常作息習性。行銷者必須澈底掌握趨勢脈動，並且洞悉消費者的需求。

3. 河流，就是「通路渠道」；河流必須將河水引來，否則牛是喝不到水的。通路上沒有鋪貨上架，消費者是無法購買到所需的產品。

4. 河水，就是「產品」；河水不夠清澈乾淨，甚或有毒煙裊繞，牛絕不可能去喝的。消費者不可能選擇品質粗糙，或拙劣瑕疵的產品。

5. 河堤，就是「價格」；河堤過高或坎坷不平，牛是無法抵達水邊喝水的。價格不合理，過高或是過低都無法讓消費者安心購買。

6. 牧笛，就是「廣告」；牧童一邊吹奏牧笛，一邊引導著牛前往水邊喝水。行銷者運用廣告的亮點與賣點，誘發

消費者的購買欲望。

7. 鞭繩，就是「促銷」；抵達水邊時牧童會揚起鞭繩，催促牛去低頭喝水。消費者前往或抵達賣場途中，促銷會臨門一腳驅策催促。

所以，促銷（Sales Promotion, SP）可以說是行銷之推廣策略（Promotion）中的催促型（Push & Urge）操作工具，也就是「行銷關鍵的最後一哩路」。

摯友林隆儀博士從事品牌行銷超過三十年，曾任職於黑松股份有限公司行銷處處長、企劃處處長，並曾擔任多家企業的顧問。其中有八年擔任銷售促進部門主管，其所經手操刀的促銷案例不勝枚舉，如今將第一手資料現身說法、娓娓道來，相當親切確實。

本書從宏觀角度闡述促銷原理，指出行銷組合、推廣組合與促銷組合的關係，架構清晰、條理分明。全書兼顧理論與實務，論述促銷原理、穿插促銷活動案例，更於每一章章首都附有一則當前著名公司的促銷案例增加臨場感。提高可讀性、實用性與參考性，有些甚至可以按圖索驥立即採用。

除實務界之外，在學術界林博士曾任真理大學企業管理學系（所）專任副教授、國際事務室主任，以及臺北大學企業管理學系兼任副教授。著有《31招行銷基本功》、《主管不傳的經理人必修課》、《策略行銷管理：全球觀點》等二十餘本著作，並經

常於報章雜誌發表評論，堪稱膾炙人口、歷久彌新。

　　本書為學術界及實務界提供諸多促銷活動企劃範例，足以啟發促銷活動完整思維，堪稱國內「促銷」方面第一本有系統、有條理的空前鉅著。

羅文坤

中國文化大學廣告系系主任

推薦序三

你會成為企業要「追拿」的促銷高手

　　促銷的角色在行銷中像是日本忍者，也像是一位幻影殺手，非到業績緊要關頭，絕不冒然現身。

　　促銷能補業績、補利潤，為什麼不常常拿來用？關鍵為促銷是一把兩面刃，做得好能補身、做不好賠了夫人又折兵，因為消費者對促銷不買單，你除了補不到業績，還會傷害品牌形象及價格定位。所以如何成功做好促銷，是行銷人的一場高難度挑戰。

　　現在，這些困難都可迎刃而解了，國內行銷著作等身的行銷名師：林隆儀副教授，以其卓越的見解為大家撰寫了一本促銷指南：《促銷管理精論：行銷關鍵的最後一哩路》。

　　這本書可稱之為促銷葵花寶典，因為它擁有三大特色：

　　第一、案例精彩：書中全都以國內知名成功案例作說明，平時大家雖知有這些促銷活動，但大部分是知其然而不知其所以然，現在經大師深入剖析、精華重現，讀者見賢思齊馬上應用績效立見。

　　第二、理論實務兼具：理論是思考的精華，實務是經驗的累積，只有真正身經百戰又在學理上不斷精進的人，才能左右逢源，林隆儀副教授在業界工作多年，在學術殿堂指導多位碩博士

且論文又常獲獎，讀者有幸一書在手，促銷功力肯定立即倍數增長。

第三、行業俱全：促銷之難在於各行各業各有其專業上的特殊性與限制性，例如：你很難將飲料的促銷方法用在百貨業上。同理，要將金融業的促銷方法應用到3C產品上也格格不入。現在有了這本涵蓋各主要行業類別的促銷專書，讀者居高臨下各種功夫盡入手中，在觸類旁通之下促銷策略將因此百發百中。

尤其，本書又附有最新促銷企劃案範例，讓新手可循序漸進、老手又可溫故知新，是每位行銷人案頭必備的促銷寶典。相信有了它，你的促銷ideas會源源不絕、你的業績會不斷上升，你更會因此成為企業要「追拿」的促銷高手。

蔡益彬

臺北神經行銷研究室執行顧問
《經濟日報》「行銷最錢線」專欄作者

推薦序四

　　林教授曾任職於黑松公司長達三十三年，職務經歷包括企劃處長與行銷處長，其中更有八年負責銷售促進職務，對於經銷商通路構建與運作管理具有相當豐富的實際經驗。學術方面，林教授行銷及管理知識與時俱進，是位理論及實務兼具的行銷專家。

　　飲料屬於低關心度的快速消費品，在品牌的經營上除了投資媒體宣傳行銷活動外，在通路的陳列露出及促銷活動也具同等重要性，如何藉由促銷活動強化店頭賣力，為快速消費產業者之重要課題，其中包含通路主題活動、一般促銷價格、店頭販促、新產品上市嘗鮮價、節慶檔期活動與結合異業促銷合作等多元方式。以新產品上市促銷活動為例，搭配通路嘗鮮活動，可有效提升產品實力，創造倍數業績成長。因此，如何使用促銷活動讓消費者在貨架前面選購黑松的產品，一直是我們努力的目標。

　　隨著科技時代的進步，黑松也不斷地研擬、規劃更符合消費者生活型態的促銷方式，由過去的集瓶蓋寄回函抽獎形式，演變至上網登錄發票，到現今輸入瓶蓋序號立即參加抽獎活動，方便性提升了活動參與率。

　　2015年是黑松九十週年，為了感謝消費者的支持，我們特別舉辦「喝黑松轉好運」促銷活動，從「提供闔家歡樂」的角度設計活動辦法：一人中獎四人同行，不只吸引消費者參與，並能激

起集聚效應增加購買率，使用「輸入瓶蓋序號」方便性的抽獎手法，並運用電視廣告、網路賣場、POP等媒體宣傳，提升活動知名度及宣傳黑松創立九十週年的精神——「黑松90、永遠動新」。未來，黑松將持續發展更多元與適時的促銷方式，提升消費者選購率。

　　本書林教授蒐集不同產業的行銷個案，透過其精闢實務分析及深入淺出的理論說明，並導入策略的觀點，分析不同促銷方法的效益比較，這些寶貴經驗將可提供行銷企劃人員作為運用與參考。

張斌堂

黑松股份有限公司董事長

再版序

　　《促銷管理精論》出版以來，廣受各界歡迎與好評，許多學校採用為促銷課程教本，一時洛陽紙貴、不脛而走，短短一年中第一版即將售罄。若要問我此時的心情，我的答案除了感謝還是感謝，同時也勉勵自己要以更多努力作為回報。

　　這本書廣受歡迎，顯示市場上亟需要有一本內容比較完整，兼具原理與實務導向的促銷管理書籍。一方面可以當作教科書，教導促銷原理的基本知識；一方面可作為行銷人員研擬促銷方案的參考書，這也是我當初想要撰寫這本書的主要動機。

　　促銷對象可以區分為針對消費者、中間商、推銷員等三大類，促銷活動的基本招式雖然不多，但是組合應用的結果卻是變化多端，加上行銷人員迸出腦力激盪的火花且新招式層出不窮，以致招式之多不勝枚舉。尤其是針對消費者的促銷，更是令人眼花繚亂、目不暇接。這種招式競豔的情境，激起購買動機達成促銷目標，創造銷售績效確實功不可沒。

　　每年11月正值臺灣的百貨公司週年慶旺季，也是針對消費者促銷最暢旺的季節，各家百貨公司早就在摩拳擦掌、卯足全勁，希望突破銷售瓶頸挑戰新紀錄，創造最亮麗的成績單。百貨公司屬於零售業，銷售的產品品項應有盡有、陳列的品牌琳琅滿目，促銷活動不一定獨鍾某一品牌，促銷操作手法不但各異其趣，而

且和生產廠商的作法大不相同。其中最令消費者引頸企盼者，莫過於「排隊商品」的促銷，這種引爆搶購熱潮的促銷手法，就是靈活應用促銷原理的結果。其實促銷招式沒有一成不變的模式與原則可循，促銷花招的發展沒有任何侷限，唯一受到限制的是行銷人員的促銷靈感與創意。

作者一直在思考這本書定名為《促銷管理精論》，必須涵蓋哪些範圍，應該討論些什麼主題、提供些什麼價值給讀者。第一版出書後除了審慎精讀之外，虛心傾聽讀者意見並不斷在蒐集相關且適當的資料，準備作為再版的主要材料。相信用心投入必會有豐碩的收穫，本書（再版本）應該可以加入許多新資料且以新面貌呈現。

為感謝眾多讀者對本書的喜愛，正值再版之際本書做了多項更新，增加許多材料且充實全書內容。再版本的更新主要包括下列三大部分：

1. 增加部分內容，使本書更完整。充實促銷原理的論述，在適當章節增加適當內容，加入許多最新材料使本書更趨完整，更具有可讀性及參考價值。

2. 與時俱進，更新章首促銷案例。促銷活動幾乎每天都有新案例出現，本書秉持與時俱進、保持時新的精神，每一章章首的暖身案例全數予以更新，尤其是加入針對中間商、推銷員的促銷，增加精準的案例。

3. 引導思考，增加章末個案討論。本書定位為兼具原理與實務，亟需附有實際案例供個案研討之用，乃將第一版每章章首案例轉換為章末的個案討論，希望引導動腦思考，醞釀更多新的促銷點子。

　　感謝我的三位傑出學生對本書的貢獻，促銷實務經驗豐富的鄭博升碩士在百忙之中，協助將第一版章首案例轉換為個案討論，巧妙的提出動腦思考的問題使本書更具有教科書的功能。感謝勤勉好學的陳俊碩博士遠在泰國擔任教職，仍然關心本書的改版，並繼續協助蒐集新案例的初級資料，使本書章首案例得以嶄新面目呈現。感謝用心投入的施幸佑碩士幫忙蒐集章首部分初級資料，使本書得以與時俱進且保持時新，為本書注入新能量豐富參考價值。

　　家人的支持與鼓勵一直是我最大的生活支柱與動能，感謝你們的容忍與關懷，給我讀書、教學、寫作的自主時間與寬廣的空間，讓我得以無憂無慮的做我最感興趣的事——快樂學習、享受成長，願把這些喜悅和你們分享。

林隆儀 謹識
2021年2月9日

作者序

　　作者曾在文化大學廣告系講授「促銷活動」課程，和學生們一起體驗過缺乏適合教材的不便，也曾經有過寫一本這類教材的念頭，多次都認為還沒有準備好而告停擺。兩年多前，準備在淡江大學企管系開設「促銷管理」課程，向文化大學廣告系羅文坤主任請益，有無適合的教材可供教學使用方便學生學習，羅主任思索片刻然後直截了當的說：「沒有，等你來寫」，就這麼一句話激起我寫作這本新書的動機。

　　促銷已有長遠歷史，自從人們開始從事商業活動就伴隨著刺激銷售的促銷功能。若從行銷觀念演進歷史觀之，行銷演進到銷售觀念後，廠商發現光靠供給無虞、品質優良不見得就有良好的銷售，還需要加上促銷與推廣因子。一方面讓消費者知道產品的獨特特色，一方面提供促銷誘因，吸引消費者增量購買、加速購買、提前購買、反覆購買、推薦購買，為公司爭取更多銷售機會。今天促銷已經成為非常普遍且非常重要的商業活動，而且幾乎演變到「沒有促銷，就沒有亮麗銷售績效」的境界。促銷受到重視後，促銷管理也從行銷領域中被劃分出來獨立成為一門專精學問，商學院及傳播學院許多系所都開設有這門課，足見促銷在商業活動及學術領域都占有舉足輕重地位。

　　坊間不乏促銷活動的書籍，但是屬於企業參考用書者多，適

合在學術殿堂當作教材者少。作者深深體會促銷管理是一門應用學科，必須理論與實務兼具且相互輝映，對促銷原理與原則有深厚的理論基礎，適合在課堂上教導學生。一方面讓學生完整的學習整套促銷方法，另一方面讓從事促銷管理的企業人士理解促銷活動背後的原理與原則，因為「知其然，亦知其所以然」，提高促銷價值使促銷活動發揮最大效果。有鑑於此，本書以促銷原理與原則為經，以促銷實務應用為緯，在原理論述中穿插有實例印證，在實際案例中點出原理與原則，藉此滿足學生有系統學習的需要，同時也提供企業人士有價值的參考資料。

美國行銷協會將促銷定義為在企業行銷活動中，不同於人員推銷、廣告及公開報導，而有助於刺激消費者購買及增進中間商效能，諸如產品陳列、產品展示與展覽、產品演示等不定期、非例行性的推銷活動。促銷內容相當豐富，包括針對消費者、中間商及公司推銷員的促銷，每一對象各有許多促銷方法形成促銷組合。促銷屬於推廣活動的一環，和廣告、公開報導、人員推銷併稱為推廣組合；推廣（Promotion）屬於行銷策略要項之一，和產品（Product）、價格（Price）、通路（Place）併稱為行銷組合，也就是吾人所熟知的行銷4P's。由此可知促銷與行銷息息相關，吾人每天所接觸到廠商的行銷訊息中，有一大半屬於促銷訊息。在廠商的推廣活動中，無論是從投入的預算觀之或從活動曝光率來看，促銷與廣告幾乎平分秋色。本書的核心內容鎖定促

銷組合（Sales Promotion Mix），從宏觀觀點論述促銷與推廣活動，以及其與行銷活動的關係；從實務角度闡述促銷活動的運作，希望提供一本比較完整、適合在課堂上講授的促銷管理教材，以及具有高度參考價值的促銷活動店頭書。

作者在企業服務時間比較長，其中有八年時間擔任銷售促進部門主管負責促銷管理工作。每年針對消費者、經銷商、零售商、推銷員舉辦各種促銷活動和同業在市場上競爭，同時也負責建構冷藏通路，擴大密集的配銷網以及經銷商輔導工作，強化經銷商的向心力與戰鬥力。這八年的實戰經驗，讓我親自體驗促銷管理與經銷商輔導實務都是非常寶貴體驗，也累積一些心得。轉任教職後更覺得這些寶貴經驗的價值，能夠在課堂上和研究生們分享，在報章雜誌上發表見解其樂融融，將其中部分點滴融入本書中分享更多讀者。

本書具有下列特點：

1. 從宏觀角度闡述促銷原理，指出行銷組合、推廣組合、促銷組合的關係。
2. 兼顧理論與實務，論述促銷原理、穿插促銷活動案例且增加可讀性。
3. 導入策略管理觀念，重視策略思考提高促銷管理價值與應用效果。
4. 分析每一種促銷方法的優缺點，分別提出教戰守則供企

劃人員參考。

5. 作者在企業擔任銷售促進部門主管，掌管促銷兵符的現身說法。

6. 每一章章首都附有一則當前著名公司的促銷案例，增加臨場感。

7. 提供一份促銷活動企劃案應用範例，啓發促銷活動的完整思維。

　　本書共有十四章，分為五大篇。第一篇〈促銷原理篇〉，論述行銷組合、推廣組合與促銷組合的關係，闡述促銷原理及其重要性。第二篇〈促銷STP篇〉，回顧消費者購買行為與購買決策過程，討論選擇正確促銷對象的方法。第三篇〈促銷規劃篇〉，介紹促銷活動的策略規劃，發展促銷目標與促銷策略的方法，討論行銷3P's對促銷活動的影響，說明促銷計畫與預算的編列方法，介紹促銷組織的設計與執行要領。第四篇〈促銷執行篇〉，分別介紹針對消費者、中間商、推銷員的各種促銷活動及比較其優缺點，提供教戰守則。第五篇〈績效評估篇〉，介紹促銷成效的評估方法，討論促銷的發展趨勢。附錄中附有一份促銷活動企劃案應用範例，另外作者在學術期刊上發表有關促銷策略的三篇論文作為上課補充教材，請至五南網頁下載http://www.wunan.com.tw提供參考。

　　完成本書的寫作要感謝的人很多，首先要感謝我國廣告界前

輩——臺北市廣告代理公會榮譽理事長、BBDO黃禾廣告公司創辦人黃奇鏘先生，每天清晨在運動場運動時給我的指教、肯定與支持，並且惠賜推薦序文為本書加持。感謝文化大學廣告系羅文坤主任的殷切鞭策，為本書書名提供寶貴意見且惠賜推薦序文令我倍感榮幸。感謝摯友臺北神經行銷研究室執行顧問、《經濟日報》「行銷最錢線」專欄作者蔡益彬先生，平日互相切磋、經常交換意見，惠賜推薦序文增光篇幅。感謝我的老東家黑松公司董事長張斌堂先生在百忙中惠賜推薦序文，不但增添我個人的光彩，也是對本書的肯定。感謝我的兩位學生，鄭博升碩士、陳俊碩博士幫忙蒐集部分初級資料，增添參考價值之外，也使本書讀起來帶有幾分臨場感。感謝五南圖書出版公司副總編輯張毓芬小姐的鞭策與鼓勵，使本書得以問世。感謝我家人的鼓勵與支持，使本書得以順利進行如期完成。

林隆儀 謹識
2015年5月10日　母親節

目　錄

促銷管理精論——行銷關鍵的最後一哩路

第一篇　促銷原理篇

第1章

緒　論

暖身個案

中華航空公司

HERTZ秋季促銷：
全球最高可享25%折扣及雙倍華夏會員里程

　　航空公司是以各種航空飛行器作為運輸工具，為乘客和貨物提供民用航空服務的企業，需要一個官方認可的運行證書或批准方可展開營運。航空公司使用的飛行器可以是自己擁有，也可以是租來；可以獨立提供服務，也可以和其他航空公司合夥或組成策略聯盟。

　　航空公司的規模可以從只有一架運輸郵件或貨物的飛機，到擁有數百架飛機機隊，提供各類全球性服務的國際航空公司。航空公司的服務範圍，可以分為洲際、洲內、國內，也可以分為航班服務和包機服務。

　　中華航空（IATA代碼：CI；ICAO代碼：CAL；呼號：Dynasty；臺證所：2610），簡稱華航，是中華民國的國家航空公司，同時也是臺灣最大的民用航空業者，為華航集團的核心企業。主要轉運中心為桃園國際機場，總部設在緊臨桃園國際機場的華航園區，目前以經營國際航線為主（包含客運與貨運），航點遍布三十個國家地區。華航在成立之初亦有經營國內航線，為整合企業內部資源及營運重心，自1998年起國內航線全部轉由旗下子公司華信航空經營。旗下尚有與新加坡航空合資成立的臺灣虎

航，以搶攻臺灣出發或轉運的低成本航空市場。

　　華航在1959年由中華民國政府為首出資創辦，目前仍以間接持股方式擁有多數股權。華航是臺灣航空業共享代碼合作的先驅業者，目前和23家分別來自美洲、亞洲、澳洲、歐洲、獨立國家國協等地區的航空業者，合作經營了許多條共享代碼航線，且為了使航網效益極大化，華航於2011年9月28日加入天合聯盟，是第一家加入國際航空聯盟的臺灣籍航空公司。

　　中華航空的飛行獎勵計畫——華夏里程酬賓計畫（Dynasty Flyer），創立於1993年，共分五種等級，包括華夏卡、銀卡、金卡、翡翠卡和晶鑽卡。華航在晶鑽卡以外還祕密的設有「鑽石+」隱藏級別，平常僅附加在晶鑽卡內部。如果成為全球華航前十名品牌忠誠者，又擁有晶鑽卡且是晶鑽卡里程全球前十名，就可擁有「鑽石+」級別的最頂級服務。為保持該隱藏性級別的最尊貴性，「鑽石+」級別主要是按照過去一個月以內，旅客搭乘華航集團航班的頻率及航線長度調整其會籍級別。擁有金卡以上的會籍可以享受到如機場櫃檯行李優先處理、免費貴賓室與世界主要航空公司的飛行獎勵計畫類似的額外服務。另外，由於華信航空是華航的子公司，再加上華航已在2011年加入天合聯盟，因此搭乘華信航空及天合聯盟成員之航班也可以累積飛行里程，但最高僅能累積進入晶鑽卡，不得累計進入升等「鑽石+」的累計計分，「鑽石+」僅能計算搭乘華航集團航班的里程。

　　除了只需申辦就可免費擁有的華夏卡之外，其他華夏里程酬賓計畫的會籍都是採用浮動方式，主要是按照過去一年以內，旅客乘搭華航集團及其他天合聯盟成員航班的頻率及航線長度調整其會籍級別（「鑽石+」級則為一個月浮動調整一次）。2013年，為了擴大兩岸布局，中華航空公司與中國大陸3家航空公司中國南方航空、中國東方航空及廈門航空結盟，宣布成立「大中華攜手飛」計畫，但是「大中華攜手飛」里程不得計算入「鑽石+」級別會籍中。

　　中華航空公司在2016年9月26日至10月10日，舉辦了「秋季促銷優

惠」的促銷活動。只要參加本活動的租車點享有最高25%折扣，以及雙倍華夏會員里程。

秋季促銷
最高可享25％折扣及雙倍里程

自2016年9月26日至10月10日訂車至少滿二天，同時於2016年12月15日以前取車，可在全球一百多個國家參加本活動的租車點享有最高25%折扣，以及雙倍華夏會員里程。

欲享上述優惠，請在訂車時告知折扣編號（CDP#）778687，優惠里程編號（PC#）191763及您的華夏會員號碼。該項活動的條例與須知如下：

1. 優惠限於2016年9月26日至10月10日之間訂車，同時於2016年12月15日前取車。

2. 至少需租車滿二天以上，才可享有贈送租車里程的優惠。租車日期不可超過十四天。

3. 優惠活動限於全球參加本活動的租車點使用，並且有不同車輛等級的限制。有部分租車點和國家不適用，各個國家會有不同的額外規定。

4. 優惠不適用於團體價／預付車租、同業折扣、員工或任何其他報價。

5. 本活動不可與其他折扣或優惠同時使用。

6. 折扣只適用於車租，不包括稅金、規費、服務費、異地還車費與其他自選性服務，例如兒童座椅、增額駕駛人與油資，這些費用

必須按標準規定進行。

7. 必須於出發前至少24小時預訂（在亞洲租車必須於出發前至少48小時預訂）。

8. 在取車櫃檯出示您的華夏會員卡。

9. 部分日期不適用。

10. 所有的租車必須遵循HERTZ標準的規定與條件進行。

11. HERTZ保留隨時更改或取消本活動的權利。

12. 欲知HERTZ冬季促銷活動各租車點之詳情與規定須知，請點選華航網站。

參考資料：

1. 維基百科（2016），中華航空，https://zh.wikipedia.org/zh-tw/%E4%B8%AD%E8%8F%AF%E8%88%AA%E7%A9%BA

2. 維基百科（2016），航空公司，https://zh.wikipedia.org/wiki/%E8%88%AA%E7%A9%BA%E5%85%AC%E5%8F%B8

3. 中華航空官網（2016），首頁-關於華航，http://www.evaair.com/zh-tw/about-us/about-evaair/

4. 中華航空官網（2016），首頁-HERTZ秋季促銷，https://www.china-airlines.com/tw/zh/member/members-exclusive/member-news/hertz-autumn-sale

1.1　前　言

　　促銷是推廣組合的要素之一，很多人將促銷和推廣混為一談，其實兩者有著明顯的差別。推廣的範圍比較廣泛、內容比較豐富，包括廣告、公開報導（公關）、人員推銷和銷售促進（簡稱促銷）；促銷的範圍雖然相對比較狹隘，包括針對消費者、中間商及推銷員的促銷，卻是企業短期增加銷售的有效方法。

　　促銷活動的重要性可以從三方面窺見端倪，第一、企業每年投入促銷活動的預算不僅金額龐大，而且每年都不斷提高，占推廣預算的比率也有逐年增加的趨勢。第二、無論是工業用品或消費品行銷離不開促銷的現象愈來愈明顯，以致促銷手法推陳出新、促銷招式五花八門，促銷活動成為行銷活動的重要策略選項。第三、隨著促銷重要性日漸提高，公司紛紛成立促銷專責單位，指派專人統籌促銷管理工作。

1.2　促銷的意義

　　銷售促進（Sales Promotion, SP）簡稱促銷，是指廠商將產品順著行銷通路，向推銷員、中間商及消費者推銷的有效方法。美國行銷學會（American Marketing Association, AMA）將促銷定義為：「在行銷活動中不同於人員推銷、廣告、公開報導，而有助於刺激消費者購買及增進中間商效能，諸如產品陳列、產品展示與展覽、產品演示等不定期、非例行性的推銷活動。」直言之，促銷是廠商利用激勵技術，提高消費者、中間商和企業用戶對廠商品牌價值的認知，創造短期銷售的一種方法。主要目的是在吸引消費者試用公司產品，鼓勵多量購買或反覆購買（註1）。更

進一步說，促銷是生產廠商使用任何誘導方法，激勵中間商（批發商、零售商）與／或消費者購買其產品，以及鼓勵公司的推銷員積極推銷公司的產品，批發商向零售商推銷，零售商再向消費者推銷的一連串過程。誘因是指廠商所提供的額外利益，期望改變消費者對價格或價值的認知（註2）。

Haugh（1983）指出，促銷是廠商提供給推銷員、中間商以及最終消費者有關產品之額外價值的一種直接誘因，目的是要激起即刻銷售效果（註3）。Kotler and Keller（2012）從實務觀點認為促銷是行銷活動的關鍵要素，由許多刺激方法所組成，大部分都屬於短期性質，為刺激消費者或顧客對特定產品或服務產生更快或更多的購買而設計（註4）。

促銷是廠商可以控制的溝通方法，在有限時間內強化公司所提供的價值，以刺激視聽眾的立即反應（註5）。黃俊英（2002）認為促銷是廠商為了鼓勵人們購買產品或服務所提供的短期誘因，常和廣告搭配演出。廣告為購買產品或服務提供合情合理的理由，促銷則適時提供立即購買的誘因（註6）。Etzel, Walker and Stanton（2001）認為在推廣活動中，促銷是最不嚴謹的名詞，他們將促銷定義為刺激需求的方法，是廠商設計用來輔助廣告及促進人員銷售（註7）。

綜合上述作者的見解，促銷具有下列幾層涵義：(1)促銷包括提供給消費者購買的額外誘因，這些誘因通常都是促銷計畫的關鍵因素，可能是折價券或減價優惠、可能是有機會參加競賽或抽獎、可能是退還貨款或現金回饋，也可能是給予額外數量的產品；(2)促銷是促使消費者加速購買的有效工具，用來加速銷售過程進行及使銷售量達到最大化（註8）；藉助額外的誘因可以激勵消費者大量購買、縮短採購週期，或鼓勵即刻購買；(3)可以針對不同對象舉辦不同的促銷活動（註9）。

促銷是推廣組合的要素之一，兩者關係密切。推廣（Promotion）是公司與行銷目標對象之間的一種溝通，也就是公司有效運用推廣組合策略達成行銷目標的一套計畫。促銷是公司鼓勵消費者購買所銷售產品或服務

的一種短期誘因，包括由許多具有短期誘導性質的戰術性促銷工具所組成，用於刺激消費者提早或引發較強烈的購買欲。直言之，促銷是廠商提供額外的刺激誘因，鼓勵目標市場的消費者完成某種增強行為的過程。

由上述定義可知推廣與促銷的差異，其中廣告和促銷雖然有明顯的不同，但兩者具有相輔相成的作用。在實務應用上也都雙管齊下，期望發揮行銷的增強效果。

1.3　行銷觀念的演進

行銷觀念（Marketing Concept）或稱行銷哲學（Marketing Philosophy），是指企業對市場所抱持的觀點、態度與看法。隨著時代背景與行銷環境之不同，行銷重心各不相同，廠商對市場的看法也各異其趣。行銷觀念的演進可區分為生產觀念、產品觀念、銷售觀念、行銷觀念和社會行銷觀念（註10），如圖1-1所示。

圖1-1　行銷觀念的演進

1. 生產觀念（Production Concept）時代

此一時代由於物資缺乏，有錢不一定能買到所要的物品，有能力充分供應產品的生產廠商大多大發利市。此時消費者對產品品質尚未有刻意的要求，於是生產廠商熱衷於擴大規模。除了創造規模經濟效益之外，紛紛引進各種科學方法尋求以機器替代人力，以提高生產量爲作業核心、以充分供應市場需求爲第一要務。

2. 產品觀念（Product Concept）時代

生產廠商致力於提高生產數量後產品供應量大量提高，消費者購買的自由度與選擇性逐漸擴大開始重視產品品質。廠商發現品質良好的產品比較容易被消費者接受，於是將提高產量爲重心的政策修正爲重視產品品質，引進品質管理的各種技術開啓產品觀念的新時代。

3. 銷售觀念（Selling Concept）時代

產品大量供應且品質迎合消費者需求後，隨著同質性高的產品充斥市場，消費者的選擇空間更大幅擴大。精明的廠商發現要快速而有效的銷售產品需要成立專責銷售單位，指派推銷人員在市場上執行推銷工作，此時的工作重點是在達成公司的銷售及利潤目標。對產品所知有限的消費者，也因爲有推銷人員的解說、演示與推介而更容易接受產品，廠商群起效尤於是進入講究推銷技巧的銷售觀念時代。

以上三個觀念時代都是聚焦於廠商生產什麼產品就賣什麼產品，沒有考慮到消費者要的是什麼產品，所以仍然脫離不了廣義生產導向觀念時代，產品銷售到某一程度後難免出現銷售瓶頸。廠商僅憑自己的想法提供自己所能供應的產品，忽略消費者需求是造成銷售瓶頸的主要原因。當年臺灣的飲料廠商推出茶飲料時受到傳統習慣領域的影響，每一家廠商的茶

飲料都加了砂糖希望使茶飲料更好喝。產品上市後不久就不斷接獲消費者的批評與反映，質疑廠商的開發人員平常在家喝茶有加砂糖嗎？機敏的廠商立刻驚覺此一批評的價值，迅速改弦易轍推出迎合消費者需求的無糖及微甜茶飲料，並且承認事前沒有傾聽消費者聲音所犯的錯誤。

4. 行銷觀念（Marketing Concept）時代

銷售觀念時代頻頻出現銷售瓶頸，廠商在學到教訓後將只會「銷售我們所能生產的產品」之做法，改變為「生產消費者所要的產品」。主張以顧客為師，生產前先進行行銷研究，思考及探索消費者要的是什麼樣的產品，然後安排生產迎合消費者需求的產品。廠商所生產的產品就是消費者所期望的產品，這是行銷觀念最大的突破。行銷觀念認為唯有滿足消費者需求才能達成公司目標，這種新主張與新產品普遍獲得廣大消費者的支持，廠商的銷售瓶頸也因此而大獲解套於是掀起一陣行銷熱。

5. 社會行銷觀念（Social Marketing Concept）時代

又稱為社會責任行銷導向，認為隨著科技進步及人們的知識水準提高，廠商不應將追求營利視為公司的唯一目的。追求利潤的同時應該善盡社會責任、重視社會福祉，廠商與社會共生的觀念備受推崇。社會責任的範圍非常廣泛，舉凡關懷環境的生態行銷、友善環境的綠色行銷、重視消費者健康的良心行銷、保護消費者感受的人性行銷、講究社會福祉的公益行銷、關懷弱勢的善心行銷，都是社會行銷觀念下的產物。

社會行銷觀念有效激起廠商保護環境與關懷社會的動機，例如防治汙染、防止噪音、節能減碳、廢棄物回收、改善工作環境、關懷弱勢、回饋社區以及杜絕黑心產品等，不僅使產品更受歡迎同時也大幅提高公司商譽。

1.4 廠商舉辦促銷活動的理由

促銷活動對行銷及銷售績效有著直接與間接的貢獻，前者是指透過各種促銷工具對提高短期銷售有卓越的貢獻，後者是指成功的促銷活動對提升公司形象有正面的影響。廠商舉辦促銷活動有下列三種理由：

1. 提高短期銷售績效

促銷活動通常有一定期間，廠商在此期間內提供強烈誘因，最直接的理由就是可以提高短期銷售績效。例如百貨公司及大賣場在節慶期間，舉辦消費每滿3,000元即贈送250元折價券促銷活動，多買多送鼓勵消費者把握時效，刺激多量購買可以創造快速、可衡量的銷售績效。

2. 緩和市場競爭壓力

市場競爭激烈時競爭廠商競相推出各式各樣的促銷活動，公司若抱持以不變應萬變的心態勢必會自嚐苦果。所以廠商都會評估競爭局勢與需要，適時推出適合的促銷活動以因應及削弱競爭廠商提供給消費者的促銷誘因，藉以緩和競爭壓力。

3. 滿足顧客預期心理

消費者經常接觸廠商所舉辦的促銷活動，都會記得廠商的促銷週期與內容，甚至帶有預期的心理等待廠商推出促銷活動時再行購買。例如百貨公司週年慶促銷活動常以化妝品為主軸，消費者會選擇在週年慶促銷期間購足一年份所需的化妝品。曾經享受過促銷誘因的顧客，也都紛紛預期廠商會在週年慶期間再度舉辦促銷活動。

1.5　促銷的目的與目標

　　從推廣策略的角度言促銷是屬於推進策略（Push Strategy），目的是要透過各種促銷活動，將廠商所生產的產品或所提供的服務順著行銷通路往前推銷給顧客，這些顧客包括有批發商、零售商及消費者，以創造銷售績效。廣告屬於誘導策略（Pull Strategy），旨在利用各種媒體廣告吸引消費者到零售據點選購公司的產品與接受服務。實務應用上都採用兩者兼顧的方式，雙管齊下創造行銷加成效果。

　　直言之，廠商舉辦促銷活動的目的是希望創造量化的效果，包括下列各項：

1. 吸引消費者上門。
2. 增加短期銷售數量或營業額。
3. 加速新產品迅速進入市場。
4. 提高消費者對新產品的瞭解。
5. 以相同價格銷售更多數量的產品。
6. 以更高價格銷售與原來相同數量的產品。
7. 以更高價格銷售更多數量的產品。
8. 配合其他推廣活動，創造行銷綜效。

　　促銷活動除了創造量化的銷售數量與營業額之外，還具有質化的目標，例如成功的促銷活動有助於建立顧客關係。具體而言，促銷的目標包括下列各項：

1. 鼓勵消費者試用新產品。
2. 鼓勵顧客反覆購買公司現有產品。
3. 維持及提高現有顧客忠誠度。
4. 提高顧客轉換成本，留住現有顧客。

5. 提高對顧客的庫存占有率。

6. 因應及緩和競爭廠商的促銷活動。

7. 建立顧客資料奠定顧客關係管理的基礎。

8. 給顧客留下深刻的印象，提高公司形象。

1.6　促銷的特性

　　隨著競爭局勢提高廠商投入促銷活動的預算逐年在增加，顯現促銷的重要性有增無減，成為行銷上不可或缺的一環。促銷之所以備受現代企業所重視，主要是具有下列特性（註11）：

1. 促銷創造銷售結果

　　廠商投入促銷活動預算，比其他任何行銷活動更快速看到結果。例如贈送折價券、優惠券、兌換券與退還貨款等促銷活動，引起消費者或零售商的熱烈迴響可以迅速創造短期銷售績效。

2. 促銷成果快速呈現

　　促銷屬於特定期間的推廣活動，短期間即可看到具體的促銷結果，不像廣告和公關等溝通策略需要投入龐大預算，是否能提高銷售數量或營業額仍然存有不確定性。廠商想要迅速提高銷售績效時，促銷是一種很有效的選擇。

3. 促銷成果可以衡量

　　公司舉辦促銷可以快速增加銷售量或營業額，成果不但容易呈現而且可以具體衡量，不像廣告及公關需要長時間研究與評估才能得知成效，因

此被視爲是行銷組合中最符合科學的要素。

4. 促銷執行相對容易

現代企業普遍都有優越的能力，可以精準的預測自己公司及競爭者產品的銷售，然後根據預測結果研擬促銷活動做到知己知彼的境界，使促銷活動規劃與執行相對容易。至於促銷活動的內容、規模、期間、預算以及預期成果都掌握在公司手中，而且可以視競爭狀況彈性調整，預算管理也比較能夠有效控制。

1.7　促銷的激勵方式與時機

---

1. 激勵方式

促銷旨在提供激勵誘因鼓勵目標消費者採取購買行動，不是提高短期銷售績效，就是促成聯想到的產品。廠商舉辦促銷活動最常使用下列的激勵方式（註12）：

(1) 價格激勵

降低產品原來價格的各種促銷方式。例如百貨公司利用換季期間舉辦服飾打折優惠；電腦廠商選擇學校開學季針對學生推出專案特惠價促銷；許多其他業者在新產品上市初期舉辦特價優惠；又如餐飲業者及KTV業者舉辦三人同行一人免費促銷活動。

(2) 產品激勵

提供樣品試用或以原來產品作爲贈品。例如洗髮精業者免費提供試用品；化妝品及面膜業者贈送少量樣品供試用；食品與飲料廠商提供試吃、試飲促銷活動；其他業者舉辦買一送一、買大送小促銷活動。

(3) 獎品或贈品

讓顧客有機會獲得獎品或購買產品時附贈贈品。例如春節期間微風廣場推出銷售福袋及抽獎促銷活動，第一特獎可獲得轎車一部，另有電腦、智慧型手機、小家電或其他日用品等獎品。

(4) 活動經驗

顧客個人或團體參與競賽、抽獎、聚會或其他獨特經驗的活動，參與的報酬不是有機會贏得獎盃、金錢或旅行等，就是純粹盡情享受該活動。例如有些公司推出有獎徵答或競賽活動，答對者或優勝者贈送國外來回機票、住宿券或者和明星共進晚餐。

2. 激勵時機

促銷活動所提供的激勵時機會影響消費者參與活動意願，進而影響促銷成效，所以激勵時機的選擇也是一項重要抉擇。廠商舉辦促銷活動提供給消費者的激勵時機，不外下列三種（註13）：

(1) 立刻激勵

消費者購買或無須購買、或參與和產品有關的活動，立刻獲得激勵。例如刮刮樂彩券現買現刮，激勵立見分曉；報紙業者為鼓勵讀者長期訂閱，凡是預訂一年者即贈送小家電產品。

(2) 延後激勵

消費者在下次購買時、或購買後的某一段期間內、或參與和產品有關的活動時，即獲得激勵。例如百貨公司及大賣場舉辦「買千送百」促銷活動，所贈送的折價券在下次購物時才能抵用；銀行和航空公司發行聯名卡，簽帳達一定金額者可以換取免費機票，這些免費機票可在非旺季期間使用。

(3) 機會中獎

消費者購買後、或參與和產品有關的活動後，某一特定期間內有機會獲得激勵（立刻激勵或延後激勵）。例如許多廠商舉辦各種抽獎活動，消

費者購買該公司產品後，只要寄回購買憑證或標記即可參加抽獎，有機會獲得公司所提供的獎品。

1.8 促銷的優點與貢獻

如上所述，廠商每年投入鉅額預算舉辦促銷活動，目的無非是希望創造銷售績效及提升公司形象。這些績效與形象對公司有下列的貢獻：

1. 傳達產品的特徵與利益

促銷活動和市場保持密切聯繫，利用把公司的「聲音」傳達到市場上的機會，將產品與服務的特徵及利益有系統的告知顧客及潛在顧客。例如汽車廠商推出延長保固期間及零頭期款、零利率促銷活動，傳達給消費者的是「品質有保固」及「付款很輕鬆」等利益。

2. 增加公司產品的銷售量

廠商舉辦促銷活動都希望增加銷售量與營業額來提高公司的獲利，研發人員必須與行銷人員通力合作研發顧客期望的產品。推銷人員必須確認公司獲利的關鍵，推銷公司產品之餘還要努力推銷獲利豐厚的產品。例如微風廣場舉辦的微風之夜貴賓日促銷活動，一夜之間創造數十億營業額令人刮目相看。

3. 奠定新產品的市場地位

新產品開發維艱、建立市場地位也不容易，以致造成新產品成功率普遍偏低的現象隨著競爭局勢提高而愈來愈明顯。廠商藉助促銷活動為新產品奠定市場地位的案例不勝枚舉，例如便利商店開始販賣研磨咖啡時，推

出自備容器及第二杯半價促銷活動，使研磨咖啡的銷售迅速擴散，幾乎已到上班族人手一杯的地步。

4. 確保公司產品順利配銷

廠商舉辦促銷活動時，產品銷售數量明顯增加、庫存消化速度明顯加快，行銷通路成員如經銷商、零售商成為直接受惠者。因此他們都希望供應廠商舉辦促銷活動，廠商舉辦促銷活動可以獲得通路成員的支持，確保產品的順利配銷。例如乳品保存期限短市場競爭非常激烈，零售商在選擇進貨對象時，往往把有無舉辦促銷活動及舉辦什麼促銷活動列為主要考慮要件。

5. 建立及提高品牌好感度

品牌是消費者認識及辨識產品的符號，對滿意的產品與服務的品牌常會心存好感，甚至情有獨鍾進而產生品牌忠誠。廠商舉辦促銷活動有助於建立及提高消費者對品牌名稱的好感度，例如消費者對標示有「太陽堂」的太陽餅情有獨鍾；對標示有「黑人」標記的牙膏感到特別親切，雙雙都成為選購的唯一指標。

6. 平衡廠商的生產排程

產銷平衡是生產廠商努力的重點，不僅希望無論什麼季節都有暢旺的銷售，同時還寄望沒有淡旺季之分以便創造年度亮麗的銷售績效。廠商舉辦促銷活動享有很寬廣的自由度，尤其是採用另類思考法。在淡季期間舉辦促銷活動除了可以避開訊息的干擾之外，對平衡生產排程有很大的貢獻。例如大金空調強調所賣的是「空調設備」，冬天照樣推出促銷活動，因而創造了「日本一番DAIKIN」的良好口碑。

7. 建立良好的企業形象

　　廠商建立企業形象的管道很多，不僅藉助廣告及公關活動外，事件行銷及促銷活動也是絕佳的途徑。成功的促銷活動除了創造銷售績效之外，對提高企業形象也大有助益。例如舒跑運動飲料率先推出「再來一罐」促銷活動，構想簡單、方便兌獎、轟動全臺，不僅發揮驚人促銷效果也因而提高企業形象，至今仍為人津津樂道。

1.9　促銷的限制與缺點

　　促銷雖然有許多優點對廠商具有貢獻，但是產生行銷問題的原因很多，並非所有問題都可以用促銷來解決，亦即促銷絕非行銷的萬靈丹。至於促銷的限制與缺點可整理如下：

1. 促銷活動無法解決長期銷售衰退現象。
2. 只依靠少數幾種促銷方法很難解決銷售問題。
3. 過度使用或依賴促銷活動可能產生負面結果。
4. 去年舉辦的成功促銷活動，今年不一定有效。
5. 對中間商大做承諾可能會衍生行銷困擾。
6. 以促銷活動取代其他行銷組合，會產生本末倒置後果。

1.10　促銷可以做到與做不到的事

　　促銷並非行銷的萬靈丹，每一項促銷活動雖然可以達成某種特定目

標，但卻無法達成所有目標。也就是說，適合用來達成某些特定目標的促銷活動，不能寄望用來達成其他目標。促銷可以做到及做不到的事分別如下（註14）：

1. 促銷可以做到的事

(1) 激發銷售人員工作熱忱，推廣新產品、經過改良的產品、成熟產品。
(2) 維持成熟產品的穩定銷售。
(3) 加速新產品與新品牌進入市場。
(4) 增加與減少貨架空間占有率。
(5) 緩和競爭者的廣告與促銷活動。
(6) 爭取消費者試用與購買。
(7) 激勵消費者反覆購買，留住現有顧客。
(8) 增加消費者庫存量，提高產品使用率。
(9) 增加消費者庫存量，領先競爭者。
(10) 強化廣告效果。

2. 促銷做不到的事

(1) 無法激勵訓練不足的銷售人員。
(2) 救不起缺乏廣告的產品。
(3) 無法提供給中間商或消費者，持續購買某一品牌產品任何有力的理由。
(4) 無法長久阻止既有品牌產品的衰退趨勢。
(5) 無法改變根本不被接受或未被看好的產品。

1.11　促銷活動成功的要領

　　促銷活動帶給廠商許多優點與貢獻，一提到行銷競爭無論是供應廠商、中間商或消費者，都會直覺的聯想到促銷活動。這也是廠商樂意投入大筆預算，舉辦各種促銷活動的原因。

　　促銷活動有其專業性與策略性，招式五花八門並非人云亦云所能奏效，而是需要專業設計。根據產品特性及行銷上遇到什麼問題，量身定做才能夠使有限資源發揮最大效益。促銷活動成功的要領可以歸納如下（註15）：

1. 先確定目標與預算，才研擬促銷計畫。
2. 選用正確的促銷方法，才能達到預期目標。
3. 促銷對象務必精準針對目標消費群。
4. 促銷活動文案不得模稜兩可或複雜難懂。
5. 消費者參加促銷活動的購買條件，切勿要求太多。
6. 廣告若有利於促銷活動推展，就應該配合執行。
7. 任何新品牌的重大促銷活動，務必先經測試再執行。
8. 舉辦促銷活動不要拖到火燒眉睫才要研擬計畫。
9. 隨時牢記簡單易懂的KISS（Keep It Simple and Stupid）促銷準則。
10. 規劃促銷活動時，務必請教促銷專家。

1.12　本書架構

　　促銷屬於推廣策略重要的一環，推廣又是行銷策略非常重要的一環。

無論是行銷或推廣都各有非常豐富的內容，坊間有關行銷管理的教科書與參考書已經非常豐富。然而有關推廣策略方面的書籍相對比較少，因為推廣策略涵蓋廣告、公關、人員推銷和促銷等四部分，所以論述推廣策略的專書尚不多見。一般都將廣告和推廣活動結合在整合行銷中，內容與篇幅以論述廣告傳播為主，其他部分的論述相對有限。

　　促銷無論是和行銷或是推廣比較，內容相對狹隘。坊間討論促銷方面的專書也相對稀少，若有的話也都偏重實用導向的參考書，有關促銷理論與原理的論述較少，以介紹實際案例者居多，適合提供給企業人士參考。促銷既然是一門實用導向的科學，必須能夠有系統的傳承與學習。然而適合當作教學用的促銷管理教科書有如鳳毛麟角，造成教師教學與學生學習雙重不便；企業人士想要進一步瞭解促銷背後的原理時，也常有洛陽紙貴、資料難求的感慨。作者有鑑於此，乃將本書聚焦於相對狹隘的促銷活動，有系統且深入討論促銷原理並輔之以實際案例，期能滿足教師教學與學生學習需求，同時也滿足企業人士啟發促銷創意與實際案例的需要。

　　本書架構如圖1-2所示。全書分為五大篇共有14章，第一篇〈促銷原理篇〉，包括第1章〈緒論〉、第2章〈促銷原理及其重要性〉。第二篇〈促銷STP篇〉，包括第3章〈購買行為與購買決策過程〉、第4章〈選擇正確的促銷對象〉。第三篇〈促銷規劃篇〉，包括第5章〈促銷活動的策略規劃〉、第6章〈促銷目標與促銷策略〉、第7章〈行銷3P's對促銷活動的影響〉、第8章〈促銷計畫與預算〉、第9章〈促銷組織的設計及執行與回饋〉。第四篇〈促銷執行篇〉，包括第10章〈針對消費者的促銷〉、第11章〈針對中間商的促銷〉、第12章〈針對推銷員的促銷〉。第五篇〈績效評估篇〉，包括第13章〈促銷成效的評估〉、第14章〈促銷的發展趨勢〉。

第 1 章

緒　論

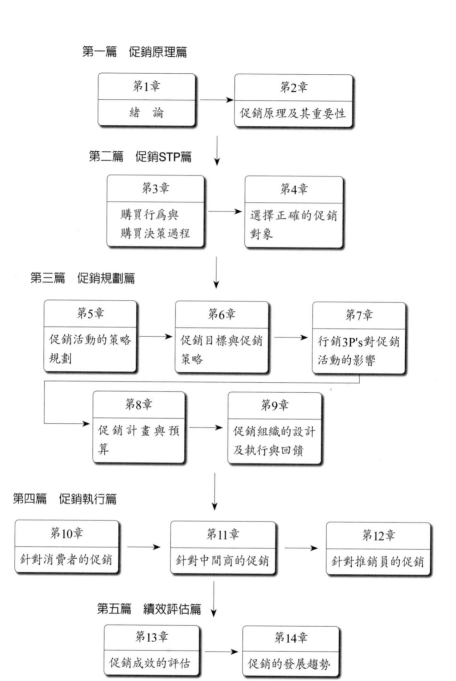

第一篇　促銷原理篇

第1章	第2章
緒　論	促銷原理及其重要性

第二篇　促銷STP篇

第3章	第4章
購買行爲與購買決策過程	選擇正確的促銷對象

第三篇　促銷規劃篇

第5章	第6章	第7章
促銷活動的策略規劃	促銷目標與促銷策略	行銷3P's對促銷活動的影響

第8章	第9章
促銷計畫與預算	促銷組織的設計及執行與回饋

第四篇　促銷執行篇

第10章	第11章	第12章
針對消費者的促銷	針對中間商的促銷	針對推銷員的促銷

第五篇　績效評估篇

第13章	第14章
促銷成效的評估	促銷的發展趨勢

圖1-2　本書架構圖

促銷管理精論──行銷關鍵的最後一哩路

**本章摘要**

　　促銷管理為當前企業經營活動中非常重要的一環，不僅內容相當豐富、投入金額龐大，而且影響層面廣泛備受企業重視。本章介紹促銷管理的基本知識，強調促銷管理在公司經營活動的地位，說明促銷的意義、目的與目標。從宏觀的角度介紹行銷觀念的演進，論述促銷組合的關係，作為建構本書的基礎以及說明本書的架構。

　　除了釐清推廣與促銷的意義、差異及其關係之外，舉凡促銷的特性、激勵方式與時機、優點與貢獻、限制與缺點，都做了言簡意賅的論述，說明促銷可以做到與做不到的事。最後介紹促銷活動成功的要領，提供給企業人士參考。

　　參考文獻

1. Semenik, Richard J., *Promotion & Integrated Marketing Communications*, p. 383, 2002, South-Western, Canada.

2. Shimp, Terence A., *Advertising Promotion: Supplemental Aspects of Integrated Marketing Communications*, 5th Edition, p. 508, 2000, The Dryden Press Harcourt College Publishers, USA.

3. Haugh, Louis J., Defining and Redefining, *Advertising Age*, February 14, 1983, p. M44.

4. Kotler, Philip, and Kevin Lane Keller, *Marketing Management*, Global Edition, 14e., p. 541, 2012, Pearson Education Limited, England.

5. 林隆儀譯，行銷學——定義、解釋、應用，Michael Levens著，頁355，2014，雙葉書廊有限公司。

6. 黃俊英，行銷學的世界，第2版，頁341，2002，天下遠見文化出版股份有限公司。

7. 黃營杉審閱，Etzel, Michael J., Bruce J. Walker and William J. Stanton著，行銷學，第12版，頁654，2001，普林斯頓國際有限公司。

8. Nielsen, Scott A., John Quelch and Caroline Henderson, *Consumer Promotion and the Acceleration of Product Purchase*, in Research on Sale Promotion: Collected Papers, Katherine E. Jocz, ed. (Cambridge, MA: Marketing Science Institute, 1984)

9. Belch, George E. and Michael A. Belch, *Advertising and Promotion: An Integrated Marketing Communications Perspective*, 10E., p. 529, 2015, Global Edition, McGraw-Hill Education.

10. 同註4，頁40。

11. Schultz, Don E., William A. Robinson and Lisa A. Petrison, *Sale Promotion Essentials: The 10 Basic Sales Promotion Techniques and How to Use Them*, 2nd Edition, pp. 2-3, 1993, NTC Publishing Group.

12. 林隆儀譯，Hiebing, Roman G., Jr. and Scott W. Cooper著，行銷企劃書，頁267，2003，遠流出版事業股份有限公司。

13. 同註12，頁267-268。

14. 同註2，頁514-518。

15. 莊麗卿譯，實用促銷手冊——輔助行銷的利器／基本技巧12招，Schultz, Don E., and William A. Robinson合著，頁326，1992，遠流出版事業股份有限公司。

個案討論

黑松公司

「喝黑松，轉好運，1人中獎，4人同行」促銷活

1925年4月14日，張文杞先生在臺北市長安西路種下一棵小松苗，創立「進馨商會」，生產富士牌、三手牌彈珠小汽水。1931年開始使用自創品牌的黑松商標，為黑松公司開啓企業生命的第一

頁。隨後二弟張有盛先生加入經營行列，兄弟分工合作密切無間、胼手胝足銳意經營。小松苗逐漸成長茁壯，歷經九十個寒暑，如今已經蔓延成為一片枝葉茂盛的大松園。

　　黑松經營歷程正好見證臺灣經濟發展史，在我國早期經濟發展過程中扮演舉足輕重的地位，陪伴國人從農業社會進入工業社會、商業社會、服務社會到資訊社會，黑松默默耕耘屢創佳績，成為國人印象最深刻的優良企業之一。從和國內廠商競爭秉持共存共榮的信念，致力於臺灣清涼飲料產業的發展到和國際知名品牌一較高下，成功的展現黑松的生命力與競爭實力，令國際知名品牌刮目相看之外，同時也屢獲政府表揚獲評為戰勝國際知名品牌的模範廠商。

　　1936年在臺北市松山區購地興建臺北廠（復興南路現在的微風廣場），更名為「進馨飲料合名會社」。1938年被當時統治臺灣的日本政府併入「臺灣清涼飲料水統制組合第八工廠」，失去經營主權。1946年臺灣光復統制組合解散，7月26日復業改組為「進馨汽水有限公司」。接著陸續引進自動化生產設備，設立瓶蓋工廠且黑松沙士問世，在全省各地雜貨店門口懸掛琺瑯招牌。率先在重要地點設立大型霓虹廣告塔，大步伐的邁入現代化經營新紀元。1970年改組為「黑松飲料股份有限公司」，隨後陸續興建斗六廠、中壢廠，並自歐、美、日本等先進國家引入現代化最新生產設備，擴大生產規模、積極開發各種清涼飲料產品。採取多品牌策略，重視行銷與服務、創作無數膾炙人口的廣告，表現國人生活的點點滴滴。1981年更名為「黑松股份有限公司」，此一時期正值我國經濟起飛黑松業績大幅成長，年營業額將近新臺幣50億元創下新高。隨後自製塑膠箱、設置寶特瓶工廠，朝重要原材料垂直整合邁進一大步，並且

陸續展開與國外知名企業策略聯盟代理國際知名品牌相關產品，使黑松公司的經營更上一層樓。近年來的營業額高達新臺幣56億元。

　　鑑於市區工廠擴充不易，顧及產品進出等交通問題，1987年2月16日將總公司遷移到信義路黑松通商大樓，並著手規劃臺北廠土地的新用途。歷經十年的深思熟慮決定開發為都心型購物中心，並於1998年開工興建、2001年開始營運。1999年股票上市成為大眾化的公司，邁入經營的新里程。2004年大陸蘇州廠落成，成為橫跨兩岸的本土企業。接著加快創新與新發展的腳步，例如進入生技領域開發各種生技產品，多項產品陸續獲得政府發給的碳足跡標籤證書。在微風廣場設立黑松世界，啟動「創新再造計畫」、啟用多功能無菌生產線。成立黑松教育基金會，引進臺灣第一臺結合零錢、悠遊卡、行動支付等三項功能的自動販賣機。黑松在「永遠動新」、「松柏長青」的信念下，不只要朝向百年企業邁進，誓言要繼續開創更多個風光的九十年。

　　黑松公司為回饋顧客的喜愛，每年都針對經銷商、零售店和消費者舉辦促銷活動。今年正值黑松創業九十週年，針對消費者的促銷活動提前展開。有兩層重要意義：第一是和消費者分享歡慶九十週年的喜悅，第二是在進入旺季前搶先舉辦促銷活動，以收捷足先登效果。2015年的促銷活動定調為「喝黑松、轉好運、1人中獎、4人同行」抽獎活動，活動期間到6月30日止。為擴大回饋消費者，促銷標的產品擴及寶特瓶系列產品。同時為方便消費者參與，只要登錄寶特瓶系列產品瓶蓋內的序號（10碼序號），就可以參加雙重抽獎活動。第一重「立即抽」、天天抽獎，中獎者招待遊覽義大世界二天一夜；第二重每月抽獎，5/4、6/1、7/1分別公布各月分抽獎結果，中獎者可獲得招待三天二夜的亞洲摩天輪之旅，有亞洲最浪漫

的東京摩天輪、亞洲最高的新加坡摩天輪、亞洲最新的香港摩天輪可以「任你選」。促銷標的清楚參加活動手續簡便，玩摩天輪的促銷誘因頗具吸引力獲得年輕消費族群的喜愛。

參考資料：www.heysong.com.tw

思考問題

1. 黑松公司的促銷活動案例除了增加銷售量外，對品牌形象有何貢獻？

2. 本促銷活動案例參加方法為登錄瓶蓋序號參加抽獎，請說明其限制為何？是否有改進空間？

3. 個案中利用了「轉好運」促銷主題與亞洲最浪漫、最高、最新的摩天輪旅遊獎項旋轉的概念結合，試利用類似的手法發想出一個促銷主題及具連結的獎項。

第2章

促銷原理及其重要性

暖身個案

JAGUAR汽車

ALL-NEW JAGUAR F-PACE正式上市
享零負擔五年原廠保養專案

　　臺灣車輛與零組件產值，2013年超過新臺幣6,100億元、2014年上半年則達到了新臺幣3,200億元，主要成長原因為美國經濟景氣回升，以及國內接近十年的換車潮。2014年上半年汽車整體成長24.11%，汽車零組件成長8.24%，車輛產業整體成長率為11.52%。臺灣車輛零組件產業大多為中小企業，未來要在國際競爭必須轉型與提升產品價值與服務。

　　綜觀全球汽車市場未來趨勢，因石油資源短缺與環保議題，將朝向環保化、輕量化、智慧化、節能化、高安全性的技術等方向發展。在汽車市場上也因新興國家崛起，對車輛零組件帶來了莫大商機。

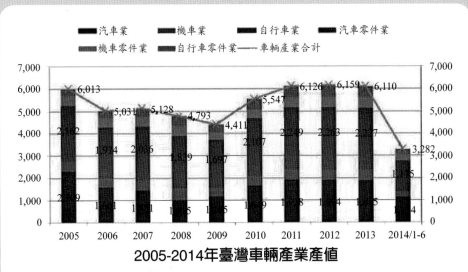

2005-2014年臺灣車輛產業產值

資料來源：工研院IEK（2014/11）

　　捷豹路虎（Jaguar Land Rover Automotive PLC）是一家總部位於英國考文垂懷特利（Whitley）的跨國汽車公司，為印度塔塔汽車公司100%投資的子公司。該公司負責設計、開發和生產路虎與捷豹汽車。這兩個品牌都有相當長久的歷史，可以追溯到19世紀40年代，1968年首次歸屬於同一家公司，即英國利蘭。後來分別被福特汽車公司和BMW收購，2000年BMW將捷豹賣給福特，後者又在2008年將它們賣給塔塔汽車。2014年該公司共售出462,678輛汽車，其中路虎381,108輛、捷豹81,570輛。

　　Jaguar於2016年9月，在臺灣屏東的大鵬灣賽車場舉辦在臺上市發表的All-New Jaguar F-PACE，公布正式車價較預售價大幅調降達新臺幣40萬元之譜，同時更享有入主即享零負擔五年原廠保養專案！

　　Jaguar銷售再創佳績較去年同期累積成長72%，銷售氣勢如虹、銳不可擋。呼應國人對Jaguar品牌的喜愛，創廠八十年首款跑車型SUV-All-New Jaguar F-PACE也於日前在臺上市。絕美身姿與優異操控性能贏得媒體一致讚賞，正式車價遠較預售價大幅調降達40萬元之譜，在豪華SUV市場投下強力震撼彈。同時，總代理九和汽車更加碼推出零負擔五年原廠

保養專案，讓追求The Art of Performance品牌精神的消費者體會All-New Jaguar F-PACE駕馭快感與靈活空間，即刻入主無後顧之憂。

　　Jaguar臺灣總代理九和汽車自7月起推出五年原廠保養專案，以及多種車款零利率入主專案獲得廣大迴響，因此宣布延長購車優惠方案。正16年式Jaguar全鋁合金車體四門跑車All-New XF與XE，贈送本月入主的車主五年原廠保養專案。

　　All-New XF與XE加贈一年乙式全險，其中Jaguar中大型四門跑車All-New XF再贈送全景式電動天窗，源自F-TYPE的四門跑車XE則贈有LDW車道偏離警示系統。除此之外，多種車款更享有150萬元至300萬元起零利率專案，可輕鬆入主親身領略英倫駕馭風尚。優惠方案如下表所示。

JAGUAR汽車2016年9月促銷方案

JAGUAR 2016年9月銷售方案				*以下專案詳細內容請洽全國經銷商
車系	車型	年式	建議售價	銷售專案
XE	Prestige 20t	正16年式	206萬	享150萬起48期0%利率或彈性付款專案、一年乙式全險、5年原廠保養專案,並獲贈車道偏離警示系統
	Prestige 20d	正16年式	218萬	
	R-Sport 25t	正16年式	246萬	
	S	正16年式	319萬	
All-New XF	Prestige 20d	正16年式	261萬	享180萬起50期0%利率或彈性付款專案、一年乙式全險、5年原廠保養專案,並獲贈全景式電動天窗
	R-Sport 20d	正16年式	291萬	
	Prestige 25t	正16年式	268萬	
	R-Sport 25t	正16年式	298萬	
	Prestige 35t	正16年式	341萬	
	S AWD	正16年式	481萬	
New XJ	Luxury	正16年式	385萬	享250萬起60期0%利率專案
New XJL	Premium Luxury	正16年式	455萬	享300萬起60期0%利率專案
	SCV6 Premium Luxury	正16年式	575萬	
F-TYPE	Coupé	17年式	建議預售價435萬	
	S Coupé	17年式	建議預售價510萬	
	R Coupé AWD	17年式	建議預售價825萬	

（續前表）

JAGUAR 2016年9月銷售方案				*以下專案詳細內容請洽全國經銷商
車系	車型	年式	建議售價	銷售專案
	S Convertible	17年式	建議預售價590萬	
	R Convertible AWD	17年式	建議預售價905萬	
All-New F-PACE	Prestige 35t AWD	全新車款	299萬	享0負擔5年原廠保養專案
	R-Sport 35t AWD	全新車款	319萬	
	Said First Edition AWD	全新車款	439萬	

參考資料：

1. 石育賢（2015），IEK View：2014臺灣車輛產業回顧與展望，工研院IEK。

2. 陳志河（2015），臺灣企業進入電動汽車產業策略思考——以T公司為例，國立中央大學管理學院高階主管企管碩士班碩士論文。

3. 維基百科（2016），捷豹路虎，https://zh.wikipedia.org/zh-tw/%E6%8D%B7%E8%B1%B9%E8%B7%AF%E8%99%8E

4. 臺灣Jaguar（2016），JAGUAR消息，http://www.jaguarcars.com.tw/news/20160909.html

2.1 前　言

　　促銷活動是競爭環境下的產物，競爭和行銷環境息息相關，行銷環境可區分為總體環境與產業環境。總體環境又稱為一般環境，包括政治、經濟、科技、法律、社會、文化和教育等外部環境。產業環境又稱為個體環境，包括供應商、中間商、顧客、實體配銷機構、競爭者、社區和利益團體等外部環境。廠商舉辦促銷活動前必須審視行銷環境，其中尤以經濟環境與產業環境最為重要。

　　經濟環境屬於總體環境的一環影響範圍擴及所有產業，並且會延伸影響到所有公司，例如經濟蓬勃發展平均生產毛額提高、國民所得增加，對廠商經營會有正面的影響；經濟衰退、產業蕭條、失業率增加和能源成本高漲，會給所有的廠商帶來負面的影響。產業環境泛指某一產業特有的競爭環境，產業環境有所改變會影響到該產業所有廠商，例如汽車進口關稅調降或調升會影響汽車產業廠商的經營，其他產業廠商不見得會受到影響。

　　促銷活動屬於商業活動，廠商企劃促銷活動時必須審視當時經濟環境。不同的經濟環境不僅會影響廠商舉辦促銷活動的意願，也會影響促銷工具的選擇，同時也會影響促銷誘因的決策。不同行銷導向（觀念）對促銷活動的影響已在第1章介紹，本章將縮小範圍簡述對促銷活動有明顯影響的經濟環境。

2.2 促銷活動廣受重視的原因

促銷成為行銷領域重要的一環由來已久，在公司整合行銷計畫中所扮演的角色與重要性，都遠遠超越過去數十年的累積。現代企業經營幾乎都和促銷脫離不了關係，無論是工業行銷、商業行銷或消費者行銷每天都在上演促銷戰，廠商都期望藉助促銷威力爭取消費者青睞，進而成為競爭的大贏家。

促銷活動蔚為風氣，廠商都瞭解消費者對品牌雖然情有獨鍾，但是仍然希望獲得額外激勵。廠商於是紛紛設法投其所好，以致投入的資源愈來愈多，促銷在行銷活動中所扮演角色愈來愈吃重，重要性也隨之愈來愈提高。綜觀促銷活動愈來愈受重視的原因如下（註1）：

1. 零售商議價力量增強

產業競爭環境持續在改變，而且改變幅度愈來愈大、速度愈來愈快，廠商議價力量隨之不斷在轉移。生產導向時代製造廠商主導議價過程，產品要賣到哪裡完全由製造廠商決定。進入顧客導向時代後議價力量移轉到零售商手上，零售商要賣什麼產品由零售商主導，零售商無須做太多研究與分析工作，只要按照生產廠商所提供的資訊配合促銷即可創造可觀業績。

生產廠商為了要爭取零售商進銷產品，除了必須提供給零售商優惠的促銷誘因之外，還必須針對消費者舉辦各種促銷活動吸引消費者到零售商購買，致使促銷愈來愈受到重視。例如百貨公司、超級市場、大賣場以及便利商店在和供應廠商洽談交易條件時，都會要求供應廠商提供完整的促銷計畫。

2. 品牌忠誠度日漸式微

現代的消費者愈來愈精明，對品牌的忠誠度有逐漸式微趨勢，關心價格、價值與便利性成為購買決策的主要考量因素。即使廠商沒有提供促銷誘因，仍然有不少消費者會購買自己喜歡的品牌產品。但是有更多消費者都是促銷活動的忠誠顧客，認為許多品牌與產品差異有限且具有滿足感與互換性，於是會遊走在幾個品牌之間做選擇。選購的主要考量就在於廠商所提供的促銷誘因。

例如許多消費者將黑人牙膏和高露潔牙膏視為同級品，同樣都可以滿足牙齒潔白、口氣芬芳、防止蛀牙和預防牙周病等功能。他們把這兩個品牌列入購買備選集合中，遇到哪一個品牌舉辦促銷或哪一個品牌的促銷誘因比較優惠就選購哪一個品牌，此時促銷就成為影響消費者購買的關鍵因素。

3. 促銷敏感度逐漸提高

消費者普遍都期盼廠商提供促銷誘因，廠商為投其所好會在行銷活動中大量使用促銷來吸引消費者惠顧。根據美國促銷決策公司針對33,000多位消費者所做的研究顯示，在十二種包裝產品的總銷售量中，有42%是因為廠商提供某些促銷誘因才購買，只有58%是以原來的定價購買。促銷活動中則以折價券最受歡迎，有24%的銷售量來自廠商所舉辦折價券促銷（註2）。

消費者對促銷的敏感度愈來愈高，引領企盼廠商舉辦促銷活動形成促銷廣受重視的重要理由。例如百貨公司週年慶促銷活動中化妝品與名牌手提包最受矚目，因為這兩種產品平時不打折只有百貨公司週年慶期間才舉辦打折促銷，女性消費者都會一次購足一年份需要量，而且期盼明年再次舉辦類似促銷活動。

4. 產品增殖蔚為風氣

許多廠商的行銷策略致力於發展新產品多年累積下來成效斐然，於是市場上充斥著許多新品牌產品，其中有很多都是缺乏獨特優勢的產品。根據全球新產品資料庫公司研究四十九個國家產品創新及包裝消費品銷售成功的資料顯示，市場上每月新上市的產品超過二萬種，其中有75%在上市第一年即告失敗，大部分原因是因為忽略消費者的購買習慣。所以廠商大量舉辦促銷活動，試圖吸引消費者嘗試及購買新產品（註3）。

當年清涼飲料廠商競相推出茶類飲料時忽略消費者的飲茶習慣，於是比照以往的傳統思維推出含糖的茶飲料。產品上市後發現銷售落差很大，究其原因才發現消費者喝茶不加糖的事實，於是重新開發無糖及微甜茶飲料。

5. 消費市場漸趨狹隘

市場區隔觀念愈來愈受到重視，消費市場演變得愈來愈狹隘。傳統大眾媒體的廣告效果逐漸出現疲弱狀態，廠商轉而將市場作更細分區隔，希望以更精準的方法鎖定目標市場。許多廠商將促銷活動指向特定區域或年齡層市場，此時促銷工具成為瞄準目標市場的主要工具。廠商紛紛將促銷活動和特定地區、主題或事件相結合，目的就是要提高促銷效果。

速食餐廳如麥當勞、必勝客披薩、達美樂披薩，投入許多資源與人力建構直效行銷與網路行銷系統。消費者只要打電話或透過網路訂購就可以享受外送服務，滿足消費者足不出戶照樣享受點餐的服務，因而創造亮麗業績。即使廠商持續將廣告活動轉為直效行銷，為了建構顧客資料庫促銷活動仍然扮演非常重要的角色。

6. 顧客注重短期利益

許多廠商都相信促銷之所以受到重視，主要是因為廠商的行銷計畫與

報酬制度，創造了立即提高銷售量的短期效果。有些廠商認為包裝產品的銷售業績，主要來自促銷活動的貢獻。廠商經常推出促銷活動不只是在介紹新產品，也不只是在防禦競爭者的競爭，而是在迎合每季或每年的銷售需要以便達成提高市場占有率的目標。公司推銷員普遍都有短期銷售責任額或目標，因此常會要求公司舉辦促銷活動協助他們將產品順利的推銷給零售商及其他顧客。

許多經理人認為針對消費者及中間商的促銷是創造短期銷售業績最有效的方法，尤其是和價格有關的促銷活動效果更顯著。特別是成熟度高及成長率低的市場，例如清涼飲料、包裝食品或清潔用品等市場廣告活動的刺激效果漸趨有限，更需要依賴促銷活動。

7. 行銷責任愈趨重要

公司的要求除了對行銷長、品牌經理和推銷員造成短期銷售壓力之外，公司也希望瞭解投入大筆促銷費用所產生的結果。公司舉辦促銷活動的結果，比廣告活動所創造的結果更容易衡量。公司期望瞭解投入促銷費用所創造的銷售與利潤，因其不但可以精確衡量且還可以辨識責任，作為獎勵與升遷的依據。

例如汽車產業的推銷員、保險產業的銷售員或房屋仲介公司的銷售人員，就是根據個人銷售績效決定報酬的典型例子。有些公司採用電腦化的銷售資訊，作為評估個人銷售績效依據。此外，經理人的收入與升遷和促銷活動的成本效益產生連動者也屢見不鮮。行銷相關人員要有效創造良好業績，常常依賴各種促銷活動以便快速且容易衡量銷售績效。

8. 競爭局勢日趨激烈

市場競爭日趨激烈，生產廠商利用針對中間商與消費者的促銷活動，維持或提高競爭優勢的需求也愈來愈殷切。許多產品市場漸趨成熟、成長緩慢，廠商利用廣告不容易創造可觀銷售量，再加上今天面臨廣告訊息幾

近氾濫的時代，公司要有效激起消費者有感的歡樂、突破性創意誠屬可遇不可求，而且消費者對大眾媒體的注意力也有逐漸衰退現象。許多公司不願意將大筆預算花在廣告活動上，於是紛紛調整策略轉而投注在促銷活動上。

以往許多公司在劃分廣告與促銷預算時，廣告預算占55%、促銷費用占45%。近年來隨著通路競爭更趨白熱化，上架費、促銷費不斷提高以致廠商在分配行銷預算時，促銷費用高於廣告預算者屢見不鮮。

9. 市場走向更細分化

廠商提供優惠的促銷誘因，例如競賽與抽獎活動有助於吸引消費者對廣告的注意力。許多研究顯示附有折價券的平面廣告閱讀率，高於沒有附上折價券的廣告，所以廠商紛紛透過雜誌及報紙傳遞抽獎、競賽以及遊戲等促銷活動訊息。此外，近年來網際網路蓬勃發展利用網路傳遞促銷活動訊息愈來愈普遍，包括使用社交媒體、行動電話、電子商務和智慧型手機，都是吸引消費者注意力、激勵採取購買行動的有效方法。

10.數位行銷正在盛行

數位革命對行銷有很大的貢獻，也是促銷受到重視的重要原因。今天許多廠商不僅使用各式各樣的線上技術執行促銷活動，而且可以迅速評估績效徹底顛覆傳統行銷方法。例如透過臉書與LINE傳遞促銷訊息，提供折價券、折扣等優惠廣受「婉君」們的喜愛。廠商也常使用促銷優惠，鼓勵消費者利用臉書或LINE尋求他們所喜歡的產品。現代年輕消費群利用廠商所傳遞的線上促銷訊息作為購買決策的比率愈來愈高，足見促銷受到重視的程度。

2.3　促銷活動與競爭環境

　　促銷環境是影響廠商創造銷售績效及吸引顧客的一組力量，其中有些是廠商可以控制的力量，有些是廠商不可控制的力量（註4）。

　　產業競爭型態會影響促銷活動的成敗，根據經濟學的說法「產業競爭型態」可區分為完全競爭（Pure Competition）、獨占競爭（Monopolistic Competition）、寡占（Oligopoly）和完全獨占（Pure Monopoly）。

1. 完全競爭

　　在完全競爭環境下政府對企業的干預最少，廠商選擇的自由度相對較大。大多數廠商所生產及銷售的產品都很相近，消費者也都瞭解產品相近的現象，於是價格成為消費者選購的重要線索。

　　廠商可以在既定的價格下銷售其產品，價格若高於此一水準產品就不容易銷售，因為消費者都瞭解市場行情；價格若低於此一水準產品也不見得銷售暢旺，因為消費者會認為價格不合理其中必定存在著某些問題。在完全競爭環境下，市場價格完全由供需的自由運作及其相互影響所決定。

　　完全競爭環境下不容易改變消費者偏好，所以廠商所提供的促銷訊息偏重在溝通產品的實用價值，消費者也認為此時促銷似乎是多此一舉。

2. 獨占競爭

　　在獨占競爭環境下市場由幾家廠商所主導，雖然也有許多廠商參與競爭生產相似但是並非完全同質的產品，但他們的生產規模與數量都不足以影響市場價格，於是廠商開始尋求差異化包括實質與心理差異化。

　　獨占競爭環境下廠商致力於生產具有差異化的產品，以便在定價上享有小幅度的自由度，但是因為規模小沒有一家廠商的定價政策足以影響市場價格。廠商為求勝出紛紛把行銷重心轉向強調產品差異化，試圖吸引消

費者的青睞，同時也配合舉辦促銷活動激勵消費者多量選購，增加銷售量及提高營業額。

3. 寡占

寡占顧名思義是指市場由少數幾家廠商所把持，廠商可能銷售相似的產品，也可能供應具有差異化的產品。各廠商都意識到行銷活動互相依賴的重要性，任何一家廠商改變其行銷組合要素都可能招致競爭者的報復。

寡占市場上若有一家廠商因為降低價格而增加銷售量，勢必會影響整個市場的價格，甚至引發價格競爭。為了避免價格競爭，廠商通常會採取追隨領袖定價法且輔以促銷活動，並把經營重心放在產品改良及增進服務上。

促銷是一種非價格競爭，廠商都不願意掀起價格競爭，但是都願意投入龐大的促銷費用舉辦促銷活動，把促銷視為一種重要的競爭力量。

4. 完全獨占

完全獨占是指市場由一家廠商所獨占沒有接近的替代品，但是消費者對該項產品需求卻相當殷切。例如過去的電信事業、銀行與證券業、菸酒、電力、自來水及鐵路運輸等，這種競爭環境隨著市場開放政策的施行已有逐漸式微的趨勢，取而代之的是民營化盛行。

完全獨占的環境下廠商無須大量促銷就可以獲得亮麗績效，通常都只用非常有限的促銷資源刺激消費者對產品與服務的需求，而把行銷重點放在維持良好顧客關係上。

2.4　促銷活動與購買力

　　促銷是要激起消費者購買欲，而購買欲和購買力息息相關。經濟體系中的購買力，是指人們擁有足夠的金錢購買所需物品的能力。消費者購買力強弱和所得、物價、儲蓄、借貸與信用能力有著密切而直接的關係。消費者購買力愈強，對廠商推行促銷活動愈有利。廠商充分瞭解消費者購買力，有助於使公司促銷資源發揮最大效益。

　　所得是購買力的主要來源，消費者的所得愈高可自由支配的所得愈多，愈有能力購買所需要及期望得到的產品與服務。例如我國國民年平均所得已經突破15,000美元，家庭房車、家用電器產品的普及率不僅大幅提高，甚至對第二部房車、第二臺冰箱、大螢幕電視、家庭劇院、高級音響，以及名牌服飾、珠寶、高檔料理的需求殷切，這些都是高購買力的重要指標。

　　物價水準及其穩定程度會明顯影響消費者購買力，在所得不變的情況下物價水準愈高、物價波動愈頻繁或幅度愈大，消費者購買力就顯得愈脆弱；反之則愈強勁。近年來我國受到油價及電價雙雙調漲影響，人們普遍感受到物價節節高漲只有薪水持平不動，消費者購買力出現普遍低落現象。廠商雖然努力舉辦促銷活動，銷售仍然有欲振乏力的感覺。

　　儲蓄率和消費者的所得及理財觀念有密切關係。一般而言，高所得消費者比較有儲蓄能力與空間。在所得不變情況下，消費者儲蓄率愈高、購買力顯得愈脆弱。此外，秉持保守理財觀念的消費者主張「儲蓄致富，以應急需」，購買力也會相對脆弱。反之，抱持開放理財觀念的消費者主張「盡情消費，享受當下」，他們的購買力相對強勁。消費者的消費觀不同，會影響廠商促銷活動績效。

　　借貸與信用能力也是評估消費者購買力的重要指標。負債占所得比率

愈高的消費者，若再加上受到保守理財觀念影響，購買力相對脆弱；反之，則相對強勁。此外，信用能力良好且抱持開放理財觀念的消費者，普遍存有「先消費，後付款」的心態主張「及時行樂，善待自己」，購買力往往勝過負債比率高及保守理財的消費者。當前塑膠貨幣盛行，消費刷卡取代支付現金。有些信用卡還可以分期付款，方便的消費助長了消費者的購買力，有利廠商的促銷活動。

2.5　行銷組合、推廣組合與促銷組合

　　行銷組合、推廣組合與促銷組合的關係，如圖2-1所示。

　　Jerome McCarth早在1960年代最先提出行銷組合的觀念。行銷組合（Marketing Mix）要素包括產品（Product）、價格（Price）、通路（Place）、推廣（Promotion），這四大要素稱為行銷的4P's。組合是指廠商在發展行銷策略時必須同時考量這四項要素，只是各項要素所占的比重視公司及產品特性而各不相同，如此才能有效發揮行銷戰力。

　　推廣活動包括廣告、公開報導（或稱公關）、人員推銷和促銷，這四項因素相輔相成、相互為用。廠商在研擬推廣策略時同時考量這四項因素，可以發揮推廣的相乘效果。促銷活動也有其組合，包括：(1)針對公司推銷人員的各種激勵措施，例如推銷研習會、銷售競賽等；(2)提供給中間商的各種促銷誘因，例如銷售會議、產品目錄、各種POP和銷售競賽等；(3)針對消費者的促銷活動，例如優待券、折價券、積分點券、競賽與抽獎等。促銷活動的目標對象不同、內容也各異其趣，而且隨著競爭環境及時代之不同經常推陳出新，這是本書所要論述及介紹者。

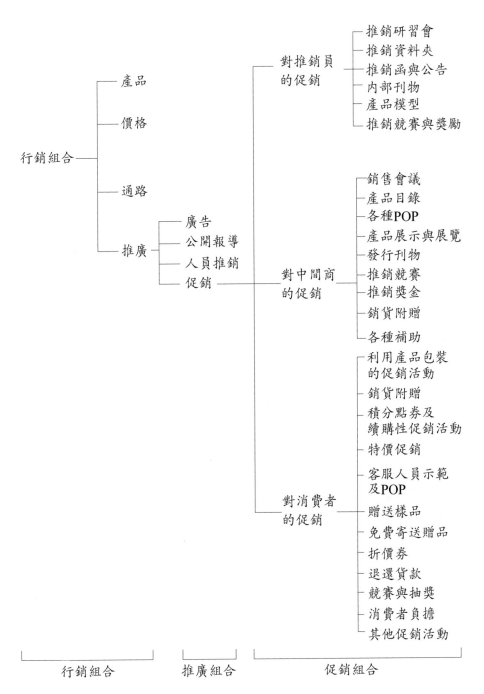

圖2-1　行銷組合、推廣組合與促銷組合的關係

1993年美國北卡羅萊納大學行銷學教授Robert Lauterborn主張行銷工作必須站在消費者的立場思考，於是提出4C's的新觀念。他認為公司開發產品時必須考慮消費者的需要與欲望（Consumer wants and needs）、訂定價格時必須迎合消費者的需要與欲望，而且願意支付的價格（Cost to satisfy the wants and needs）、規劃行銷通路時必須考慮方便消費者購買（Convenience to buy）、發展推廣策略時必須瞭解並有助於和消費者溝通（Communication）（註5）。行銷4P's與4C's的關係可進一步整理如圖2-2所示。

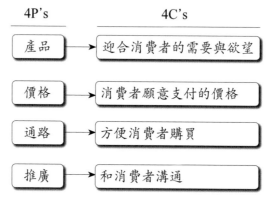

圖2-2　行銷4P's與4C's的關係

促銷組合包括針對公司推銷人員的促銷、針對中間商的促銷，以及針對消費者的促銷，形成如圖2-1的促銷組合（Sales Promotion Mix）。

促銷組合的重點在於選擇適合的促銷工具，是指廠商選擇促銷工具的特殊組合，並且在每一項促銷工具投入促銷預算，目的是要把產品或服務的特性與優點提供給消費者。例如針對公司推銷人員的促銷，有舉辦銷售研習會、採用銷售競賽與獎勵；針對中間商的促銷，有銷售競賽、銷售獎金、銷貨附贈與各項補助；針對消費者的促銷活動更是五花八門，有優待券、折價券、特價促銷、免費贈品、退還貨款、競賽與抽獎等。

促銷工具具有互換性，任何促銷組合不一定使用全數促銷工具。實務

應用上通常都選擇幾種工具搭配應用，這就是促銷組合的精髓所在。沒有最佳的促銷工具，只有最適的促銷組合。影響促銷組合的因素很多，例如競爭環境、產品特性、成本因素、促銷目標以及公司偏好等，行銷長及促銷經理在決定促銷工具組合時必須審慎評估，選擇最適合公司的促銷組合。

2.6　促銷策略可控制的因素

促銷組合的可控制因素屬於內部行銷的範疇，包括上述的4P's要素，亦即產品、價格、通路與推廣都會影響促銷活動，而且這些要素都是廠商可以控制者。公司在發展促銷組合時必須站在策略的高度，全方位審視這些要素。

1. 產品

公司要生產及銷售什麼產品屬於產品決策的課題，此時行銷長扮演非常關鍵的角色，例如產品功能、設計、型式、品牌、包裝、顏色、保證和服務等。行銷長的意見舉足輕重，居於引導研發、生產、採購以及財務等相關單位角色。

產品可根據其用途區分為工業用品與消費品。工業用品顧名思義是專供企業用戶作為生產設施或設備、實驗用儀器、原材料、零組件和辦公用品使用。工業用品用戶家數相對稀少且有產業聚落現象，但是採購數量龐大且付款習慣和一般個人有很大差異。所以促銷活動主要以人員推銷為主，由訓練有素的業務員直接向企業用戶推銷，並且把行銷重點放在和顧客建立良好關係。

消費品是提供給一般家庭使用及消費者消費的產品，可根據產品特性

再細分為便利品、選購品（包括日常用品、衝動品、緊急品）、特殊品以及忽略品（包括新創忽略品、常態忽略品）（註6）。消費品顧客為數眾多且分布廣泛，但是購買數量小且付款方式以付現或刷卡為主，廠商的促銷活動針對消費群體提供促銷誘因，鼓勵他們儘速及大量購買。至於促銷工具之多可謂五花八門，誘因大小也不盡相同，本書第四篇將逐一介紹。

2. 價格

公司產品的定價隨著產品特性與品質、公司的定價目標、產品生命週期、市場競爭狀況、通路成員與消費者的期望以及政府法令規範等因素，而有不同的定價方法。例如認知價值定價法、目標利潤定價法、追隨領袖定價法、滲透定價法以及心理定價法。行銷長平時站在市場最前線，最瞭解市場狀況、最瞭解顧客所能接受的價格水準，無論是採用哪一種定價方法，行銷長的看法與意見都是公司定價決策的重要依據。

定價政策與價格水準不僅影響特定產品的促銷組合，同時也關係公司獲利能力。公司所訂定的價格必須高到足以支付促銷費用，方便行銷部門舉辦各項促銷活動且還有利可圖，同時還要低到在市場上具有競爭力，支持銷售部門推廣各項產品。

價格只是行銷組合的要素之一，絕對不是唯一要素。定價策略所要考量的因素很多，而且行銷部門與財務部門的看法常出現南轅北轍現象。公司在思考定價決策時除了考量公司內部因素外，還必須站在市場觀點思考。內部因素屬於公司可以控制者，外部因素並非公司可以控制者。

3. 通路

通路是廠商和消費者約會的地點。以往生產導向時代通路主導權掌握在生產廠商手裡，亦即產品要不要賣到特定市場完全由生產廠商決定；現在是行銷導向時代通路商及零售商扮演通路領袖（Channel Captain）角色，要不要賣特定產品的權力操縱在通路商及零售商手裡。於是誰掌握通

路，誰就是行銷贏家的現象愈來愈明顯。

通路管理牽涉到效率與成本問題。效率旨在提高通路作業效率，講究以最快的速度將品質正確的產品，在精準的時間點運送到顧客手上。成本涉及後勤管理作業除了高效率之外，還要以最低成本完成產品配銷作業。

通路可分為批發通路和零售通路。公司推銷人員和通路成員接觸，一方面把公司行銷政策傳達給通路成員，並且推銷公司產品；另一方面將市場情報回報給公司，扮演通路樞紐的角色。隨著通路主導權移轉到通路商手上，加上市場競爭激烈產品進入通路之後，生產廠商需要配合通路商的規劃與期望舉辦各種促銷活動以及主動規劃促銷活動，一則與通路商維持良好關係，二則爭取提高銷售績效的機會，防止產品被下架危機。

4. 推廣

公司行銷目標有賴推廣活動來達成，這些活動包括廣告、公開報導、人員推銷和促銷，都是廠商可控制因素。這四項要素必須經過整合，目標一致、相輔相成致力於達成行銷目標，這是近年來學術界及實務界所強調的整合溝通策略。

行銷長憑著豐富的經驗、實用的行銷知識、嚴謹的行銷研究、務實的推廣組合、嫻熟的促銷手法，知道該做什麼（What）、為何要做（Why）、由誰做（Who）、為誰做（Whom）、何時做（When）、在何處做（Where）、該如何做（How）、投入多少資源（How Much）、花費多少時間（How Long），掌握這6W3H有助於有效果又有效率的達成目標。

廣告及促銷活動通常都需要投入龐大資源，行銷長必須要有把預算用在刀口上的信念，審慎規劃、慎選工具、務實執行、及時評估才能將有限促銷資源發揮至最大效果。

2.7　促銷策略不可控制的因素

　　公司面對複雜的內部與外部促銷環境，愈增加促銷的困難度。內部環境如上所述，屬於公司可以掌控者；外部環境因素很多且比內部環境更複雜，諸如國家的經濟力量、消費者的生活型態、產業競爭狀況、中間商配合意願和政府法令規範等，都不是廠商所能控制者。面對這些不可控制因素，更增添促銷活動挑戰性。

　　外部環境因素雖然不是廠商所能控制，但是也不能置之不理；相反的，廠商在規劃促銷組合策略時必須採用科學方法進行偵測與預測，預作準備、積極因應、內外兼顧才能使促銷活動更務實、更有效。

　　促銷策略不可控制因素很多，本節僅針對下列五項提出討論。

1. 經濟力量

　　國家的經濟力量影響產業的經營至巨，當然也會影響廠商的促銷活動，例如經濟成長率、匯率、稅率、國民所得、物價水準和就業水準等都是經濟力量的重要指標，但是這些指標都遠超越廠商所能控制範圍。這些力量對廠商的促銷活動可能會有正面助力，也可能會有負面影響。

　　消費者對產品或服務的需求，並不是廠商的促銷活動所能創造。其實消費者的需求本來就存在，只是深藏不露罷了。促銷活動只不過是給予某些誘因刺激並活化潛藏的需求，誘導傾向惠顧特定公司的產品或品牌。

　　經濟力量屬於國家政策，個別廠商的力量單薄，難有使力空間，但是必須有系統的偵測與預測且瞭解經濟力量走勢，有助於促銷策略發展與實施。

2. 生活型態

　　生活型態和消費者的人格特質與自我概念息息相關，旨在解釋目標消

費群的特定生活方式。舉凡消費者的成長背景、生活經驗和生活目標等，都會影響他們對教育、職業、閱讀、電視節目、電腦學習、外食品質與次數以及娛樂或休閒的選擇（註7）。廣義的生活型態包括消費者的生活觀、工作觀、消費觀、休閒／嗜好／興趣、所得運用情形、對資訊與科技的態度、現階段充實與滿足的事物，稱為消費者描述或消費者剖析（Consumer Profile）。黑松公司推出畢德麥雅杯裝咖啡時曾研究我國22～29歲學生族群，以及30～34歲上班族群消費者的生活型態，這兩個族群的比較如表2-1所示。

表2-1　學生與上班族群的消費者描述比較

項目	22～29歲學生族群	30～34歲上班族群
生活觀	注意流行資訊與熱門新知，關心國內外各類娛樂及流行事物，花心思追求外貌打扮，期望展現自己獨特的風格，對任何事物都抱持感覺至上的心態。	無論是家庭生活或有關金錢的使用，都已有初步規劃。開始渴望有安定的生活，關心個人的身心健康，對生活層面的想法比較踏實。
工作觀	工作資歷不夠深，偶爾會對自己的工作能力缺乏信心，但是學習動力很強。	因為經濟不景氣及高失業率所引起的危機感，對工作的看法與態度較趨保守及穩健，對職場生涯已有自己的考量與規劃。
消費觀	考量價格及重視產品的風格與品味，喜歡品嚐異國美食，穿著的裝扮及流行趨勢明顯受到日、韓、歐、美流行資訊的影響。	購物時理性與感性並重，比較喜歡也比較有能力購買名牌產品，偶爾會藉著血拼來慰勞自己平日工作的辛勞。

（續前表）

項目	22～29歲學生族群	30～34歲上班族群
休閒／嗜好／興趣觀	喜歡聽音樂、唱KTV、玩電腦、上網、看電影，偏愛影音聲光的刺激，希望有機會出國遊學或進修，捨得花錢追求較好的休閒享受。	已經有點經濟基礎，喜歡逛街購物，可以打發時間，也可以紓解壓力。閒暇時喜歡開車到處兜風，偏好比較靜態的休閒活動。
所得運用情形	尚無經濟負擔，多將金錢花在吃喝玩樂、社交應酬或買衣服打扮自己。	有經濟方面的負擔與房貸的壓力，儲蓄、償還貸款、投資的比率提高，應酬、玩樂的花費比率降低。
對資訊與科技的態度	喜歡玩手機，用Facebook及LINE和朋友聊天、說八卦、交朋友、傳簡訊，交換各種生活資訊，大多數的休閒娛樂（網路遊戲、電視遊樂器、MP3）都和科技產品有關。	為避免資訊焦慮，科技產品成為生活及工作上必備工具。藉著智慧型手機與網際網路建立自己的人脈，也因為過分仰賴科技與資訊，擔心對未來產生負面影響。
現階段充實與滿足事物	最感滿足的是和朋友在一起，從事自己喜歡的休閒活動；其次是和家人相處和樂，沒有經濟壓力、愛情順利，也能帶來另一種滿足感。	和家人及朋友之間的感情融洽，最能帶來情感層面的滿足。經濟寬裕能夠從事自己喜歡的活動，開始追求心理上的滿足。

　　2015年臺灣的單身人口已達到996萬人，約占全臺人口的49%。單身人口所形成的單身經濟備受矚目，張維仁、葉閎宏、郭彥邵分別針對單身男性、女性的飲食、休閒、生活等特徵做了詳細的剖析，如表2-2所示（註8、註9、註10）。

表2-2 單身男性／女性在飲食、休閒、生活特徵的比較

比較面	男性	女性
飲食方面	1.容易選擇外食或外賣食物以解決吃的需求，但不喜歡在外用餐。 2.餐點選擇比較實際，講究用餐快速、以能吃飽為主，喜歡惠顧中式餐廳、快餐店。 3.不願意在吃飯上花太多錢，喜歡吃便宜又大碗的食物。 4.不喜歡改變，時常去同樣那幾間店吃東西。	1.小包裝容易吸引單身女性注意，並讓她們進一步購買。 2.重視用餐氣氛，偏好西餐、速食等分量較少的食物。 3.對無法一次享受到多樣化的食物會感到不便。 4.在吃飯上比較大方，喜歡用美食來犒賞自己。
休閒方面	1.旅行時多選擇低成本的廉價航空公司。 2.選擇平價且能結交新朋友的住宿環境。 3.願意定期運動，並且成為健身房付費會員。 4.食用健身相關的運動補充品。 5.不排斥以交友APP找尋伴侶。	1.注意旅行的住宿隱私與安全。 2.住宿環境需有乾淨的獨立衛浴設備。 3.獨自運動時有記錄、分享的習慣。 4.瑜伽有氧健身是上班族的首選。 5.會特別在意運動時的穿著打扮。
生活方面	1.注重居家空間設計。 2.願意多花一些錢在裝潢或高質感的家具上。 3.偏愛科技類居家產品。	1.就算一個人，也覺得可以過得幸福自在。 2.偏愛小型家電用品，例如電鍋、烤箱等。

　　消費者的生活型態和其文化背景、出生家庭、社會階層、教育程度和年齡層都有密切關係，但都不是廠商所能控制者。生活型態有其穩定性與恆常性，非短期所能改變。廠商若急著想澈底改變消費者的生活型態勢必徒勞無功，因此只能因勢利導、適時因應、縮小範圍、投其所好，務實剖析目標消費群的生活型態，掌握最重要的特徵量身訂做適當的促銷活動。

3. 競爭狀況

超競爭時代產業競爭愈演愈烈，不僅產品種類大幅增加、差異化程度也愈來愈明顯。各廠商盡出奇招，競相搶食市場大餅。小規模廠商常會面臨無計可施的窘境因而陷入價格競爭，獲利銳減乃預料中的事；大規模廠商主張走差異化路線尋求藍海商機並提高促銷活動的精湛度，於是非價格競爭成為致勝關鍵。

儘管廠商感受到競爭的壓力愈來愈大，但是對競爭者頻出奇招卻毫無控制力可言。此時行銷長需要洞察競爭者的行動，評估競爭的威力與影響程度且快速研擬因應對策，不能無奈的處於挨打局面。

4. 中間商

中間商在配銷通路中完成交易（採購、風險承擔、交涉）、物流（所有權移轉、產品組合、分裝、實體配銷）、促進（融資、推廣、資訊）等功能（註11），在促銷活動中扮演舉足輕重角色。他們的配合意願與動向備受關注，但卻不是任何一家廠商所能完全左右。

一般而言中間商是生產廠商的大顧客，除非生產廠商自行建立垂直行銷通路，否則生產廠商在行銷過程中不能沒有中間商。但是在行銷導向時代，中間商議價力量大增、選擇自由度擴大，他們不一定要依賴哪一家生產廠商。中間商所關心與感興趣的是暢銷及獲利豐厚的產品，比較不在乎哪一家公司或什麼品牌產品。因此在向消費者推薦時，常以暢銷品及獲利為最優先考量。行銷長必須瞭解此一現象，除了致力於強化商品力、發展優勢促銷策略之外，最重要的是廣布通路、廣結善緣並和中間商維持良好顧客關係。

5. 法令規範

政府的法令有其法源與公信力。有關促銷方面的法令對廠商的促銷活

動有一定的約束力，例如我國政府規定奶粉廠商不得舉辦兒童奶粉開罐促銷活動。

廠商面對法令規範不但沒有任何控制力可言，而且必須確實遵守。道德規範雖然沒有法律約束力，但是基於社會觀感也會左右廠商的促銷活動，例如有政府官員呼籲演藝人員不宜擔任酒類產品代言人。

廠商所研擬的促銷活動若違反法律規定而遭到一定程度的處罰，會造成得不償失的結果。若違反道德規範雖不致遭受處罰，但是因為社會觀感不佳引起廣大消費群的抵制，影響企業形象更甚於經濟處罰。

2.8　促銷活動九大法則

促銷活動由來已久，無論是學術實證研究或應用實務研究都證實促銷具有激勵功能與驚人效果。這些結論證實儘管促銷活動各異其趣，但可以整理如下列九項法則（註12）：

法則1：短暫的降低零售價，有助於大幅提高銷售量。

法則2：交易次數愈頻繁，愈可阻止銷售大幅下降現象。

法則3：交易次數會改變消費者的參考價格。

法則4：零售商銷售量不及中間商的交易量。

法則5：品牌市場占有率愈高，交易彈性愈小。

法則6：廣告配合促銷，可幫助零售商吸引人潮。

法則7：有特色的廣告與產品陳列，對促銷活動具有相乘影響效果。

法則8：一項產品的促銷，會影響互補產品及競爭產品的銷售。

法則9：促銷效果愈佳、產品品質愈低，會形成不對稱現象。

企業處在今日競爭激烈時代市場成長受到限制，行銷演變成顧客爭奪

戰的局面，促銷廣受重視也締造了豐碩效果。然而促銷活動有其優點，也有其缺點。一般而言，促銷在下列情況下最能發揮效果（註13）：

1. 新品牌產品引進市場時。
2. 既有品牌產品有重大革新，廣泛向市場推銷時。
3. 公司推出的品牌產品經過一番作為，已經在市場上占有競爭優勢時。
4. 當公司想要擴大零售通路時，促銷有助於激勵中間商的推銷行動。
5. 當標示有品牌名稱的產品正在加強廣告攻勢時，促銷可以用來擴大廣告效果。

2.9 促銷效果不容忽視

　　促銷活動需要投入不少精力與資源，但是廠商都樂此不疲且年年加碼，究其原因主要是促銷確實可為廠商創造短期效果，尤其是處在當前競爭激烈的行銷環境，促銷幾乎無所不在。促銷活動的顯著效果，更增添其在成熟市場中確保銷售的重要性。

　　最明顯的例子要算是零售業的促銷活動，尤其是百貨業的競爭愈演愈烈，業者紛紛抓緊週年慶機會大陣仗舉辦促銷活動。早期的週年慶促銷活動期間大多在一星期到十天左右，現在的週年慶活動長達一個月。活動規模擴大、促銷內容精彩，某些限量促銷產品常吸引大排長龍的人潮，消費者競相搶購創造極其輝煌的促銷成果。微風廣場每年選在母親節前舉辦「微風之夜」貴賓日活動，一夜之間創造數十億營業額。其他賣場也都精心舉辦年節促銷活動，利用年節暢旺的買氣衝高業績，成為不可或缺的工作。

其他許多因素也助長促銷的重要性。超競爭時代產品銷售愈來愈困難，眾多廠商搶食有限的市場大餅無異是在上演市場爭奪戰。某一家廠商的銷售有所斬獲，表示有其他公司流失部分市場。此外，家族品牌旗下擁有許多產品的公司，光靠廣告活動難以塑造產品之間差異化，而且面對經濟不景氣消費者對價格愈來愈敏感，促銷活動扮演銷售催化劑的角色也愈來愈明顯。

本章摘要

任何一門學科都有其理論基礎，促銷管理也不例外。本章旨在闡述促銷管理的基本原理及其重要性，以理論為經、以實務為緯，務實的介紹促銷活動與競爭環境、購買力的關係，說明行銷組合、推廣組合與促銷組合的關係。

影響公司促銷策略的因素很多，其中有些是廠商可以控制自如者，有些則是公司所無法掌控者，行銷長必須充分瞭解這些因素。一則將可控制的因素發揮最大功效，二則審慎偵測及研擬最適對策以因應不可控制因素的影響，使促銷活動進行更順暢。最後指出促銷活動九大法則，強調促銷效果不可忽視。

參考文獻

1. Belch, George E., and Michael A. Belch, *Advertising and Promotion: An Integrated Marketing Communications Perspective*, 10E Global Edition, pp. 531-536, 2015, McGraw-Hill Education.

2. 同註1，頁533。

3. 同註1，頁533。

4. 林隆儀、許錫麟合譯，Richard E. Stanley著，促銷戰略與管理，第五版，頁6-10，1989，超越企管顧問股份有限公司。

5. Lauterborn, Robert, New Marketing Litany: 4P's Passe: C-Words Take Over, *Advertising Age,* October 1, 1990, p. 26.

6. 林建煌著，行銷管理，第六版，頁239-242，2014，華泰文化事業股份有限公司。

7. Schiffman, Leon G., Leslie Lazar Kanuk, *Consumer Behavior*, 9th Edition, p. 337, 2007, Pearson Prentice Hall, New Jersey, USA.

8. 張維仁，獨自吃飯不孤單：飲食品牌瞄準單身族群，動腦雜誌，2016年5月號，第481期，頁58。

9. 葉閔宏，新科技當道：單身休閒也能很精彩，動腦雜誌，2016年5月號，第481期，頁72。

10. 郭彥邵，多功能設計：單身居家四大商機，動腦雜誌，2016年5月號，第481期，頁78。

11. 同註6，頁414。

12. Shimp, Terence A., *Advertising Promotion: Supplemental Aspects of Integrated Marketing Communications*, 5th Edition, pp. 518-520, 2000, The Dryden Press Harcourt College Publishers.

13. 同註4，頁473。

個案討論

台灣大哥大公司

台灣大哥大──「開學季，就要電力滿滿」促銷活動

　　資策會產業情報研究所（MIC）預估，2015年全球通訊設備產值的年成長率約7.9%將達到5,000億美元（約新臺幣15兆元），臺灣通訊產業整體產值（含通訊零組件外銷）將達到新臺幣2.8兆元，約占全球18.7%、年成長率為9.9%，整體表現優於全球。

　　資策會（MIC）預估，2015年臺灣行動通訊產業整體產值將達到新臺幣18,685億元，年成長率10.5%。臺灣無線通訊產業產值預估為新臺幣1,558億元，年成長率8.3%。2015年臺灣有線通訊產業產值約新臺幣4,459億元，年成長率9.4%。

　　臺灣4G服務進入戰國時代，資策會（MIC）預估，在中國及各主要國家電信業者陸續進行4G商轉下，2015年全球LTE用戶仍將快速攀升，預期將突破5億戶的水準。在臺灣4G服務部分，三大電信業者自2014年下半年起推動載波聚合技術，持續在上網速度與覆蓋率上競爭。2015年亞太（國碁）推出4G服務後，電信業在價格與服務品質的競爭將更形激烈。新營運商之一的台灣之星2014年透過收購臺灣第一大有線電視營運商中嘉網路之後，營運方式將整合語音、行動、固網、寬頻及電視服務，資費更多元豐富有利跳脫行動寬頻的削價競爭。

　　Apple、三星、Sony與HTC各大行動電話製造廠商，陸續推出

旗艦機種搭配4G資費將進一步帶動用戶升級4G。觀察國外發展，考量行動數據流量急增與頻譜資源不足的態勢，各主要營運商與設備商紛紛投入FDD/TDD融合網路的研究與商轉。預計2015年將有超過五十個FDD/TDD融合網路，設計兼具覆蓋率與高容量的行動通訊網路。在國外營運商應用服務發展方面，由於行動寬頻技術持續發展，營運商在車載、醫療、教育及娛樂影音等領域能夠推出更多需要大頻寬、高傳輸流量之應用服務。台灣大哥大在國內通訊市場算是市場占有率頗高的一家廠商。

台灣大哥大股份有限公司於1997年2月25日設立，同年取得政府核發第一類電信事業特許營運執照，是第一家在臺灣證券交易所上市交易之民營電信公司，也是國內第一家推出WCDMA系統之第三代（3G）行動通訊服務業者。台灣大哥大在2000年掛牌上櫃，為臺灣第一家上櫃的行動電話業者。2002年上櫃轉上市同年納入臺灣50指數，並獲納入摩根士丹利資本國際（MSCI）投資指數成分股。為提升營運規模、提供整合性的服務，台灣大哥大於2001年7月收購臺灣南區行動電信業者泛亞電信。2004年8月完成收購中區之東信電訊，以30%之電信營收市場占有率居國內行動電信業的領導品牌之一。2008年9月，完成合併泛亞電信及東信電訊。

2007年陸續收購台灣固網和台灣電訊，成為臺灣第二大網路服務供應商，建構橫跨行動通訊、固網、寬頻上網及有線電視「四合一」平臺。2008年推出「台灣大哥大」、「台灣大寬頻」以及「台灣大電訊」三大新品牌，針對個人、家庭和企業用戶提供涵蓋行動通訊、有線電視和固網的整合通信服務，成為通訊及內容產業的領導業者。

台灣大哥大2015年推出「開學季　就要電力滿滿」的促銷活

動，以學生族群為促銷的目標對象。活動自2015年3月10日起至4月30日止，活動期間內學生只要在台灣大哥大「網路門市」申辦指定手機/平板/網卡（不含iPhone 6/6 Plus系列機款）等機款4G綁約專案（含新申裝、續約、攜碼，不限資費方案），且經台灣大哥大確定未取消交易或退貨者，即可獲贈POWEREX 7800mAh行動電源乙個（隨機出貨，恕不挑色）。在3月31日前申辦Samsung Galaxy Note4、Samsung Note Edge、HTC One（M8）、SONY Xperia Z3、LG G3等指定機款4G綁約專案（含新申裝、續約、攜碼，不限資費方案），且經台灣大哥大確定未取消交易或退貨者可再獲得抽獎資格，抽獎獎品包括HTC One（M8）乙臺（隨機出貨，恕不挑色）、Samsung Galaxy S5乙臺（隨機出貨，恕不挑色），這些獎品都是現代學生族群的最愛，學生給予很高評價。

參考資料：

1. 台灣大哥大官網（2015），首頁優惠資訊，http://www.taiwanmobile.com/content/event/back_to_school/?utm_source=twm_

banner&utm_medium=index&utm_campaign=estore

2. 台灣大哥大官網（2015），公司概況，http://corp.taiwanmobile. com/company-profile/company-profile.html

3. 資策會產業情報研究所（2015），2015年臺灣通訊產業產值將成 長9.9%，http://mic.iii.org.tw/intelligence/pressroom/pop_pressFull. asp?sno=371&cred=2014/9/16

思考問題

1. 台灣大哥大「開學季　電力滿滿」促銷活動中，運用了哪些促銷組合？

2. 行動電話網內互打免費的促銷優惠，就行銷組合中的產品、價格、通路、推廣等四項要素而言，哪些是業者可以控制的策略因素？試說明之。

3. 以你自己使用行動電話的經驗，回憶續約或轉換電信業者時是否受到業者推出的優惠促銷方案所吸引？除了合約期限因素外，本個案中台灣大哥大的「開學季　電力滿滿」活動對你是否有吸引力？原因為何？

第二篇　促銷STP篇

第3章

購買行為與購買決策過程

暖身個案

大潤發量販店

買指定商品　刮中TIFFANY帶回家

　　零售業是指向最終消費者（包括個人和社會集團）提供所需商品及其附帶服務為主的行業。零售業至今沒有一個統一的定義，目前比較主流的零售業定義分為兩種：一種是行銷學角度的定義，認為零售業是任何一個處於從事由生產者到消費者的產品行銷活動的個人或公司，他們向批發商或製造商購買商品並直接銷售給消費者。這種定義在近三十年的行銷學文獻中用得非常普遍；另一種是美國商務部的定義，零售貿易業包括所有把較少數量商品銷售給一般公眾的實體，他們不改變商品形式，因此產生的服務也僅限於商品銷售。

　　零售業是全世界競爭最激烈的產業之一，臺灣零售業發展日趨成熟，純粹販售商品已不足以成為企業經營唯一方式。零售業創新業態與服務滿足消費者需求的渴望，透過全面性行銷創造消費者黏著度與情感連結，成為零售業生存與發展關鍵的競爭優勢進而達到永續經營目標。

　　我國零售量販店誕生於1989年，當時不但引爆國內通路革命，並正式開啟民眾購物走向「自助式、低價、一次購足」的新境界。在此訴求下逐漸發展消費者潛在需求，很快成為最大的零售通路系統。

大潤發（RT-MART）是一家臺灣的大型連鎖量販店，後來與法國公司合資成立於1996年，由潤泰企業集團總裁尹衍樑所創設。由於臺灣的紡織產業到了1990年代面臨了人工成本高漲以及海外低價競爭的威脅，使紡織產業在臺灣逐漸步入夕陽產業的命運，而潤泰集團的主要企業潤泰紡織也面臨相同問題。於是潤泰集團也開始尋求轉型，因而開始擴大轉投資事業的範圍與規模，例如轉投資保險、金融事業（如南山人壽、永豐銀行等）及流通事業（如大潤發）就是最好的例子。此外，隨著中國大陸「改革開放」的腳步，大潤發開始進入中國大陸市場。大潤發目前在臺灣有二十二個服務據點，主要競爭對手為家樂福及遠東愛買，在臺灣的發展規模僅次於家樂福。

1997年大潤發在中國大陸成立「上海大潤發有限公司」，目前已成立270家分店。2008年中國大潤發營收335.46億元人民幣，年增率約31.04%；獲利10.42億人民幣，年增38.9%。2009年中國大潤發營收為人民幣404.3169億元，單店業績3.36億元較去年同期成長20.5%。首度打敗家樂福，成為中國量販店龍頭。

臺灣大潤發在2016年10月10日至10月31日舉辦買指定商品，刮中TIFFANY帶回家的促銷活動。只要消費者在活動期間購買TIFFANY藍色系小家電滿600元即可得到刮刮卡一張，刮中即可以將TIFFANY精品帶回家。

參考資料：

1. 維基百科（2016），大潤發，https://zh.wikipedia.org/zh-tw/%E5%A4%A7%E6%BD%A4%E7%99%BC

2. 臺灣大潤發官網（2016），首頁-買家電刮大獎，http://www.rt-mart.com.tw/direct/index.php?action=wpage_476&utm_source=rtmart&utm_medium=referral&utm_campaign=%E8%B2%B7%E5%AE%B6%E9%9B%BB%E5%88%AE%E5%A4%A7%E5%A5%AC

3. 吳蓓蘭（2014），臺灣零售業店務稽核管理與營業績效關連性之研究，http://ndltd.ncl.edu.tw/cgi-bin/gs32/gsweb.cgi/ccd=QVkt4p/record?r1=9&h1=0

4. 羅綺云（2015），零售創新與行銷能力之相關研究——以臺灣零售業為例，http://ndltd.ncl.edu.tw/cgi-bin/gs32/gsweb.cgi/ccd=QVkt4p/record?r1=2&h1=0

3.1　前　言

　　廠商促銷的標的是產品或／與服務，促銷的目標對象則是一般消費者或企業用戶。一般消費者又可區分為家庭與個人，家庭所需的用品通常都由家庭成員中的某一個人主導及扮演購買者，個人消費者則同時扮演購買者與消費者的雙重角色，至於企業用戶則由專責的採購單位負責購買。不同類型的顧客實際執行購買的人不盡相同且購買行為大異其趣，廠商的行銷長在發展促銷策略之前必須澈底瞭解購買者並透視他們的購買行為，才能投其所好創造最大銷售績效。

　　購買決策是購買者從多種選擇方案中，選定一種方案的抉擇過程。購買決策由一連串的思考邏輯步驟所組成，這些步驟隨著購買者的類型之不同、購買標的之不同、決策之重要性不同，而各異其趣。然而，無論決策過程簡單、冗長或複雜都會經過此一邏輯步驟，這是行銷長必須具備的基本知識。

3.2　個人與家庭的購買行為

　　個人購買行為以滿足個人需求為主，雖然同樣受到許多外部與內部因素的影響，但是很多都是基於只要喜歡就買的心態，購買決策相對比較單純。個人與家庭的關係雖然密切，但是購買行為大相逕庭。家庭的購買除了個人因素之外，還必須考慮到家庭成員的需求與意見，以致購買決策相對複雜。以下分別討論個人購買行為及家庭購買行為。

1. 個人購買行為

　　個人購買行為旨在研究個人決定購買決策的過程，以及探討影響購買決策的因素。行銷長瞭解購買決策過程及掌握這些影響因素，可以大幅提升促銷效果。個人購買行為的思考模式可大略區分為輸入、處理和輸出等三個階段，如圖3-1所示（註1）。

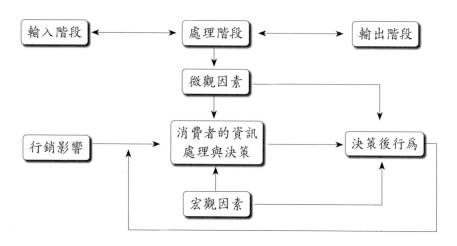

圖3-1　個人購買行為思考模式

資料來源：林建煌，《行銷管理》，第6版，頁134。

　　輸入階段包括輸入兩種來源的資訊：第一種是購買者接收到廠商所傳送，刻意要影響購買者購買行為的行銷資訊。例如透過促銷及廣告活動，傳達產品與服務的相關訊息。第二種是來自其他來源，但是對購買決策具有影響力的非行銷資訊。例如媒體報導、親朋好友、家庭成員或意見領袖所提供的購買經驗。

　　處理階段是指購買者針對所接收的資訊予以處理、逐一消化，分析並且理出頭緒進而做購買決策的過程。此一階段看來簡單其實相當複雜，因為資訊處理過程中會受到許多因素影響，包括消費者內在的微觀因素、外

部環境的宏觀因素，前者例如購買動機、人格特質、生活型態和價值觀等，後者例如文化差異、社會階層、家庭成員和參考群體等，這些因素都會輾轉影響下一階段的購買決策。

輸出階段就是根據前一階段資訊處理結果選擇並決定購買決策，包括購買的品類、品牌、價格、時間、地點以及付款方式等。

2. 家庭購買行為

家庭雖然是由家庭成員組成的群體，但是家庭成員的年齡、價值觀、態度、教育程度、購買經驗和人生歷練各不相同，因此家庭購買行為要比個人購買行為複雜許多。家庭購買屬於群體決策，家庭成員在購買過程中通常都扮演不同的角色。不同角色會對購買決策構成不同程度的影響，例如誰是購買的發起者、誰是影響者、誰是把關者、誰是決策者、誰是執行購買者、誰是加工者、誰是使用者、誰是維修及處置者，行銷長必須摸清楚這些角色的意義及其影響力。一般而言，家庭成員扮演的購買決策如下（註2）：

(1) 丈夫主導型

丈夫主導購買決策並執行購買行動，例如購買工具、零件。

(2) 妻子主導型

妻子主導購買決策並執行購買行動，例如購買廚房用具與日常生活用品。

(3) 各自主導型

丈夫與妻子各自主導購買決策並各自執行購買行動，例如丈夫購買刮鬍刀、刮鬍膏、髮油；妻子購買化妝品、面膜、貼身衣物等私人用品。

(4) 共同主導型

丈夫與妻子共同主導購買決策並共同執行購買行動，例如購買房子、汽車、保險、出國旅遊。

(5) 孩子主導型

孩子主導購買決策，但由妻子執行購買行動，例如玩具、食品；也有孩子主導購買決策，而由家庭成員共同執行購買者，例如度假、旅遊、聚餐。

(6) 交叉主導型

丈夫為妻子購買香水、化妝品；妻子為丈夫購買領帶、皮鞋。

3.3　企業購買行為

企業購買行為屬於組織購買行為的一環。企業市場具有購買數量龐大、購買品項相對較少、集中購買、非付現購買、買賣關係密切等特性。企業購買和個人或家庭購買大不相同，有一定的購買程序、設置專業採購單位、選派專業人員執行採購業務、直接向製造商或原廠進行第一手採購、參與採購決策的人較多，而且常採用互惠採購方式。有些大型設備甚至採用租賃方式。企業採購數量與金額龐大，特別重視採購人員的操守。有採用集中採購者，也有採用分層負責者；有採用議價者、有採用招標者，也有採用招標後再行議價者。

企業採購以追求最大經濟利益的理性採購為原則。大型企業或重大採購案通常設有採購中心或採購委員會，由涉及採購決策的所有人員組成，負責訂定採購政策與購買決策。企業內不同單位在購買過程中扮演不同角色，例如使用單位扮演請購的角色、技術單位扮演影響者的角色、購買代理商或祕書扮演管理資訊流向的守門員角色、採購經理及其主管依照分層負責辦法扮演決策者的角色、採購人員扮演實際採購者的角色、使用單位及技術單位分別扮演品質與數量驗收者的角色、使用單位相關人員扮演使用者的角色。

企業購買行為可以按照所購買產品的特性及過程的複雜程度，區分為下列三種類型（註3）：

1. 直接重購（Straight Rebuy）

屬於例行性的採購方案，例如文具、紙張等辦公用品、工廠使用的包裝材料和消耗品等。採購單價低、採購數量少、採購次數頻繁，通常都和供應廠商議定價格後，充分授權由採購人員直接重購。

2. 修正重購（Modified Rebuy）

當產業環境及採購條件有所變化時，和供應廠商重新議定供應條件及修正價格後繼續採購。例如遇到供應量短缺或過剩、物價波動或臺幣升值等情形，廠商要求供應廠商重新或修正供應條件後繼續採購。

3. 全新採購（New Task）

廠商遇到從未購買的採購方案時，需要蒐集相關資料並邀請供應廠商報價，按照公司規範的分層負責辦法執行全新購買方案。例如食品業者籌設現代化無菌生產線、採購自動化倉儲設備、購置機器人等，啟動全新採購作業。

3.4　購買決策的類型

購買行為是指人們執行他們生活中的交易活動時，影響認知、行為、環境的一種動態性互動行為（註4）。購買行為和心理學的知識息息相關，購買者的思考方法、在做購買決策及執行購買時，都扮演非常重要的角色。購買決策是指顧客確認與評估選擇方案一連串的步驟（註5）。

AIDA模式為購買決策最簡單的模式，也就是購買者必須先知曉產品或服務的存在（Awareness）、對產品產生興趣（Interest）、激起購買欲望（Desire），然後採取購買行動（Action）。所以購買者購買產品或服務之前都會先蒐集相關資訊，經過審慎評估與比較之後才決定購買決策。購買決策包括決定是否要購買、由誰購買（自己購買或家人購買）、購買什麼產品、選擇哪一個品牌、惠顧哪一家商店、什麼時候購買、購買方式（親自選購或透過郵購、電話、網路訂購）、付款方式（付現金、簽帳或分期付款）。購買者決定購買決策所花費的時間長短不一，視個人購買習慣與購買風險高低而各異其趣。有些人非常細心、審慎只要涉及購買，無論金額大小都會逐一評估，希望盡可能做到理性購買。有些人會視購買風險大小決定購買決策方式，例如購買耐久財或消費財的決策模式就大不相同。前者偏向逐一釐清的理性決策，決定決策所花費時間比較長；後者摻雜有感性成分，通常都會迅速決定購買決策。

　　購買者決定購買決策所花費時間長短，和消費者涉入程度有密切關係。涉入（Involvement）是指消費者對購買標的物及購買決策關切的程度，關切程度高者稱為高涉入，關切程度低者稱為低涉入。消費者購買高涉入產品時花費金額多、風險高，通常都願意多花些時間及精力努力蒐集資訊、評估、比較，並且親自進行評估盡可能做到理性決策，這種決策模式也稱為中央路徑模式（Central Route）。消費者購買低涉入產品時花費金額少、風險低，通常都不會花費太多時間與精力進行審慎評估，簡單思考或參考他人意見就購買者比比皆是，甚至抱持著只要我喜歡就購買的感性決策心態，這種決策模式也稱為邊陲路徑模式（Peripheral Route）。

　　選擇惠顧的公司與品牌也是購買決策的重要抉擇。在自由經濟體系下同類產品競爭廠商有如過江之鯽，雖然令人眼花繚亂卻讓消費者享有廣泛選擇機會。消費者購買時通常都會在眾多品牌之間做選擇，因此品牌之間的差異性、品牌聲譽與形象以及消費者對品牌熟悉程度，都是影響購買決策的重要因素。

美國紐約大學企管研究所行銷學教授Henry Assael根據消費者購買的涉入程度高低、品牌間差異程度大小，組合成四個方格的購買決策模式矩陣，如圖3-2所示，分別稱為複雜型決策、有限型決策、忠誠型決策和遲鈍型決策（註6）。

購買的涉入程度

	高	低
品牌間的差異程度 高	複雜型決策	有限型決策
低	忠誠型決策	遲鈍型決策

圖3-2　購買決策四種模式

資料來源：Henry Assael, 1987, p. 87.

1. 複雜型決策

消費者購買的涉入程度高、備選品牌之間的差異程度高，這種決策顯然是最需要花時間思考、評估與比較，因此稱為複雜型決策（Complex Decision）。涉入程度高表示決策風險高，消費者通常都願意多花些時間與精力蒐集相關資訊審慎評估、詳細比較，然後才決定購買決策。備選品牌之間的差異程度高，表示供應廠商／品牌之間存有很高的差異性，消費者需要多費心思與精力比較才能分辨其特性與優劣。

例如消費者購買房地產、汽車、珠寶、精品、股票與基金，都因為投入金額大願意花費比較長的時間蒐集相關資訊，而且都會親自做功課評估再評估、比較再比較，考慮清楚了才決定購買決策。

2. 有限型決策

消費者購買的涉入程度低、備選品牌之間的差異程度高，這種決策稱為有限型決策（Limited Decision）。消費者購買的涉入程度低，表示購買風險低、品牌忠誠度低。因此普遍存有嘗新試鮮的心理，喜歡尋求新刺激，於是轉換品牌、尋求新產品成為一種習慣動作。這種現象令既有廠商最感頭痛，但是卻給新廠商有進入市場的機會，新品牌被選購的機率也隨著提高。

例如個人清潔用品充斥賣場貨架，這些產品都屬於低涉入產品。消費者常根據自己的需求特徵，選購不同品牌或不同功能的產品。例如上次購買有助於去除頭皮屑的洗髮精，這次購買的是可防止髮根斷落的洗髮乳，下次可能購買可使頭髮烏黑柔順的潤髮乳。儘管不同廠商的品牌差異很大，但是品牌忠誠度相對偏低。

3. 忠誠型決策

消費者購買的涉入程度高、備選品牌之間的差異程度低，此時公司聲譽佳、品牌形象好者往往成為消費者的最愛，這種決策稱為品牌忠誠型決策（Brand Loyalty Decision）。消費者購買高涉入產品往往伴隨著相對高程度的財務風險、心理風險與社會風險，因此會考慮所支付的金錢是否值得、所購買的產品是否會影響到自尊心，深恐因為購買不熟悉的品牌而造成社交上的困窘，甚至成為同儕、朋友談論或嘲笑的對象。所以對品牌會有所堅持，顯然是屬於高品牌忠誠度的消費者。

人們愛美的天性導致近年來醫美產業蓬勃發展，醫美診所有如雨後春筍般到處林立。整型美容服務是典型的高涉入產品（服務），對消費者而言是一種高風險的體驗。初次惠顧的顧客都會抱持高度慎重的態度，廣泛蒐集相關資訊並一一評估、再三比較，審慎選擇聲譽絕佳、口碑良好的診所。曾經惠顧而感到滿意的顧客，通常都不會輕易轉換品牌（診所），因

而成爲忠誠顧客。

4. 遲鈍型決策

消費者購買的涉入程度低、備選品牌之間的差異程度低，表示消費者所選擇的是經常需要購買的低單價便利品。因爲購買風險低，所以無須花費太多心思刻意選購。競爭品牌之間的差異性不明顯，讓消費者購買時享有更大的游離空間而成爲品牌忠誠度低的顧客，這種決策稱爲遲鈍型決策（Inertia Decision）。

家庭主婦購買居家日常生活用品，考量方便性、經濟性、習慣性和實用性遠勝過品牌堅持。尤其是上班族婦女平時忙於工作，閒暇購物時間相對減少，所選購的又是差異性不大的日用品，很自然會以方便、經濟爲最優先考量。

購買行爲決策模式提供給行銷長五個重要啓示：第一、消費者購買的涉入程度不同，表現出來的購買行爲有很大差異，剖析消費者的涉入程度可幫助顧客做最佳選擇。第二、品牌對消費者購買決策有重大影響，型塑品牌形象、落實品牌行銷是行銷長的重要責任。第三、瞭解購買決策模式形成的要因，可幫助公司研擬贏得顧客青睞的行銷策略。第四、不同購買決策模式各有其行銷意義，掌握核心意義是行銷勝出的關鍵。第五、洞悉顧客購買競爭產品的決策模式，可以收到「知己知彼、百戰百勝」的效果。

消費者是公司經營成敗的最終判定者，他們的喜好與購買行爲直接影響行銷績效。因此企業都不遺餘力的在研究消費者行爲，競相採用科學方法想要瞭解他們在購買過程各階段的決策模式。消費者購買決策模式看似簡單且平凡，其實隱藏許多學問與奧妙。購買決策模式功課做得愈深入的公司，愈有助於瞭解消費者的購買行爲；愈有能力掌握消費者購買行爲的公司，愈有機會成爲競爭的大贏家。

此外，購買決策也可以根據購買者涉入程度、花費時間、購買標的的

價格、所需資訊以及替代方案等，區分為例行性決策、廣泛性決策、有限性決策（註7）。

例行性決策（Routine Decision）是指購買者經常而例行購買的決策，例如家庭購買者購買柴米油鹽醬醋茶等家庭日用品的決策，通常都屬於涉入程度低、花費思考的時間短、購買標的物價格低，所需蒐集的資訊有限且替代方案少（甚至沒有替代方案）。因為是例行性決策，所以購買者都不希望花費太多時間與精力在購買決策上。

當購買者購買不熟悉、價格昂貴、稀少的特殊品或是不常購買的標的物時，就是在做廣泛性決策（Extensive Decision），這是最複雜、最困難的購買決策。例如企業採購全新的生產設備時，因為不熟悉、價格昂貴、從未有購買經驗，所以都會努力蒐集相關資訊。寧可多花時間研究尋求備選方案及分析、比較，以免冒著做錯決策的風險。

有限性決策（Limited Decision）是介於例行性決策與廣泛性決策之間的購買決策。購買者涉入程度、花費時間、標的物價格、所需資訊和替代方案都屬於中等水準，例如購買者購買手機、音響、選擇旅遊及用餐地點，都屬有限性決策。

3.5 影響購買決策的因素

影響消費者購買決策的因素很多，可以區分為外部因素與購買者的因素兩大類。外部因素包括文化、人口統計、社會階層、參考群體以及公司的行銷活動等；購買者因素包括個人知覺、學習、記憶、動機、人格、情感和態度等。本書旨在討論促銷管理，因此參考Michael Levens的觀點，選擇和促銷活動相關程度較高的個人因素、心理因素、情境因素和社會因素進行討論（註8）。

1. 個人因素

購買者行為受到個人許多特徵的影響，這些個人特徵包括自我辨識、人格特質、生活型態、年齡和財力。

自我辨識（Self-identity）是一個人對自己獨一無二的瞭解。透過這種獨特性的瞭解，表現出相對於其他人不同的行為。這種行為會反映出個人價值觀而表現在購買決策上，廠商可用此來預測個人的購買行為。

人格特質（Personality）包括一致性知覺、內在因果和個人獨特性。透過和個人的環境互動，人格會表現出特定型態的行為。廠商透過產品與服務的特性或促銷與廣告活動表現產品與服務的個性，這些個性和購買者的辨識及公司所提供的價值有密切關係。

生活型態（Lifestyle）是人們選擇如何消磨時間與個人資源，所表現出來的一種生活方式。個人選擇購買汽車、旅遊行程或者參加音樂會，都會表現出他的生活型態。公司根據購買者的生活型態以及他們對產品服務的期望，可以和他們建立更深層連結。

不同的年齡與年齡層會有不同的社會需求，因而帶給公司行銷與促銷的好機會。廠商根據特定年齡購買者舉辦促銷活動，可以強化顧客關係、提高促銷活動績效。

一個人的財務能力會影響決定購買某些產品或服務的機會，對購買這些產品或服務也會造成某些程度的限制。例如某些產品如法拉利賽車對大多數人來說是不會購買的產品，但是對其他產品如TIFFANY珠寶及BURBERRY皮包價錢雖然相對昂貴，但是很多人都有可能會購買。

2. 心理因素

購買者行為受到許多心理特徵的影響，包括知覺、動機、態度與信念、學習等因素。

知覺（Perception）是影響購買者行為之新刺激的一種認知印象，這

種刺激經由聽覺、嗅覺、味覺、視覺和觸覺等感官而表現出來。如何透過這些感官處理資訊，各有其獨特的差異。公司採用來自外部環境、促銷與廣告的所有刺激，試圖瞭解消費者回應這些刺激所產生的期望。

動機（Motivation）是引起趨向採取特定行動，滿足需求或欲望的一組情境，包括來自解釋內在的結果、符合當前情況與所期望的情況。心理學家馬斯洛（Abraham H. Maslow）所提出的需要層級（Hierarchy of Needs）理論，讓我們對消費者的動機有更深切的瞭解。需要層級奠基於一種原理，認為人們在嘗試實現任何更高層級的需求之前，如歸屬感、自尊或自我實現需要先確保最基本需求的滿足，例如食物與安全的需求。

態度（Attitude）是根據經驗而來的一種既有狀態，會影響消費者對某些事情的反應。態度包括喜歡、不喜歡，對一個構想、產品、服務、或任何事情的矛盾心態。當態度經過時間的推移而逐漸出現一致性時，透過經驗或教育就有機會產生影響作用。

學習（Learning）是透過經驗所獲得的知識。學習過程包括驅動力（強化行動的一種內在刺激）、線索（影響特定行動的一種環境刺激）、反應（消費者對驅動力與線索的回應）、增強（減弱來自正向反應之經驗的驅動力）。企業應用學習過程，例如利用反覆不斷的廣告活動傳達促銷訊息，可以形成顧客正向經驗及培養忠誠度。

3. 情境因素

許多情境或特定的特性足以影響購買者行為，這些特性包括購買環境、時間、數位環境和關係等。

購買環境對購買者的行為有很大的影響。例如節奏快速的音樂會刺激購買者做勇敢的選擇、節奏緩慢的音樂會激起悠閒的購買心情，這種心情會轉換為比沒有受到刺激時購買更多產品。又如貨架上產品的陳列方式可以削弱購買或強化新產品的購買過程，許多公司刻意設計走道與整個商店來往人潮動線，目的就是要使總銷售量達到最大化。

產品決策決定之後，購買過程時間長度與消費者努力程度都會影響消費行為。如果消費者知道商店內有他所喜愛的產品，但是這家商店距離遙遠且所銷售的產品都是某一特定產品中，銷售量少或效率差的第二流或第三流的產品，此時消費者會選擇就近購買比較不符合期望的產品以避免長途跋涉。無論是當天取回送洗衣服或速食食品等環境，都潛藏有藐視消費者的負面因素，例如提供低劣的品質與服務。

數位環境也會透過線上社交網路、部落格和產品評比網站，以及有助於線上研究、評估與購買的其他因素而影響消費行為。有關財富的資訊非常多、可信度各不相同，數位資訊可供消費者做決策時參考。透過數位科技如使用新行動電話呈現，消費者也享有許多選擇。

關係是個人對所期望的品質或成分會有強烈的意見，根據環境狀況之不同，個人的購買可能會有許多不同的要求。消費者若自購時只購買有機產品，但是被要求購買辦公室聚會用產品時，他們可能不會選擇高價的有機產品，因為其他人可能不希望或甚至不贊同額外花費。

4. 社會因素

許多社會特性都會影響消費者購買行為，這些特性包括文化、參考群體、社會階層、性別角色和家庭成員等。

文化是指共同的價值觀、信念以及對特定社會的偏好。文化可以反映在宗教信仰、道德、藝術表達，甚至習慣上。文化可以透過法律正式予以建立，也可以因為社會行動與反應而建立非正式文化。就約束個人行為言，文化是最基本的要素。文化的影響力存在於所有國家，只是影響的程度各不相同罷了。企業瞭解文化影響購買者期望與行為，有助於提高促銷績效。

參考群體包含直接或間接影響個人對特定議題之感受的人士。參考群體可以提供一個人如何過生活的新觀點，瞭解參考群體之動態性的公司，可以利用參考群體的影響力，將產品與服務和生活型態的改變結合在一

起。參考群體內有所謂的意見領袖（Opinion Leader），扮演消費者與企業連結的重要角色。意見領袖是指對特定群體的態度與行為具有最大影響力的個人。消費者常常有尋求意見領袖的看法與方向的事實，此一事實提供給廠商直接利用意見領袖之意見的機會，留意各種活動或單純追蹤消費者對正在演進中之趨勢的反應。意見領袖包括有名人、專家或擁有個人仰慕或尊敬之特色的其他人。

社會階層可根據不同因素，區別某些社會成員和其他成員的特徵，這些因素包括財富、職業、教育、權力和居住地點等。社會階層根據共同生活經驗予以區分，許多國家有一連串社會階層層級，根據前述因素形成個人屬於上階層或下階層。成員所屬的社會層級有可能會改變，例如所得層級會改變，但是某些社會層級不可能改變，例如人們不可能改變家庭歷史。某一特定社會階層的成員，通常都會影響一個人對社會的看法，同時也會影響和生活型態有關許多產品的消費行為。在特定社會階層中個人所採取的購買行為，常可反映出同一社會階層同儕一般行為。

不同的社會有不同的性別角色，這些角色會影響購買行為。性別角色會隨著時間推移而改變或演進，例如受到「男主外、女主內」傳統觀念的影響，以往女性在外工作者比例偏低。現在社會主張「女男平等」，女性在外工作者的比率愈來愈高，女性出任政府要職與企業高階主管者比比皆是。

家庭成員是群體行為對個人的第一個影響者，也是消費者購買行為最重要影響者。家庭成員有規範性的行為與扮演獨特的角色，會隨著家庭而各不相同。從一個人的出生家庭，到選擇往後的生活而自己組織的家庭，不一而足。至於家庭購買決策如前所述，有丈夫主導者、有妻子決定者、有夫妻共同決定者、有孩子主導者、有各自主導者、有交叉主導者，行銷長瞭解這些資訊有助於針對正確的購買決策者研擬正確的促銷活動。

3.6 購買決策過程

　　購買決策過程是指購買者自購買備選方案中，選擇一種決策的一連串步驟。無論是個人、家庭或企業用戶，購買決策過程包括確認問題、蒐集資訊、發展替代方案、選擇購買決策、實際購買行為和購後行為評估，如圖3-3所示。此一過程顯然屬於理性購買過程，茲以學生購買電腦為例詮釋購買程序。

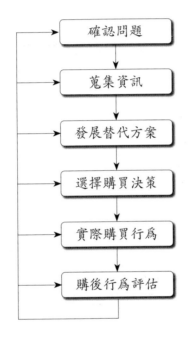

圖3-3　購買者的購買程序

1. 確認問題

　　無論是個人、家庭或企業，購買都是為了要解決當時的問題。因此確認問題是購買的先決要件，沒有問題就不會有購買的必要性。例如學生如

果沒有電腦，會造成學習、寫作業及研究的不方便，於是需要購買一部電腦，此時沒有電腦就是問題之所在。

2. 蒐集資訊

確定需要購買一部電腦後，購買者開始蒐集相關資訊包括廠牌、型式、規格、功能、價格、付款條件、配件、零售店、保固和維修等。可能採取中央路徑模式親自蒐集資料，詳加分析、比較整理成購買決策的基本資訊；也可能同時採取邊陲路徑模式，傾聽其他同學的意見及使用經驗，作為購買決策的參考。

3. 發展替代方案

購買者所蒐集的資料經過分析一一比較其優缺點後，根據自己的喜好、判斷、預算和希望交貨的時間等因素，整理出少數幾個備選方案並排出優先順序，作為選擇依據。

4. 選擇購買決策

購買者自上述備選方案中，選擇一個最適方案的決策。

5. 實際購買行為

確定購買決策後，購買者實際購買行動可能是直接向生產廠商購買、可能到光華數位天地的電腦專賣店選購，也可能是透過網路購買。

6. 購後行為評估

購買者收到電腦後通常都會做驗收動作，試用及檢視各種功能是否正常、是否和當時蒐集的資訊相吻合。購後評估時若發現有問題，會向供應廠商提出異議且尋求解決；若沒有發現問題，就開始使用。購買電腦對學生來說是一筆比較大的開支，因此常會有購後認知失調（Cognitive Dissonance）現象，於是會繼續搜尋及打聽與所購買電腦相關的資訊，以降低這種不安心理。

本章摘要

　　公司的促銷活動和購買者的購買行為息息相關，促銷活動要有效必須先瞭解購買者的購買行為，以及他們做購買決策的程序。消費品的促銷對象涉及個人消費、家庭購買，工業用品的促銷與組織採購行為模式脫離不了關係。

　　本章從促銷觀點討論消費者及企業購買行為的相關議題，包括個人、家庭和企業的購買行為，論述購買者購買決策的類型、影響購買決策的因素有哪些，以及購買決策過程的相關議題。瞭解促銷活動和購買行為之間的關係，可幫助公司研擬有效能又有效率的促銷策略。

參考文獻

1. 林建煌著，行銷管理，第六版，頁134，2014，華泰文化事業股份有限公司。

2. Schiffman, Leon G., Leslie Lazar Kanuk, *Consumer Behavior*, 9th Edition, pp. 340-343, 2007, Pearson Prentice Hall, New Jersey, USA.

3. Kotler, Philip, Kevin Lane Keller, *Marketing Management*, Global Edition, 14e., pp. 207-208, 2012, Pearson Education Limited, England.

4. 林隆儀譯，Michael Levens著，行銷學——定義、解釋、應用，頁121，2014，雙葉書廊有限公司。

5. 同註4，頁123。

6. Assael, Henry, *Consumer Behavior and Marketing Action*, 3th Edition, 1987, pp.

86-89, Boston, Massachusetts, PWS-KENT Publishing Company.

7. 同註2，頁526-527。

8. 同註4，頁125-136。

個案討論

屈臣氏
「閨蜜購物節」促銷活動

臺灣美妝市場的繁榮景象並非一朝一夕所形成。臺灣光復初期，民眾洗臉、洗頭、洗澡和洗衣服無一不使用肥皂，後來有廠商陸續推出臉部、頭部、身體甚至洗衣產品。從使用洗髮粉到選用洗髮乳（精），再到注重保養的潤髮乳（精），花王雖然不是臺灣最早推出洗髮乳（精）的廠商，卻率先體察到單純的洗髮乳（精）無法滿足民眾的需求。1976年花王率先推出臺灣第一款潤髮乳，使消費者逐漸養成洗髮後少不了潤絲的習慣。

當消費者開始注意頭髮的保養時，也開始在意「面子」上的細節。隨著經濟起飛與國際時尚接軌，女性開始認同「化妝是禮貌」的社會禮儀，於是各式各樣的美妝、保養品悄悄的出現在市面上。當時雖然也有臺灣在地產品，但整個美妝保養品市場幾乎都是由國際企業把持。

我國美妝產品的市場規模一年超過新臺幣500億元，在消費市場占有舉足輕重的地位。根據全球知名消費者指數研究機構Kantar Worldpanel（KWP）的觀察，即使日子難過臺灣女性對美麗還是不願妥協，只是「美」的消費行為會隨著不同的經濟情況而有所調整。

近年來面臨經濟不景氣、各行各業表現蕭條之際，美妝市場仍然逆勢成長且銷售量大幅增長。尤其每年百貨公司及專賣店週年慶，美妝產品不但扮演重頭戲的角色，銷售業績更是屢創高峰。

臺灣美妝零售市場規模雖然超過500億元，仍有龐大市場待開發。Kantar Worldpanel針對15～55歲女性個人指數研究中觀察到，2013年臺灣美妝市場銷售金額微幅下滑3%，儘管大檔期之一的母親節仍是維持成長，但是因為平日銷售低迷而稀釋了母親節的表現。其實KWP發現美妝市場淡、旺季的高低起伏較往年明顯，而時序進入9月週年慶檔期近在咫尺，是否能一鼓作氣拉抬業績並彌補淡季銷售的缺口，將會是美妝業者的一大挑戰。值得慶幸的是雖然銷售金額不甚理想，但美妝市場的人氣與需求仍然有增無減。事實上2013年上半年美妝市場的消費人數為過去三年同期最高，平均需求量也維持不墜，顯示臺灣女性對於攸關美麗的消費意願絲毫未減。但是市場的表現之所以平平，主要是因為購買單價下降，消費金額較去年同期低，每位女性消費者平均花費減少了215元，相當於8.7億元的市場規模。在臺灣的美妝零售市場中，屈臣氏可算是相當早就在耕耘臺灣市場的一家廠商。

屈臣氏於1987年進入臺灣，目前全臺總店數達495家、會員人數在臺灣已突破400萬人，等於全臺平均每7人就有1人擁有寵i卡。主要販售三大類商品：美麗（Beauty）、健康（Health）及個人用品（Personal Care），每間店皆配置有專業的藥師及美容顧問、熱心的服務人員，以友善、專業和關懷的品牌DNA提供顧客最方便、最齊全、最專業的個人藥妝商品購物選擇。屈臣氏定位為個人保健及美容產品零售的領導品牌，為顧客提供個人化的諮詢及建議，提供市場上最多元的產品種類，使顧客每天都能LOOK GOOD、FEEL

GREAT。自2009年起，屈臣氏連年被評鑑為亞洲第一名的個人護理店／藥房品牌，同時在歐洲烏克蘭亦為首屈一指的保健及美容產品零售商。

　　臺灣屈臣氏在2015年3月5日至4月1日，舉辦一波定名為「閨蜜購物節」的促銷活動。基於「愛美是女人的天性」的構想，鎖定講究臉部保養的女性消費者，促銷主題特別冠以「閨蜜」更增添神祕性。消費者只要在活動時間內，任挑任選面膜、眼膜、凍膜等全系列產品可同享第二件五折的優惠，其以價低者計算折扣且須購買雙數件方可享用此優惠，贏得女性消費者的高度青睞。

參考資料：

1. 屈臣氏官網（2015），最新優惠，http://www.watsons.com.tw/promotionroot/%E6%9C%80%E6%96%B0%E5%84%AA%E6%83%A0/%E7%AC%AC%E4%BA%8C%E4%BB%B65%E6%8A%98/c/tag26

2. 屈臣氏官網（2015），卡友專屬活動，http://www.carrefour.com.tw/Loyaltyarea/Membershipcard/WomenPrize_0304_0331

3. Kantar Worldpanel Taiwan模範市場研究顧問公司（2010），從女性美麗經濟，透析美妝市場商機，http://www.kantarworldpanel.com/

tw/news/Taiwanese-Ladies-still-pumping--into-the-beauty-market

4. Kantar Worldpanel Taiwan模範市場研究顧問公司（2013），美麗經濟2013上半年回顧：美妝市場人氣高但消費趨於保守，http://www.kantarworldpanel.com/tw/news/2013-cosmetic-market

5. 吳欣穎（2014），臺灣美妝保養轉守為攻前進國際市場，http://mag.cnyes.com/Content/20141203/7D8A141E92B3422EA2AC0B141FB412BB.shtml

思考問題

1. 就你的觀察及消費經驗，屈臣氏是個人購買行為多或家庭購買行為多？或是兩者兼而有之？請說明之。

2. 你認為面膜產品的消費者購買決策，較偏向購買決策模式中哪一種類型的決策？原因為何？

3. 類似屈臣氏經營型態的藥妝店，試用品及商品DM都較其他類型商店多。對照購買決策程序，你認為對哪一段程序較有幫助？原因為何？

4. 假如你是屈臣氏的行銷主管，想針對男性商品推出第二件五折促銷活動，你會規劃哪一類的商品，目標促銷對象是男性或女性？為什麼？

第4章

選擇正確的促銷對象

暖身個案

三陽工業公司

Mio新車上市，加碼補助「汰舊換新」
最高補助12,800元

　　臺灣機車產業歷經半世紀的發展後，已從仰賴技術母廠轉變為擁有國際品牌、技術獨立、產銷自主的成熟產業。近年來更上一層樓，已經有能力進行技術輸出，榮獲全球第四大機車生產國殊榮成為全球第五大機車市場。雖然近年來因機車汰舊換新年限增長，機車保有量大增使得內需市場逐漸呈現飽和狀況。2001年迄今，在內銷、外銷市場雙雙成長的帶動之下，機車產業呈現緩步成長狀況，總產值超過新臺幣800億元。

　　國內機車的產銷結構以便利性極佳的速可達為主流，其中排氣量125c.c.的機種更占總市場約四成半的數量。造成這種產品結構的變化，環保法規為主要原因。2004年起我國實施第四期排放標準後，二行程50c.c.機車退出市場，也使得50c.c.速可達市占率由2000年的29.2%，下降到2004年的16.5%。

　　三陽工業股份有限公司（簡稱三陽工業、三陽）是臺灣一家摩托車、速克達、全地形車、汽車的製造商，以「SYM」為品牌名稱。1954年在

臺北縣內湖鄉（今臺北市內湖區）創立，初期以生產腳踏車用的磨電燈為主，為臺灣車輛產業的先驅。

　　三陽工業是臺灣第一家橫跨機車、汽車製造的國際化企業，六十年來累積了廣大的顧客、行銷通路、管理人才及國際關係等重要資源，奠定未來發展基礎。面對全球化經營的挑戰，三陽工業以「卓越創新、貢獻社會、深耕臺灣、布局全球」作為企業的發展藍圖。在機車事業上不斷的研發創新、生產顧客滿意的產品，持續建立海外生產、營運基地，發展「臺灣接單、多地生產、全球銷售」的分工模式，矢志使SYM成為國際知名品牌。此外，三陽更要以「優質與先進引擎」及「整車調和設計與發展」的核心能力，快速發展相關的動力產品，創造公司利基及多元化商品。

　　在汽車事業上，專注於強化國際品牌HYUNDAI商品力及行銷通路，以高水準的汽車及零組件製造技術，成為韓國現代汽車國際分工的一環，以及海外最佳的合作夥伴。在為企業永續發展及全球布局而奮鬥的同時，三陽主動積極參與環保、公益、社區、文化、教育等計畫與活動，實質回饋社會並善盡企業責任。

　　三陽工業是目前臺灣證券交易所掛牌的運輸工具生產廠商中，第一家同時生產汽車與機車產品的公司。

　　在汽車事業上，三陽工業長期與日本本田技研合作。近幾年轉向與韓國現代汽車合作，生產多款汽車產品。早年與本田技研技術合作生產富貴、發財等車，後繼導入的喜美（Civic）車系使三陽成為臺灣汽車主要製造廠之一。時任三陽總經理的張國安所命名的小貨車「發財」，讓「發財車」成為了臺灣輕型商用車的代名詞。三陽與本田近半世紀的合作關係在2002年畫下句點，為了延續公司的汽車生產線持續運轉，轉而與韓國現代汽車合作。力邀知名女星謝金燕擔任廣告代言人，大幅提升三陽機車知名度。

　　三陽機車對廣告與促銷活動不遺餘力，2016年9月1日至10月31日舉辦了定名為「汰舊換新，三陽加碼最高補助12,800元」的促銷活動。為響應政府刺激消費政策，三陽機車再加碼補助2,000~7,000元，讓想換車的消

費者不再猶豫。除Mii、JET、WOO等多款熱門機種之外，新上市的Mio更加碼補助7,000元，連同政府的補助金最高可達12,800元。消費者只要在SYM全臺經銷商換購新車，即可大幅減輕購車負擔。若以二行程機車舊換新購入Mio，除了可享受舊換新貨物稅補助4,000元外，還可合併二行程汰換補助1,800元，再加上三陽促銷5,000元、學生專案2,000元，優惠金額可達12,800元。

　　政府增訂〈貨物稅條例〉於2016年1月8日生效後，排氣量150c.c.以下且「車齡四年以上」的機車，若「出口或報廢」可以獲得減免貨物稅新臺幣4,000元；且若報廢車款屬於二行程老舊機車，除了廢機車回收獎勵金300元外，環保署提供補助每輛1,500元，合併共1,800元補助。三陽工業公司擅長規劃促銷活動，結合政府的環保政策與資源獎勵汰舊換新，贏得機車族讚賞。

參考資料：

1. 維基百科（2016），三陽工業，https://zh.wikipedia.org/zh-tw/%E4%B8%89%E9%99%BD%E5%B7%A5%E6%A5%AD

2. 三陽工業官網（2016），關於三陽，http://www.sanyang.com.tw/enterprise/con_show.php?op=showone&cid=2

3. 三陽工業官網（2016），最新優惠訊息，http://tw.sym-global.com/newsin.php?op=showone&nid=296

4. 黎鑑輝（1997），機車市場銷售預測實證研究，長庚大學企業管理研究所在職專班碩士論文。

4.1　前　言

　　廣告界有一句名言：「公司所投入的廣告費用中有一半被浪費掉」，既然知道浪費，爲何還要繼續執行廣告活動呢？問題就是不知道哪一半被浪費掉。促銷活動所投入的預算不亞於廣告費，雖然沒有數據顯示有無浪費現象，但是廠商都希望選擇正確促銷對象，把有限促銷資源發揮到最大促銷效果。

　　公司舉辦促銷活動前，第一個要思考的就是選擇正確的促銷對象。如本書第3章所介紹，促銷對象有消費者（包括個人與家庭）、推銷人員（包括公司與中間商的推銷員）和中間商（包括批發商與零售商）。不同促銷對象的喜好、購買行爲和購買決策都各不相同，所使用的促銷工具也各異其趣，廠商必須應用科學方法辨識及選擇正確的對象，才不致浪費促銷資源。

　　沒有明確而正確的促銷對象，就和沒有目標一樣的危險。廠商在選擇正確的促銷對象時，行銷上所用的STP策略是最常被採用的方法，也就是選用適當的區隔變數進行市場區隔（Segmentation）。從區隔結果找出公司所要正確掌握的目標促銷對象（Targeting），然後發展產品定位（Positioning）。本章將討論選擇正確促銷對象的方法、價值與效益。

4.2　市場分類與市場區隔

　　市場可根據行銷對象區分爲消費市場與工業市場，前者銷售消費品給一般消費者與家庭用戶，稱爲消費品行銷；後者供應工業用原材料、零組

件、機器設備、實驗儀器給企業用戶或組織市場，稱爲企業行銷或組織行銷。例如銀行將顧客區分爲個人金融顧客與企業金融顧客，這兩種顧客的理財方式與服務需求大不相同。銀行針對需求選任專業人員分別服務這些顧客以爭取顧客最大滿意，也因爲服務對象正確精準而爲公司創造最佳績效。

大多數市場都具有異質性，David Perry指出企業對市場的認知可區分爲下列四個觀念階段，如圖4-1所示（註1）。

大眾市場觀念	區隔市場觀念	細分區隔觀念	矩陣（或利基）區隔觀念

價格／特性	價格／特性	價格／特性	特殊使用者之使用
認爲顧客是大眾化顧客，需求具有一般性及相似性。生產廠商提供有限度的產品。	認爲顧客具有有限度、可辨認的需求，可用價格／特性加以區別。生產廠商提供有限層次的產品。	認爲顧客的需求不斷在成長，尤其是低層次顧客群。生產廠商擴充產品線或放棄低層次顧客群。	認爲顧客的需求是價格、特性及應用導向。生產廠商開發各種利基組合的產品。

圖4-1　廠商對市場認知的演進

1. 大眾市場觀念

認爲市場是一個大眾化的市場，顧客屬於大眾化顧客，需求具有一般性與相似性無須加以區隔。消費者具有高度同質性需求，參與競爭的廠商家數少，生產廠商受限於技術與規模只提供有限度的產品，甚至採用單一產品政策（One Product Policy）即可滿足市場需求。

2. 區隔市場觀念

認為市場存在著有限度的差異可以從中辨識顧客的需求，並且可用產品特性及價格將市場區隔為高、中、低三個層次。生產廠商針對不同層次的市場，開始提供有限層次的產品。

3. 細分區隔觀念

認為市場持續擴大顧客需求不斷成長且漸趨複雜，將市場區隔為高、中、低、較低和最低五個層次，競爭焦點以爭取低層次顧客群為主。生產廠商擴充產品線後發現高層次市場更有消費潛力，於是開始轉向爭取較高層次顧客群，逐漸降低低層次顧客群的比重。

4. 矩陣區隔觀念

矩陣區隔又稱為利基市場區隔，認為市場屬於多元的複雜市場粗略的區隔不合時代所需，顧客需求轉向產品特性、價格及應用導向，主張將市場區隔得細膩。生產廠商致力於開發各種利基組合產品，實踐每一個市場都不缺席的產品增值政策以迎合顧客的多元需求。

廠商對市場認知的演進掀起市場區隔熱潮，市場區隔觀念也隨之愈突顯其重要性，主要著眼於：(1)人口成長趨緩，市場漸趨成熟；(2)可支配所得及教育水準提高，顧客對產品與服務的要求更挑剔；(3)細分市場後有助於更精準瞄準市場；(4)所要服務的市場掌握得愈精準，愈有助於發揮促銷效益（註2）。

市場區隔、鎖定目標市場、發展產品定位（Segmentation, Targeting, Positioning, STP），簡稱STP行銷策略，這是選擇正確促銷市場最常用的方法。利用STP分析的三個步驟可以幫助行銷長選擇正確市場，進而發展貼近目標顧客的產品定位。STP行銷策略的步驟，如圖4-2所示。

圖4-2　STP行銷策略的步驟

　　任何產品的總體市場，都是由許多細分的市場或是經過區隔的市場所組合而成。每一個區隔市場對產品的需求都存在著很大的差異性，例如學生市場和上班族市場大不相同、嬰兒食品市場和銀髮族健康食品市場有著明顯差異。如果沒有選擇正確的促銷對象，無異是提著散彈槍掃射，這種毫無目標的亂槍打鳥式作戰方法，勢必會造成資源浪費、自譽失敗的後果。STP行銷策略主張採用區隔變數來區隔市場，從中找到公司可能進入的市場，精準鎖定正確的市場然後發展對公司有利且貼近目標顧客的產品定位。猶如拿著來福槍瞄準正確的目標市場一般，做到彈無虛發而且命中核心的境界，進而有效傳達公司的獨特定位。

1. 選擇區隔變數

　　市場區隔（Market Segmentation）簡稱區隔，是將市場根據某些準則區分為有意義且獨特顧客群的過程（註3）。這些區隔準則稱為區隔變數，不同市場所使用的區隔變數不盡相同。以下簡述消費市場與企業市場的區隔方法。

　　(1) 消費市場的區隔

　　消費者可以根據下列區隔變數，區隔為幾個消費群（註4）：

① 人口統計變數

　　包括年齡、性別、所得、職業、教育程度、家庭人口數、家庭生命週期、居住地區、人種、世代和國籍。人口統計特徵不同的購買者消費行為

各不相同，廠商所採用的促銷方式也各異其趣。

② 心理統計變數

根據生活型態、社會階層與人格特質等變數，將購買者區分為不同的群體。心理統計變數相同的購買者生活方式及消費觀非常接近，根據這些特質發展促銷策略更能發揮「說共同語言」的效果。

③ 價值區隔

價值區隔所考慮的是購買者喜好，以及他們對行銷活動反應的動機，例如現代人嚮往終生學習、享受當下、正直嚴謹、尊重自重、自我導向和誠實務實等。

④ 行為區隔

根據購買者使用產品或對產品所反映的意見，將他們區隔為幾個群體。反應行為一致或接近的顧客，廠商在發展促銷策略時更容易和他們溝通。

⑤ 需求區隔

根據購買者目前與期望以及和特定市場互動的程度，將顧客予以區隔。針對需求相同的顧客舉辦促銷活動，可以提高促銷成效。

(2) 企業市場的區隔

企業市場主要區隔變數，包括下列各項（註5）：

① 人口統計變數

企業規模、產業群組。

② 地理區隔變數

地區、國家、國際據點。

③ 利益追求變數

追求密集服務、先進科技、理財知識。

④ 忠誠度

購買總數占供應廠商供應數量的比率。

⑤ **使用頻率**

購買數量、購買頻率。

市場區隔並非無限制的將市場一直細分下去，廠商在進行市場區隔時必須做到有效區隔才有意義。有效區隔是指經過區隔後的市場，必須大到可以找到有意義的目標市場且是公司可以掌握者，同時也要小到具有經濟規模價值讓公司有利可圖。有效區隔有下列幾個準則可供依循（註6）：

① **可衡量性**（Measurable）

市場大小、購買力、區隔特徵可加以衡量的程度。

② **有足量性**（Substantial）

市場足夠大，公司足夠獲利的程度。

③ **可接近性**（Accessible）

市場可以有效接近與服務的程度。

④ **可區別性**（Differentiable）

市場可加以區別，以及針對不同市場採取不同行銷組合要素。

⑤ **可行動性**（Actionable）

可以發展有效的行銷策略，吸引消費者青睞。

2. 描述區隔市場

針對每一個區隔市場分別描繪其特徵，這就是本書第3章所討論的消費者剖析。廠商通常會選擇幾個變數作為描繪區隔市場的基礎，除了本書第3章所介紹的項目之外，還可採用下列變數：

(1) *市場規模*

區隔市場內的顧客數、市場規模、市場成長率、獲利性。

(2) *顧客特性*

人口統計特性、人格特徵、心理特徵、地理分布、生活型態。

(3) 使用產品

鍾情的廠商、產品、品牌、通路、購買頻率、消費數量。

(4) 溝通方式

經常接觸的媒體、接觸頻率、接觸時段、每次接觸時間。

(5) 購買行為

惠顧的通路、購買頻率、購買數量、對價格的敏感度。

3. 排序區隔市場

市場經過上述描述後情況已趨明朗，所有備選方案都攤在眼前。此時行銷長可以根據公司的資源與能耐以及市場吸引力等客觀因素，進一步排定優先順序作為選擇目標市場的備選方案。

4. 選定區隔市場

選定區隔市場就是從上述備選方案中選擇一個或少數幾個市場，作為公司決定要進入的市場。為了要集中資源執行有效的促銷，公司所選擇的目標市場不宜太多，以免陷入「力多必分」的泥沼。例如愛的世界就集中於專門經營童裝市場因而成為童裝專家，在童裝市場享有一片大藍天且備受推崇。

5. 發展可行定位

定位是指公司發展獨特的產品與品牌形象，並且在目標消費群心目中占有特定位置（註7）。也就是要發展獨特銷售主張（Unique Selling Proposition, USP），讓消費者一提到或接觸到此形象就聯想到公司的產品與品牌。發展定位時常採用知覺地圖（Perceptual Map），利用座標標示法很快就找到產品定位。黑松公司當年發展易開罐歐香咖啡的定位時，就是利用消費者性別（男vs.女）及咖啡品味（高vs.低）、產品個性（浪漫vs.保守）、咖啡風味（歐洲風味vs.美國風味）等，經過利用座標多層

次分析後，如圖4-3所示決定將歐香咖啡定位為「女性、高品味、歐洲風味、浪漫」的易開罐咖啡。此作法與當時走在前面且都是以男性作為目標對象的十三個品牌，有非常明顯差異性。邀請葉璦菱擔任代言人，先後到法國巴黎、義大利威尼斯拍攝多支膾炙人口的廣告影片，被當時媒體譽為率先把「浪漫」注入個性的產品。在飲料市場上掀起「歐香風」，「歐香女郎」葉璦菱也因此紅得發紫。

印象深刻、形象良好的定位有助於公司行銷及促銷其產品，所以廠商都絞盡腦汁發展獨特的定位，例如Mercedes-Benz汽車給人尊榮、地位的形象；VOLVO汽車給人留下堅固、耐用的印象；LEXUS汽車「專注完美，近乎苛求」的廣告訴求，傳達給消費者的是卓越品質。

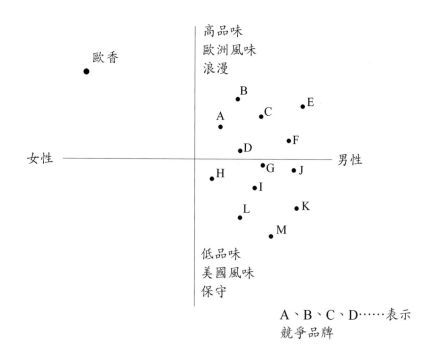

圖4-3　歐香咖啡知覺定位圖

6. 溝通定位概念

公司刻意發展的定位概念透過各種媒體傳達給目標消費群，讓公司和消費群進一步溝通。定位原則愈簡單愈好且只強調一項就好，如此才容易突顯獨特性，因為消費者無法記得公司太多訊息。傳達定位概念時必須嚴守一致性原則，無論透過哪一種媒體所傳達的定位訊息永遠只有一個定位。

4.3　增加促銷對象的理由

如前所述沒有明確目標對象的促銷，不但白費心思而且浪費公司資源。所以行銷長必須徹底瞭解針對不同促銷對象使用不同的促銷工具之必要性，不能抱持「一招功夫打天下」的心態才有贏得競爭的勝算。

此外，從STP分析中可以瞭解，只針對狹小的目標市場舉辦促銷活動勢必會造成得不償失的後果。為了擴大促銷成果增加促銷對象仍然有其必要性，主要理由如下：

1. 生產技術精進，充分供應無虞

現代企業拜科技進步之賜生產技術大幅精進，例如彈性生產技術、自動化設備、電腦化控制系統、快速換模、看板式管理、及時系統、機器人、多能工以及提高生產效率的其他技術等紛紛被應用在工廠生產線上，實現了以更低生產量獲得大量生產的經濟利益，因此產品充分供應已經不是問題。綜觀現代企業經營最大的瓶頸出現在行銷功能者比比皆是，在存貨增加、競爭加劇、價格下跌以及銷售不振等壓力下，促銷扮演更重要的角色，因此增加促銷對象刻不容緩。

2. 嶄新通路出現，容易親近顧客

科技進步並沒有獨厚生產作業，行銷技術也蒙受其利。嶄新行銷通路不斷出現大幅提高行銷效率，不僅降低行銷成本更重要的是容易親近顧客，做到友善行銷境界。例如自動販賣設備廣泛用於銷售飲料、食品、書報、車票和個人衛生用品；先進的電子售票系統透過電腦化技術，讓消費者足不出戶就可以享受購票的方便；電子商務大量普及配合宅配到家服務，廠商節省可觀的行銷成本。顧客購物無須四處奔波，省時省事、省錢省體力，使得商業活動更趨活絡、更提升促銷的必要性。

3. 市場逐漸擴大，購買頻率提高

隨著人們所得提高、購買力增強，現代人視購物為生活上的一種樂趣。加上受到人們「需求不多，欲望無窮」心態的影響，購買產品種類大幅增加、購買頻率不斷提高，花在購物的金額不但有增無減且購買高單價的名牌產品更成為一種時尚，結果造成市場規模逐漸擴大。這些外部環境變化促成有利的行銷環境，給廠商帶來促銷好機會。

4. 產業競爭激烈，競相舉辦促銷

傳統市場的競爭已經相當激烈了，加上市場開放後新興市場如雨後春筍般出現，如銀行、證券、電信、運輸和釀酒等產業，不斷有新廠商加入戰局。原來國內廠商之間的競爭已經如火如荼，自從我國加入世界貿易組織（World Trade Organization, WTO）後，每年都有國外大規模廠商進入，使得市場競爭更趨白熱化。國內外廠商各憑本事競相舉辦促銷活動，使得公司擴展市場及增加促銷對象的壓力與日俱增。

5. 推銷人員力爭，通路商強要求

市場激烈競爭結果，銷售出現瓶頸乃預料中的事。公司推銷人員首當

其衝紛紛爭取舉辦促銷，希望藉助促銷創造亮麗業績。此外，通路商也強力要求供應廠商舉辦促銷活動，迫使廠商不得不尋求增加促銷對象的機會。例如公司在和量販店及便利商店洽談產品進銷條件時，通路商都會強力要求供應廠商提出促銷計畫，事前不僅極盡「聽其言」的功夫、事後還嚴格使出「觀其行」的行動，評估坪效的標準愈來愈高、評估期間也愈來愈短，掀起精緻化促銷熱潮。

4.4 選擇正確促銷對象的必要性

　　有些產品或服務的銷售對象非常廣泛、有些則相當狹隘，端視產品特性、功能與用途以及廠商如何界定市場而定。前者如白米、砂糖、麵包及牛奶等屬於民生必需品，銷售對象遍及社會各階層，通常都採用廣義的定義；後者如高級服飾、名貴珠寶、名牌包包、米其林料理、超級跑車及豪華住宅等屬於市場金字塔頂端消費者的最愛，通常都採用狹義的定義。

　　即使是廣泛消費者認定的民生必需品，廠商也必須進一步將消費者做適當區分才容易找到正確的促銷對象。例如按照消費數量多寡，將消費者區分為不使用者、微量級使用者、輕量級使用者、中量級使用者以及重量級使用者；也可以按照顧客與公司來往關係，將顧客區分為非顧客、潛在顧客、準顧客、顧客、滿意的顧客、忠誠的顧客；或者按照顧客對公司獲利貢獻程度，區分為金牌顧客、銀牌顧客、銅牌顧客、鐵牌顧客、鉛牌顧客，然後分別研擬不同的促銷策略吸引他們的青睞。例如電腦廠商針對剛考上大學的新鮮人提供特惠促銷、手機業者針對學生及年輕上班族群、家具廠商看準首次購屋者及新婚夫妻、汽車業者瞄準職場新鮮人及換車族群、清涼飲料廠商鎖定青年及青少年消費群推出不同的促銷活動，促銷效果遠比針對其他族群消費者更輝煌，這就更突顯廠商選擇正確對象的必要

性。

　　沒有目標的經營猶如失去航向的船隻，不知航向何方；缺乏明確對象的促銷活動，勢必會招致浪費預算與失敗的後果，這種現象說明了選擇促銷對象的重要性。對產品沒有需求或期望的人即使在經濟有利的情況下，儘管公司推出再優惠的促銷活動也很難激起他們的購買欲，例如屬於忽略品（Unsought Goods）的產品、低需求層級的消費者看待高需求層級的產品；又如口紅、指甲油、美甲服務、新娘禮服及新娘化妝業者，必須鎖定女性市場方為明智選擇。

　　廠商在選擇正確促銷對象時必須用心體會下列幾項事實與現象，才能使所選擇的對象更有意義，也才能引導促銷活動精準的瞄準目標對象。

1. 公司所提供的產品或服務，必須具有迎合某些特定消費組群的特徵。例如名人及貴婦是豪華房車、高爾夫用品、高級音響、名貴珠寶和名牌包包的最佳目標顧客。

2. 公司的促銷預算都有一定限度，必須努力做到彈無虛發的境界。促銷活動鎖定正確的目標對象才不致虛擲預算，由此也可以證實促銷活動瞄準具有潛力之消費群的重要性。

3. 公司舉辦促銷活動都希望獲得立即的銷售成果。推廣組合中的廣告與公關具有遞延效果，難有立竿見影的效果。人員銷售不見得會立刻見效，通常都要用心拜訪很多次才有收網的可能。唯有促銷活動可以符合公司預期，才容易創造立即銷售效果。

4. 每個區隔市場的消費者都有很不一樣的行為特徵。嬰兒用品市場和老年用品市場的特徵完全不同；男性服飾及用品和女性服飾及用品存在著非常不一樣的特徵，鎖定正確的促銷對象才有可能達成促銷目標。

5. 消費者對特定廠商的促銷活動都會有期盼心理，寧可等待促銷活動而不願在沒有促銷時購買。例如各大百貨公司週年慶期間，以

促銷化妝品最受矚目。很多女性消費者花費長時間排隊也不覺得累，就怕買不到自己中意的品牌與型號的產品，於是一次購足一年的使用量成為慣例，然後期盼及等待來年的促銷活動再來購買。

6. 廠商提供的促銷誘因只有加碼的機會，沒有下修空間。德國心理物理學家韋伯（Ernst Weber）提出韋伯法則（Weber's Law）指出，如果第一次刺激的程度很強烈，第二次刺激若要被感覺到有所差異的話，所需要增加的強度必須更強烈。消費者的記憶力都很強且都擅長比較促銷誘因，他們都記得特定廠商往年所提供的促銷誘因。廠商所提供的促銷誘因只有持續加碼才具有激勵效果，若促銷誘因比往年遜色立刻會被歸類為興趣缺缺。例如百貨公司春節所推出的福袋促銷以及其他公司舉辦抽獎促銷活動所提供的獎品，尤其是前幾項大獎每年都有加碼的趨勢。

4.5 選擇正確促銷對象的價值

經過STP分析後廠商確認正確的促銷對象，精準瞄準這些對象當可使促銷預算發揮最大效益。然而促銷工作不只是行銷長或促銷經理的事，而是全體員工都必須關心的事。尤其是負責執行促銷工作的相關單位，包括公司外部的協力廠商及服務廠商、經銷商、零售商及其推銷人員都需要有高度一致性的認知與瞭解，才能迎合消費者的期望、務實的執行促銷活動。

很多促銷活動的設計，需要邀請零售商密切配合才能竟全功，例如飲料廠商推出「再來一罐」促銷活動；為了方便消費者換取獎品，需要邀請零售商參與及配合；7-11便利商店總部規劃「第二件半價」、「早餐搭配

組合」、「招財納福積點送」等促銷活動，都需要通路成員（商店）的共識與配合執行。

選擇正確的促銷對象後行銷長在規劃促銷活動時，必須牢記促銷對象的需求、期望、購買習慣和惠顧動機等，然後針對不同對象研擬不同促銷方案。為了吸引他們的注意力、激起他們的購買欲望，除了活動主題要有強烈訴求之外，還要選擇適合媒體傳達活動訊息，期能發揮最大促銷效果。

針對整個市場舉辦散彈式促銷活動，會因為缺乏聚焦對象而造成浪費現象，甚至陷入失敗泥沼。事前審慎思考、選擇正確促銷對象、用心規劃促銷活動、提高促銷活動價值，則是行銷長責無旁貸的重任。

行銷長在選定促銷對象之後、發展促銷策略與計畫方案之前，還有一項重要的工作就是用心描述促銷對象特徵。促銷對象特徵瞭解得愈透澈、描述得愈詳細、愈清楚，愈有助於掌握促銷活動全貌。

至於描述促銷對象特徵的方法，可以應用本書第3章所介紹及本章前述的購買者形象剖析技術。購買者形象剖析需要應用科學研究方法，針對促銷目標對象群組採用各種調查技術，就剖析變數深入研究所得到的資訊。

4.6 選擇正確促銷對象的效益

促銷需要整合許多單位及相關人員的力量，才能圓滿達成任務。例如公司內部的廣告單位、營業單位、研發單位、生產單位、採購單位和財務單位等，都必須達成高度共識。公司外部的廣告代理商文案撰寫人員與美工人員、媒體人員、經銷商和零售商對促銷活動有一致性的瞭解，可以創造眾志成城的效益。

例如針對未加確認的廣泛市場所發展的促銷活動，容易陷入「摸不著邊際」的泥沼；針對少數幾個人所研擬的促銷計畫，會因爲市場的足量性不夠，而淪爲毫無意義可言的窘境。促銷計畫及文案撰寫人員如果不瞭解促銷對象，僅憑個人想像、杜撰或假設，勢必會因爲「不知所云」而造成失敗後果。

良好的促銷計畫必須能夠清楚回答下列問題：

1. 行銷出現什麼問題（What problem to solve）？
2. 爲何要舉辦促銷活動（Why）？
3. 目標對象是誰（Who / Whom）？
4. 舉辦什麼促銷活動（What kind of SP）？
5. 促銷什麼產品（What product to promote）？
6. 何時舉辦促銷活動（When）？
7. 在哪裡舉辦促銷活動（Where to run SP）？
8. 如何舉辦促銷活動（How）？
9. 需要投入多少預算（How much）？
10. 如何評估促銷成效（How to measure）？

試圖以一套促銷計畫，以不變應萬變作法就想一網打盡整個市場，猶如人們拿起電話隨便撥個號碼一樣的幼稚與荒唐，毫無目標與效果可言。促銷活動通常都需要投入龐大預算，然而沒有任何一家公司擁有無限制的促銷預算，所以瞄準正確促銷對象是良好促銷計畫的第一要務。行銷長審愼且正確回答上述問題，有助於釐清促銷活動的來龍去脈，進而研擬正確、適當的促銷訴求，不僅不會有活動失焦之虞，同時還可以因爲投消費者之所好而收到預期的促銷效果。

本章摘要

　　沒有目標的企業活動，猶如迷航的船隻不知航向何方，危險至極。促銷活動要求有效，第一要務就是要選擇正確的對象，然後根據目標對象的需求特徵、公司所要解決的行銷問題，環視市場競爭狀況，研擬最適促銷策略與活動。

　　本章應用STP行銷觀念，介紹選擇正確促銷對象的方法，包括市場分類與市場區隔、擴大促銷對象的理由、選定促銷對象的必要性、價值與效益，幫助廠商對促銷對象有更深一層的瞭解。

參考文獻

1. Perry, David, Marketing and Distribution in the 1990s, *World Executive's Digest*, pp. 50-52, 1990.

2. 林隆儀譯，Orville C. Walker, Jr., John W. Mullins, Harper W. Boyd, Jr., and Jean-Claude Larréché著，行銷策略管理，第五版，頁187-188，2006，五南圖書出版公司。

3. 林隆儀譯，Michael Leven著，行銷學──定義、解釋、應用，2014，頁197，雙葉書廊有限公司。

4. 同註3，頁199-201。

5. 同註3，頁203。

6. Kotler, Philip, Kevin Lane Keller, *Marketing Management*, Global Edition, 14e., pp. 253-254, 2012, Pearson Education Limited, England.

7. 同註3，頁211。

個案討論

台灣日立公司

日立冷氣——大贈送，銷貨附贈促銷活動

台灣日立公司成立於1963年，原名為「協立電機股份有限公司」，係由周煥璋先生、許明傳先生等人籌資設立。1965年與日本日立製作所合資與技術合作，更名為「台灣日立股份有限公司」。成立四十餘年來憑著勤奮與努力，胼手胝足、一磚一瓦下慢慢建構完成。歷經石油危機、經濟不景氣等種種困難，度過一次又一次難關。在辛勤耕耘下，營業額開始蒸蒸日上。秉持對空調的專業、熱情，在精益求精要求之下不斷專研與開發各式空調商品，滿足客戶全方位需求。本著飲水思源心態堅持產品本土化與自製化，除了陸續在全省各地成立分公司、營業所積極拓展經銷據點就近服務消費者之外，為增加產能於1985年將生產工廠由新莊遷至桃園，成為國內最大空調設備製造廠。

受到消費者的愛用與肯定，造就了台灣日立成長的動力。由於對產品創新與品質堅持使產品不但連年得獎，更可貴的是，連續二十六年榮獲理想品牌第一名、連續十三年獲得空調類最高榮譽白

金獎，使「日立」在臺灣成為冷氣空調的代名詞。也由於對消費者的承諾與堅持，帶領日立走出國內市場進軍海外，外銷市場連年擴大。在現今環保、節能意識高漲的社會，日立持續開發低汙染、省能源、高效率，並且兼顧健康取向的空調產品，為顧客創造舒適美麗的生活空間，也為環境保護貢獻心力並努力不懈。

　　台灣日立選擇在炎熱的夏日來臨之前，搶先舉辦「2015日立冷氣大贈送，世界名牌好禮六選一」促銷活動。激勵消費者提早購買冷氣機，先購買、先享受，免得進入夏天後才緊急購買，造成廠商服務人員一時忙不過來的窘境。公司所要促銷的標的產品明確，促銷辦法簡潔易懂且誘因不小——六項好禮，任選其一。有選擇異業名牌產品作為贈品者，也有採用自己的優良產品者，都是現代家庭非常實用的產品。活動期間自2015年2月1日至4月30日止，消費者只要在促銷活動期間內購買日立變頻式、分離式冷氣機乙組或窗型冷氣機一臺，即可任選一項六大名牌好禮，包括象印微電腦熱水瓶、德國Gigaset數位無線電話、飛利浦微容量電子鍋、飛利浦全水洗電動刮鬍刀、日立超吸力吸塵器、德律風根DC直流電風扇等，配合媒體廣告拉抬促銷聲勢，頗受消費者歡迎。

參考資料：

1. 台灣日立股份有限公司官網（2015），公司簡介，http://www.taiwan-hitachi.com.tw/company/company.aspx

2. 綠色能源產業資訊網（2015），冷凍空調產業簡介，http://www.taiwangreenenergy.org.tw/Domain/domain-9.aspx

思考問題

1. 日立冷氣曾經多次榮獲理想品牌第一名等各類獎項，此一殊榮對於區隔市場是否會有限制？或是會有其他的影響？

2. 請以人口統計變數的觀念，描述區隔日立冷氣的消費族群？

3. 日立冷氣促銷案獎項的六項世界名牌好禮，如果換成日立品牌的大小家電產品，你認為促銷的效果是否會有增減或不受影響？

第三篇　促銷規劃篇

第5章

促銷活動的策略規劃

暖身個案

亞太電信公司

亞太電信：萬元黃金　低價競標促銷活動

　　資策會產業情報研究所（MIC）預估，2015年臺灣通訊產業整體產值（含通訊零組件外銷）將達約新臺幣3.3兆元，年成長達17.2%。其中，以行動通訊產業成長幅度最高，年成長20.7%，產值達新臺幣22,844億元。

　　資策會資深產業分析師張家維表示，行動通訊產業成長主要來自智慧型行動電話（Smartphone）出貨提升，因Apple大尺寸新機iPhone 6與iPhone 6 Plus，以及今年新機款銷售展望佳、小米出貨量推升，且中國大陸和新興市場新客戶釋單量增加成為後續成長動能。整體而言，2015年臺灣Smartphone整體出貨量將成長17.3%，產值達新臺幣22,532億元，年成長21.2%。

　　無線通訊產業方面，2015年臺灣整體產值將達約新臺幣1,599億元，年成長率13%。WLAN與Bluetooth受惠於iPhone 6銷售情況良好，以及智慧家庭等新應用服務推動影響帶動出貨成長，且全球LTE網路持續布建提升小型基地臺需求。

　　亞太電信股份有限公司（Asia Pacific Telecom，簡稱亞太電），原名為亞太固網寬頻股份有限公司成立於2000年。擁有寬頻固網（Broadband

Fixed Lines）、寬頻行動通信（Broadband Wireless）與寬頻網際網路（Broadband Internet）三大寬頻事業。「東森寬頻電信股份有限公司」（EBT）成立於2000年5月，在同年12月入主「亞太線上股份有限公司」（APOL）。2001年轉投資成立「亞太行動寬頻電信股份有限公司」（APBW）參與3G執照競標，於2002年取得3G執照並採用美規CDMA2000系統。東森寬頻電信由力霸企業集團負責籌組，並且結合臺灣鐵路管理局與國內外三十多家製造業者、金融機構、專業創投公司及知名企業集團合資，為中華民國首家完成公司設立並取得第一張營運特許執照之民營固網業者。

2004年亞太行動寬頻更名為「亞太固網寬頻股份有限公司」（APBT），並且成立「亞太電信集團」，集團成員包含亞太固網、亞太行動（亞太固網持有99.88%股權）及亞太線上（亞太固網持有73.32%股權）。2007年6月亞太行動與亞太固網進行合併作業，並且於同年10月更名為亞太電信股份有限公司。

亞太電信在2016年9月1日至10月31日舉辦定名為「萬元黃金低價競標」的促銷活動，只要在亞太電信的網路門市留單申辦任一4G綁約方案且符合申辦資格者，即可參加萬元黃金低價競標活動。

9/1~10/31於亞太電信網路門市留單申辦任一4G綁約方案，且符合申辦資格者，即可參加「萬元黃金」低價競標活動。

競標活動將透過雙向簡訊投標，競標活動當日(09:30)，活動人員將會寄發競標活動簡訊至符合申辦資格訂單之聯絡手機，具有競標資格者於競標期間(活動當日10:00~23:30)回傳競標價格即可。

同一競標資格於單一競標時段限投標乙次，如多次投標將以最後一筆金額為準，您早留單進入申辦作業，場場皆能低價投標。

出價最低、且沒有其他人出相同金額之「唯一」最低出價者，即可免費獲得該競標品項。

詳細競標規則

參考資料：

1. 資策會產業情報研究所（2015），2015年通訊產業產值成長17.2%，http://mic.iii.org.tw/aisp/pressroom/press01_pop.asp?sno=392&type1=2

2. 亞太電信官網（2014），首頁促銷活動，http://www.aptg.com.tw/my/index.htm

5.1　前　言

　　企業經營眾多活動中根據管理的範疇與權責之不同，有涉及整個公司者、有處理事業單位者、有關於企業功能者。不同管理層級各有不同的策略觀點與職責，各司其職、目標一致，目的是要將公司有限的資源做最有效應用，將公司的能耐發揮最大效益，指引經營方向、創造管理綜效，有效能又有效率的達成公司目標。

　　促銷屬於行銷策略的重要功能，影響行銷績效及公司成敗至巨。廠商每年投入在促銷活動的預算非常可觀，促銷目標是否明確、策略方向是否正確、方法是否妥當、溝通是否順暢、預算是否合宜、是否可以達成預期目標，這一連串的問題都具有高度關連性與關鍵性，都會嚴重影響促銷績效與活動成敗。行銷長必須站在更高位置，用更寬廣胸襟、更銳利眼光看待這些問題，從策略管理角度處理促銷活動的相關問題。

　　策略管理的學理至為浩瀚，應用範圍非常廣泛。企業各功能注入策略觀點，可以因為方向正確、方法有效而發揮策略的相乘效果，被視為是管理領域的新顯學。本章引用策略管理的基本觀念，站在行銷長高度審視促銷策略相關課題，期使促銷策略正確可行進而發揮最大效益。

5.2　策略管理的基本觀念

　　軍隊作戰講究戰略，企業競爭重視策略。兵法有云：「多算勝，少算不勝」，多算就是在做策略思考工作。《論語》有云：「人無遠慮，必有近憂」，遠慮就是在做可長可久的策略思考。引申而言，超競爭時代競爭

非常激烈，不進則退的現象非常明顯。企業沒有長遠規劃，很快就會遭到淘汰。綜觀國內外經營上百年的企業都擁有一套屬於自己的獨特經營哲學與策略觀，扮演爲企業指引明燈的角色，這就是策略價值之所在。

策略（Strategy）是經理人爲了要提升公司績效，所採取的一組相關行動（註1），是組織達成目標的一套廣泛性計畫（註2）。更進一步說，策略是公司如何成功競爭的理論與作爲，是管理者爲達到組織目標，所採行特定型態的決策與行動。策略是與企業「生存空間」與「生存方式」有關的決策，而這些決策對企業長期績效的影響至爲深遠重大，對組織興衰存亡的影響程度，遠超過企業在其他功能管理上所做的努力（註3）。質言之，策略界定了組織在經營環境中的生存空間，同時也扮演指導功能性策略方向之角色。

策略規劃（Strategic Planning）是指現在就決定未來要做什麼、由誰做、爲誰做、如何做、何時做、在何處做、做到什麼境界、花費多少時間、投入多少資源以及如何分配資源等決策。每一個組織所面臨的環境各不相同，所擁有的資源與能耐也大相逕庭。SWOT分析結果有很大差異，競爭優勢也就各異其趣。所以經營策略的規劃與發展必須量身訂做，絕對不是人云亦云可以奏效。

策略管理是指一系列的管理決策與行動，這些決策與行動決定了組織的長期績效。更精確的說，策略管理（Strategic Management）是藉由維持和創造企業目標、環境與資源三者的配合，以發展出策略的一種管理程序（註4）。引申而言，策略管理不只是要把事情做得正確無誤（Do the things right），更主張要把正確的事情做到正確無誤（Do the right thing right）的境界。現代企業面臨超競爭時代稍有不慎就會功敗垂成，因此除了要把正確的事情做得正確無誤之外，還必須選任對的人（Right People）在對的地點（Right Place）採用對的方法（Right Method），而且第一次就把對的事情做得正確無誤（Do the right thing right at first time）。

策略管理就是在研究長遠規劃的學問，主張現在就要爲未來做萬全的

準備。從分析外部環境中辨識企業可能面臨的機會與威脅，從內部分析中認清公司的優勢與弱勢，進而研擬可行策略並理出未來發展方向。將資源與能耐做最佳部署發展獨特競爭優勢，期使企業經營發揮趨吉避凶、以逸待勞、四兩撥千斤的最高境界。

策略管理程序可分為四大階段：前期階段、分析階段、策略發展階段和策略執行階段，如圖5-1所示（註5）。

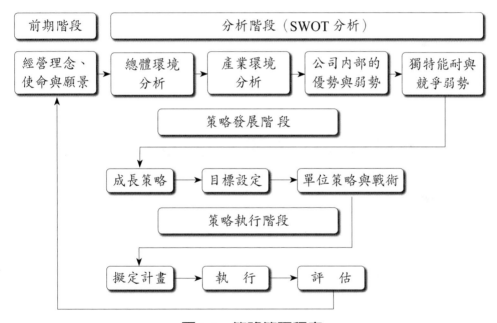

圖5-1　策略管理程序

資料來源：修改自林隆儀譯，《新事業及新貴企業的策略規劃》，頁18。

1. 前期階段

包括檢視公司經營理念、企業使命和事業願景。

2. 分析階段

旨在分析企業經營的外部環境，包括總體環境、產業環境，以及分析企業內部環境，包括資源與能耐的優勢與劣勢，進而找出公司的獨特能耐與競爭優勢。

3. 策略發展階段

根據前一階段分析結果發展公司經營目標與策略，逐層展開並發展各層級目標與策略。

4. 策略執行階段

包括研擬計畫、編製預算、據以執行以及評估績效與回饋。

5.4 經營理念、企業使命與願景

高階管理功能通常都由公司的執行長（Chief of Executive Officer, CEO）主導，負責和營運長、總經理、事業單位及各功能領域經理協調公司經營的大方向。Chief是指組織中位階最高、權力最大的領袖級或首領級人物，他們的企業眼光、經營魄力、管理責任和一般經理人有著很大的差異，所關心及處理的都是公司層級策略中最具重要的策略性事物，所肩負的是公司經營成敗的高階管理責任。

高階管理責任包括透過他人努力達成公司目標的一切作為，屬於為整

個企業創造績效、謀取福利的多面向責任，但是所涉及的層面更廣泛、涉入的深度更深入。高階管理的任務隨著公司規模、使命、願景、目標和策略等因素之不同而各異其趣，這些任務雖然有高階管理團隊成員各司其責，但是CEO扮演策略領導角色為整個公司的經營定調、擘劃事業經營大方向，需要具備多元化管理技術。策略領導旨在整合公司所有資源、能耐與活動，有效能又有效率的達成公司目標。

　　CEO在高階管理團隊成員支持下，扮演下列四大策略領導角色，確保順利達成公司經營目標。

1. 釐清事業的經營理念

　　經營理念或稱經營哲學（Business Philosophy）是事業經營的最高指導原則，有些公司稱為經營信條，通常是事業創辦人或高階管理者對經營該事業的基本構想。經營理念具有恆常性，明示或暗示公司的價值觀。例如黑松公司的經營理念強調「誠實服務」，這是該公司至高無上的經營準則。美吾華公司的經營理念標榜：(1)誠心：誠懇、謙虛、信用；(2)創意：多學、多想、多做；(3)鬥志：士氣、團隊、有恆。

　　經營理念雖然具有恆常性，但並不表示不會改變。台灣電力公司早期的經營理念為「誠信、品質、服務」，2003年順應時代潮流修正為：(1)誠信：對用戶、對員工、對股東揭露真實資訊；(2)關懷：發自內心，主動積極為利益眾生而做；(3)創新：創造顧客價值，提升企業競爭力；(4)服務：以客為尊，以滿足內、外部顧客的需求為導向。

2. 擘劃事業使命與願景

　　企業使命（Mission）旨在清楚指出公司存在理由，缺乏明確使命感的公司無異是沒有靈魂的軀體。不僅毫無意義與價值，更會讓員工感到茫茫然而不知所措。CEO除了必須澈底瞭解所經營的是什麼事業？目前在產業中居於什麼地位？我們的顧客是誰？分布在哪裡？我們提供什麼價值給

顧客？如何提供？我們的事業未來會成為什麼模樣以及應該成為什麼模樣？深謀遠慮的擘劃出事業使命讓所有員工知所遵循，讓利害關係人有所理解。例如Nokia的企業使命標榜「Connecting People」、韓國樂天世界的使命強調「A World of Magic, Fantasy, Adventure」、黑松公司的企業使命旨在「提供滿意的產品與服務，增進人類的健康與歡樂」。

事業願景（Vision）何在？領導者要把企業帶往何方？員工在此奮力工作到底有沒有前途？這是現代企業人最關心的課題。願景可以為員工的工作注入動機與活力的新意義，讓員工看到公司和自己未來的希望。CEO有責任用心刻劃事業的願景，明確指出未來要把事業經營成什麼樣子，為員工的生涯指點明燈，進而激勵員工安心的貢獻所長。例如台塑公司矢志成為世界最大的塑膠王國、統一公司誓言要成為世界第一的食品王國、SOGO百貨立志要成為遠東最大的百貨公司、台安醫院志在成為就醫滿意標竿及預防醫學典範。

3. 發展事業目標與策略

目標是計畫性活動最終結果的描述，具體指出公司在某一期間內要完成什麼事以及完成的程度。沒有目標的企業猶如航行中的船隻迷失方向，不知航向何方，危險程度可想而知。CEO必須具備「眾人皆醉我獨醒」的本性，不只是要發展事業目標，更要刻劃有意義的目標。例如具體可行、可以達成、有挑戰性、有相關性以及可以衡量，讓員工明白公司要做些什麼，進而知所配合並全心投入。

有目標不見得就可順利達成，達成目標需要輔之以有效而可行的方法，可行才是好策略。尤其是高階管理的目標遠大，需要眾志才能成城。CEO在研擬達成目標策略時透過SWOT分析，審慎衡諸內外部環境、資源與能耐而理出公司的核心競爭力，使策略發揮趨吉避凶、以逸待勞、四兩撥千斤的最高境界。

4. 善盡高階管理的責任

　　徒法不足以自行，即使公司有完美使命、遠大願景、具體目標、可行策略，還有賴CEO善盡高階管理責任方能竟全功。管理責任泛指透過組織層級運作，激勵及監督部屬完成交辦工作的責任。CEO身居要職所要盡的是高階管理的重任，必須確認自己該做什麼事、確定哪些事該授權以及授權到什麼程度，此時透過組織運作有效能且有效率的達成目標就顯得特別重要。

　　CEO扮演策略領導的角色，工作態度與價值觀都備受關注，而且都和公司目標與活動息息相關，也都成為部屬學習的榜樣，包括領導風格、處事行為、以身作則與穿著儀容等。此外，管理責任還包括溝通高績效標準、激發部屬的信心與熱忱、掀起見賢思齊、群起效尤的風氣，這些都是CEO責無旁貸的責任。

　　CEO位高權重一言九鼎，在組織運作上自有其崇高的策略地位。實務運作上扮演公司策略列車上司機員角色，必須要站得更高、看得更遠，發揮影響力務實領導公司創造最佳績效。

5.5　策略層級與組織層級

　　企業的運作藉助組織的力量逐層授權、分層負責，策略管理的規劃與執行同樣需要組織層級的運作。組織運作與策略運作可以分別區分為三個互相對應的層級，如圖5-2所示。

　　從組織管理觀點而言，可根據組織層級將經理人區分為高階層經理人、中階層經理人和基層經理人，透過分層負責機制執行組織所交付的任務。從策略管理角度言，組織的策略層級可區分為三個層級：公司層級策

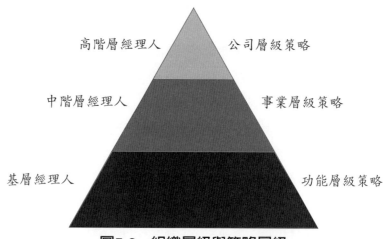

高階層經理人　　　公司層級策略

中階層經理人　　　事業層級策略

基層經理人　　　　功能層級策略

圖5-2　組織層級與策略層級

略、事業層級策略和功能層級策略。三個層級各有所司，上下層級緊密結合形成完整的策略體系。組織層級與策略層級的關係密切，肩負對應的任務與責任，高階層經理人運籌公司層級策略、中階層經理人掌管事業層級策略、基層經理人負責功能層級策略。

1. 公司層級策略

　　公司層級策略或稱為企業總部、總管理處策略，旨在制定企業最高策略決策，決定要做什麼、不做什麼以及分配資源等策略性決策。企業營利的範疇與機會很多，但是不見得每一個事業都值得你進入。因此精明的企業家都會選擇進入自己最專精、最擅長、最有機會做得比別人更出色的事業，從而創造持久性競爭優勢，捨棄自己不熟悉領域、不可能做得最好的事業。例如台塑關係企業選擇聚焦於石化事業，而不進入百貨公司、大賣場或便利商店經營；黑松公司鎖定自己最擅長的清涼飲料產銷事業。

　　受到功利主義及策略迷思影響，選擇不做什麼有時比選擇要做什麼更困難，取捨之間全靠企業家發揮過人的智慧與大破大立的策略觀。

　　決定所要進入的事業領域之後，公司層級策略的第二項任務就是展開

資源部署。根據策略重要性及公司發展方向，應用BCG矩陣分析、GE事業輪廓分析、事業生命週期分析等方法，將公司有限資源做最佳、最正確的部署以便發揮最大效果。

　　公司行銷出現了什麼問題？這些問題可以藉助舉辦促銷活動來解決嗎？哪些產品要舉辦促銷活動？促銷活動的對象是誰？要舉辦什麼促銷活動？什麼時候舉辦促銷活動？活動期間多長？要投入多少預算？這些都屬於策略性決策，行銷長必須站在策略高度審視這些問題並做明確決策。

2. 事業層級策略

　　事業層級策略的任務有二：一是承上啟下、二是發展競爭策略，由事業層級經理人專司其責。前者秉承公司層級策略的旨意，將公司策略轉換及展開爲事業層級策略，同時還要指導功能層級經理人發展各功能領域策略，落實策略方向上下一心、目標一致，防止偏離走樣現象。後者發展屬於自己的競爭策略，旨在發展如何做（How to do）的策略。根據企業內外部環境、產業競爭成功關鍵因素、公司的資源與能耐和獨特競爭優勢，發展出可確保贏得競爭的策略，這是各事業單位經理人責無旁貸的核心任務。

　　企業經營眞正的競爭策略就是在此孕育，例如統一公司各事業部經理承接公司層級的策略指令，將公司策略轉換及展開爲各該事業的策略，接下來的重頭戲就是發展確保各該事業部贏得競爭的策略。

　　事業層級策略的核心在於選擇合適的策略，例如應用Michael Porter所提出的一般競爭策略，理出及選擇差異化、總成本領導或集中化策略。然後致力於發展超高效率、卓越品質、領先創新和快速回應的能力，利用這些策略指標指引功能策略，創造持久性競爭優勢。

　　行銷經理承接行銷長的策略指示之後，必須根據行銷目標與策略發展具體可行的促銷策略，包括舉辦什麼促銷活動、如何進行、何時舉辦、活動期間多長以及如何評估促銷績效等一連串策略。

3. 功能層級策略

　　企業功能包括行銷、人資、生產、財務、研發、資訊……，各功能領域都必須發展屬於自己的策略。功能層級策略經理人承接事業層級策略經理人的指令而發展各自的策略，然後透過組織層級的運作務實執行各功能策略。此時的策略核心在於有效能又有效率的執行、掌握要領與時效、落實動態協調機制，專注於策略目標達成。

　　促銷經理接獲行銷經理的指示規劃促銷活動的執行策略與計畫，領導所屬員工克盡職責、務實執行，努力做到彈無虛發的境界，期能順利達成目標。

　　以上三個層級的策略構成策略管理體系，各層級策略的位階雖然不同且各有專精、各有所司，但是策略目標一致、眾志成城。三個層級策略只有廣泛程度有所差異、只有規劃時間前後有些不同，重要性無軒輊之分。企業經理人認識策略管理的精義，有助於同心協力達成公司目標。

5.6　環境分析與目標設定

　　環境分析包括總體環境、產業環境以及公司內部環境分析。

1. 總體環境分析

　　總體環境又稱一般環境，包括政治與法律、社會與教育、經濟與科技、人口統計變數和全球化等。總體環境會影響所有產業的運作，雖然都不是廠商所能控制，但是公司必須經常偵測這些環境，參考專業研究機構的研究以預測變化的程度，以便提出因應對策。例如幣值升貶不是廠商所

能左右，但是對公司經營卻有很大影響。廠商必須預測升貶幅度，選擇避險方法預先做出因應。

2. 產業環境分析

產業環境分析包括產業特質、產業成長率、顧客特徵、主要競爭對手、潛在競爭對手、供應廠商和替代品廠商等。這些因素的變化對在該產業內經營的廠商會有直接影響，對產業外的廠商可能不會有影響。產業環境也不是廠商所能控制，但是必須隨時偵測以便研擬因應對策。例如汽車進口稅率升降對汽車業者造成衝擊，汽車產業相關廠商必須適時因應，但對其他產業沒有影響。

總體環境及產業環境變化可能給公司帶來發展的好機會，也可能為公司帶來經營上的威脅，而且同一事件對某些公司可能是機會，對某些公司可能是威脅。例如爆發禽流感疫情，雞、鴨、鵝肉乏人問津，對養雞、鴨、鵝業者帶來嚴重的威脅，但是豬肉價格高漲反而是一種銷售的好機會。

3. 公司內部環境分析

內部環境是指針對公司資源與能耐的分析，包括有形資源、無形資源、過去所採行策略的軌跡、目標達成情形、獨特能耐、人力素質以及競爭優勢與劣勢。內部環境分析有些可以從公司內部規章、表單、銷售績效、經營成果與財務分析獲得相關資訊，有些透過座談、訪談和調查也可以獲得實際資料。

環境分析有一定程序與方法可循，通常都先進行總體環境分析與產業環境分析，然後再進行內部環境分析。至於具體分析方法已超出本書討論範圍，請讀者參閱策略管理相關書籍。

公司根據外部分析與內部分析結果，作為訂定目標及發展策略的基礎，然後再按照組織層級由上而下逐一展開至基層經理人，形成完整的策

略管理體系。基層經理人的目標與策略，通常包括目標項目、執行期間、所需資源及預算。有關目標規劃具體方法，將在本書第6章討論。

5.7 策略規劃工具與策略發展

　　如前所述，策略層級可區分為公司層級、事業層級與功能層級，規劃工具視策略層級之不同而各異其趣。本節將介紹和促銷活動有關的五種策略規劃工具。

1. SWOT分析

　　SWOT分析常用工具如表5-1所示，旨在分析外部環境變化給公司及主要競爭者帶來的機會（Opportunity）與威脅（Threat），以及分析內部環境，確認公司資源與能耐的優勢（Strength）與弱勢（Weakness）。

　　產業內通常都有許多廠商參與競爭，公司要一一分析競爭者不是不可能，就是所費不貲且曠日廢時、緩不濟急。最可行的辦法是選擇產業內前幾家最主要競爭者或是公司所設定的主要競爭對象，將分析結果和公司進行比較做到知己知彼的地步。

表5-1　SWOT分析表

項目	本公司	主要競爭者
機會		
威脅		
優勢		
弱勢		

應用SWOT交叉分析結果發展可行策略，目的是要善用機會與優勢，避開威脅及隱藏公司的劣勢，做到趨吉避凶、以逸待勞、四兩撥千斤的境界。

2. BCG矩陣

BCG矩陣又稱成長率─占有率矩陣，是美國波士頓顧問集團（Boston Consulting Group, BCG）所發展的一種策略規劃工具。矩陣的縱軸代表產業市場成長率，以10%為基準分為高、低兩個水準；橫軸表示公司的相對市場占有率，引用對數的觀念將公司的市場占有率和產業領導廠商或主要競爭者做比較。高於比較對象落在左邊，低於比較對象落在右邊，如此可組合成四個方格的矩陣，分別稱為明星、金牛、問題兒童、看門狗，如圖5-3所示（註6）。可用於分析公司所經營的事業，也可以用來分析公司所銷售的產品，以下將以公司所經營的產品為例分析之。

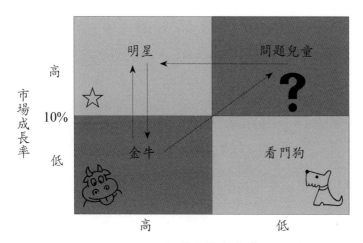

圖5-3　BCG矩陣分析圖

資料來源：修改自林隆儀譯，《行銷策略管理》，頁63。

(1) 明星（Star）

表示產品市場成長率高，發展潛力雄厚。公司產品的相對市場占有率高，有機會發展成為未來的明星產品，公司可以繼續加碼投入促銷預算。

(2) 金牛（Cash Cow）

表示產業市場成長率趨緩，公司不想再投入龐大促銷預算，只希望維持性的投入適度促銷預算。但是公司產品的相對占有率高、銷售暢旺，可以產生大量現金，因此稱為金牛產品。

(3) 問題兒童（Problem Child）

表示產業市場成長率高，公司產品的相對市場占有率低，銷售情況不明、前景未卜，所以稱為問題兒童，新上市的產品通常都落在此象限。問題兒童產品若給予足夠資源用心照顧及培養，有機會發展成為明星產品。如果疏於照顧沒有給予適當的促銷資源而任其自生自滅，可能淪為看門狗產品。

(4) 看門狗（Dog）

表示產業市場成長率低，市場前景堪慮。公司產品的相對市場占有率低，顯然是屬於銷售欠佳的、準備選定時機下市的產品，因此公司不想再投入促銷資源。

BCG矩陣分析的另一貢獻是確認資金應用的流向，如圖5-3箭頭所示。金牛產品所產生的大量現金除了作為自己維持性的促銷資源外，剩餘現金一方面可用於強化明星產品，使該產品發揮強勁競爭力；另方面用於培養問題兒童產品，使該產品有機會發展成為明星產品。有朝一日產業市場成長趨緩，公司對明星產品的投資相對減少時，問題兒童產品有機會成為另一項金牛產品。

3. GE事業輪廓

美國奇異電器公司（GE）認為BCG矩陣採用二分法，將市場成長率

及相對市場占有率各區分為高、低兩個水準，太過簡單而粗略無法反映真實狀況，於是提出GE事業輪廓分析法。縱軸代表產業吸引力，分為高、中、低三個水準；橫軸表示公司競爭地位，分為佳、中等、差三個水準，這些變數組合成九個方格的多因子投資組合矩陣，如圖5-4所示（註7）。

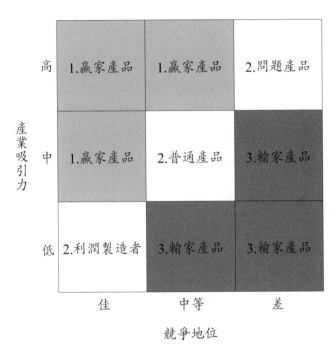

	佳	中等	差
高	1.贏家產品	1.贏家產品	2.問題產品
中	1.贏家產品	2.普通產品	3.輸家產品
低	2.利潤製造者	3.輸家產品	3.輸家產品

（縱軸：產業吸引力　橫軸：競爭地位）

決策　1.投資／成長
　　　2.選擇性投資
　　　3.收割／撤資

圖5-4　GE事業輪廓分析圖

資料來源：修改自林隆儀譯，《策略行銷管理》，頁373。

　　產業吸引力及公司競爭地位分別以多重變數衡量之，產業吸引力包括產業規模、成長率、顧客滿意度、競爭能力、價格水準、獲利能力、技術、政府法規與對經濟情勢的敏感度，以及其他外部環境可能帶來的機會與威脅。公司的競爭地位包括組織、成長率、市場占有率、顧客忠誠度、

利潤、配銷、技術、專利、行銷與彈性，以及其他內部環境可能形成的優勢與劣勢（註8）。GE事業輪廓可以用來分析公司所經營的事業，也可以用來分析公司所行銷的產品，以下以產品說明公司的行銷決策。

公司產品經過GE事業輪廓分析後分布在九個方格中，將這九個方格根據產業吸引力及公司的競爭地位，劃分為各包含三個方格的三個組群。第一個組群為位於左上角的贏家產品，產業吸引力及公司競爭地位都在中等到高等，表示前景看好、發展可期。此時公司的行銷決策可以採取成長策略，繼續投入行銷及促銷資源積極追求成長。第二個組群位於左下角到右上角對角線上的產品，包括利潤製造者、普通產品、問題產品。此時公司的行銷決策有不同的選擇，利潤製造者宜採取維持性促銷、普通產品可採取選擇性促銷、有潛力的問題產品則可加強促銷。第三個組群為右下角的輸家產品，產業吸引力及公司競爭地位從中等到低等，表示發展潛力脆弱前途堪慮。公司的行銷需要採取慎重策略，審慎評估不再投入促銷資源，甚至在適當時機下市。

4. 一般性策略

Michael Porter認為公司規模無分大小，地域無國內與國外之分，企業競爭策略有三種基本選擇：一是致力於差異化、二是追求總成本領導、三是採取集中化，稱為一般性競爭策略，如圖5-5所示（註9）。

一般性策略屬於事業層級的策略，公司的目標市場可區分為放眼全產業或聚焦於特定市場，公司的策略優勢可分為在顧客心目中具有獨特性或擁有低成本定位。若產品具有獨特性公司意在進入全產業行銷，適合採取差異化策略發展領先產業的獨特性產品。若產品享有低成本優勢公司決定進入全產業市場，適合採取總成本領導策略致力於追求低成本優勢。無論產品具有差異化或享有低成本優勢，公司若只想進入某些特定市場則適合採取集中化策略。集中化策略可以再引申為集中差異化以及集中總成本領導，分別在特定市場發展比競爭者更出色的競爭優勢。

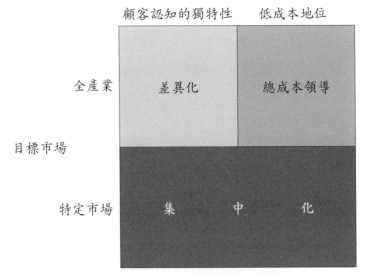

策略優勢

顧客認知的獨特性　　低成本地位

全產業　　　差異化　　　總成本領導

目標市場

特定市場　　　集　　中　　化

圖5-5　一般性策略分析圖

　　公司產品若具有突破性、創新性和領先性的優勢，而且又是廣大消費群所期望時，通常都會掌握差異化的優勢機會積極促銷，拉長與競爭者差距。例如蘋果公司的iPhone系列手機、宏達電的HTC系列手機，都是採取差異化促銷策略。

　　公司產品若因為技術突破及工程創新享有低成本優勢，而且又屬於大眾化產品時，通常都會主打低成本牌來擴大生產積極促銷。例如豐田汽車公司拜豐田式生產技術突破之賜，在全球行銷及促銷各式各樣的汽車就是採取總成本領導策略。

　　產品具有差異化或享有低成本優勢的公司基於策略考量只想進入某些特定市場，可以選擇採取集中差異化策略，也可以選擇採取集中總成本領導策略，應用之妙存乎一心。前者如愛的世界專注於銷售兒童服飾產品；後者如玩具反斗城專精於以低成本優勢推廣其玩具產品。

5. 產品生命週期

　　產品生命猶如人們的壽命，可區分為出生期、兒童期、青少年期、青年期、壯年期和老年期。產品生命也有其週期性，用於說明產品在其生命歷程中銷售與利潤演進的一種模型，稱為產品生命週期（Product Life Cycle, PLC）（註10）。產品生命週期可區分為導入期、成長期、成熟期和衰退期，如圖5-6上方曲線所示。

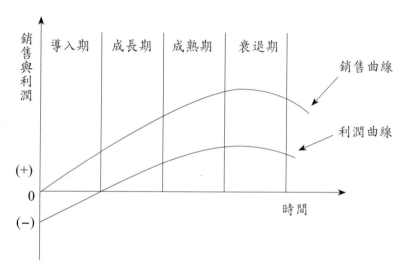

圖5-6　產品生命週期分析圖

　　產品生命受到產品屬性、特性、市場接受度和競爭環境所影響，不見得都會經過上述四個階段。有些產品的發展猶如曇花一現，上市不久就以下市收場者比比皆是；有些產品持續成長，成為長銷型產品，例如黑松沙士、郭元益喜餅；有些產品衰退後又再度受到歡迎，成為雙峰型產品，例如因為機車與汽車的發達，以往被當作交通工具的自行車曾經被消費者所遺忘，但是現代消費者把自行車當作休閒、運動與健康的最佳工具，加上政府的鼓勵U-bike風氣盛行，自行車又成為當紅產品。

產品獲利情形隨著生命週期發展而各異其趣，產品獲利曲線如圖5-6下方曲線所示。導入期研發投入多、銷售量少，尚未有利潤可言。產品進入成長期後，銷售逐漸轉旺開始出現利潤，獲利也隨著銷售量提高而逐漸增加。進入成熟期後，銷售及獲利都達到最高峰。產品進入衰退期後銷售量銳減，加上行銷費用高漲獲利也隨著開始下降。產品生命週期各階段的特徵以及其促銷活動的重點如下：

(1) 導入期

新上市的產品通常都屬於導入期產品，即前述問題兒童產品。廠商剛開始鋪貨，尚未有知名度且銷售量有限需要積極與大量促銷，期望往明星產品方向發展。促銷重點在於強調產品特性吸引潛在顧客試用，並提高知名度，例如提供免費試用樣品、贈送折價券、特價優惠或體驗價等。

(2) 成長期

消費者逐漸瞭解及接受新產品，銷售量跟著逐漸提高開始獲利，廠商通常都會趁勢而為加碼促銷。促銷重點在於強調品牌或產品的差異性，試圖建立清新形象，例如銷貨附贈、特價促銷以及針對推銷員及中間商的銷售獎金等。

(3) 成熟期

產品銷售及廠商獲利雙雙達到最高峰開始出現成長趨緩現象，廠商為爭取更大的市場占有率通常都會投入更多促銷預算乘勝追擊、擴大促銷。此時促銷重點在於強調品牌價值吸引競爭者的顧客轉換品牌，致力於提高市場占有率，例如舉辦抽獎活動、忠誠計畫、累積點數以及針對中間商的銷售競賽、銷售獎金等。

(4) 衰退期

因為替代品出現消費者偏好改變，原有產品失去新鮮感而銷售量與獲利逐漸下降出現衰退現象。此時促銷重點在於僅做維持性促銷，減緩銷售衰退速度，例如銷售獎金、退還貨款、競賽與抽獎等。

　　根據前述SWOT分析結果找出公司獨特競爭優勢，應用策略規劃程序依序設定促銷目標、發展促銷策略之後，接下來是要將策略方案付諸實施以達成預期促銷目標。

　　策略執行屬於組織基層操作面的工作，需要透過組織層級運作務實且落實執行。執行重點在於有效能又有效率的使用公司資源，第一次就把事情做得正確無誤，期能順利達成目標。有關執行的組織架構以及提高效率方法，將在本書第9章詳加討論。

　　策略執行過程中及執行結果必須檢視有無偏離策略規劃方向，若有偏離的話必須評估偏離程度是否在可接受範圍之內，以便及時採取適當的糾正行動，適時回饋作為下一回合進行策略規劃的重要參考。有關策略績效評估方法，將在本書第13章深入討論。

本章摘要

　　促銷功能在行銷管理中占有舉足輕重地位，加上投入資源龐大，屬於公司的重要決策。公司處理重要決策不容有絲毫差錯，需要注入策略思維重視事前規劃的功夫，希望在務實掌握全局的前提下，做到第一次就把正確的事做得正確無誤的境界，發揮策略相乘效果。

　　本章介紹策略管理的基本觀念與策略規劃程序，從檢視公司經營理念、企業使命、事業願景，到設定目標、發展可行策略、研擬執行計畫與預算，到計畫實施、成效檢討與評估，以及策略規劃常用的工具，都有適當論述。這些觀念、程序與工具同樣適用於促銷管理，本書特別設計〈促銷活動的策略規劃〉這一章，幫助讀者及廠商熟諳促銷策略的規劃技術，提高促銷活動成效與價值。

參考文獻

1. Hill, Charles W. L., Gareth R. Jones and Melissa A. Schilling, *Strategic Management: An Integrated Approach*, 11th Edition, p. 3, 2015, Cengage Learning Asia Pte Ltd, Singapore.

2. Griffin, Ricky W., *Fundamentals of Management*, 4th Edition, p.79, 2006, Houghton Mifflin Company, USA.

3. 司徒達賢著，策略管理新論──觀念架構與分析方法，頁7，2001，智勝文化事業有限公司。

4. 林建煌著，策略管理，第四版，頁8，2014，華泰文化事業股份有限公司。

5. 林隆儀譯，Fry, Fred L., Charles R. Stoner and Laurence G. Weinzimmer著，新事業及新貴企業的策略規劃，頁18，2003，中衛發展中心。

6. 林隆儀譯，Orville C. Walker, Jr., John W. Mullins, Harper W. Boyd, Jr., and Jean-Claude Larréché著，行銷策略管理，第五版，頁63，2006，五南圖書出版股份有限公司。

7. 林隆儀譯，David A. Aaker and Damien McLoughlin著，策略行銷管理──全球觀點，頁373，2011，華泰文化事業股份有限公司。

8. 同註7，頁373。

9. Porter, Michael E., *Competitive Strategy: Techniques for Analyzing Industries and Competitors*, p. 39, 1980, New York: Free Press.

10. 林隆儀譯，Michael Levens著，行銷學──定義、解釋、應用，頁261，2014，雙葉書廊有限公司。

個案討論

大遠百公司

【寵愛・女人】化妝品搶先購促銷活動

　　近十幾年來臺灣的百貨業呈現快速成長，部分原因是因為幾家較具規模的百貨公司，如遠東百貨、新光三越、太平洋SOGO、微風廣場、京華城及大葉高島屋等陸續展店，這種現象顯示臺灣的百貨公司有朝大型化發展趨勢。綜觀臺灣百貨業的發展特色，除了朝大型連鎖化發展之外，經營策略也由同質化走向差異化，本土百貨業者與外商合作的例子愈來愈多。臺灣的百貨業發展至成長階段時展店密度逐漸增加，同類型百貨公司競爭加劇，在激烈競爭中仍能屹立不搖者往往是有大型企業集團作為後盾的公司。大型企業集團由於資本雄厚在「有利可圖，前程似錦」的情況下，發展連鎖經營模式成為一種普遍現象，例如太平洋SOGO、新光三越、遠東百貨及微風廣場等。臺灣的百貨公司目前仍是集中分布於臺北、桃園、臺中、臺南和高雄等大都會區，大遠百就是近年積極轉型的百貨公司之一。

　　大遠百（遠東百貨）是遠東零售集團的事業之一。1949年遠東集團從上海遷臺，由紡織起家歷經超過一甲子的銳意經營，以優異的效率著稱。資產總額超過新臺幣1兆8,519億元（609億美元），營

業額超過新臺幣6,496億元（214億美元），股東人數超過60萬人的卓越企業，成功轉型並將事業版圖擴及零售服務與電信等多元產業，目前在臺灣及香港共擁有9家上市公司。遠東集團擅長產業垂直與水平整合，事業領域涵蓋石化能源、聚酯化纖、水泥建材、百貨零售、金融服務、海陸運輸、通信網路、營造建築、觀光旅館和社會公益等十個事業體系，以獨到眼光、過人智慧在臺灣、中國大陸、加拿大、香港、新加坡、馬來西亞、泰國及越南等十餘個國家及地區，全方位立足、多元化布局。

　　遠東零售集團體系包含遠東百貨、太平洋SOGO、遠東愛買、遠東都會、巨城購物中心、遠企購物中心和電子商務GoHappy，全方位結合百貨、量販、購物中心、超市及電子商務。營業據點橫跨兩岸達到56家店，2014年營業額逾臺幣1,300億元。遠東百貨股份有限公司（簡稱遠東百貨、遠百）是臺灣一家連鎖百貨公司，屬遠東集團旗下事業。1967年成立，與來來百貨、永琦百貨為臺灣早期三大百貨公司，主要經營各項百貨商品買賣、餐飲娛樂及生鮮超級市場等為股票上市公司。1999年起分店陸續改建，改建後更名為遠東百貨新概念店或FE21' Mega 大遠百。

　　遠東百貨為國內唯一上市的連鎖百貨公司，以豐富的專業知識配合靈活的行銷策略展現求新求變的創業精神，不斷引領市場趨勢。近年來遠東百貨積極轉型引進全新概念的FE21'，結合購物、娛樂、生活、餐飲及文化等機能，提供顧客舒適、自在的購物休閒享受。2011年底開幕的板橋大遠百、臺中大遠百及新竹巨城購物中心總樓板面積近20萬坪，完整呈現國際精品、流行時尚與獨家美食，為遠東零售系統邁入大型購物中心的新里程碑。2002年遠東集團零售版圖增加了太平洋SOGO百貨及中國大陸太平洋百貨，成為橫跨兩

岸的連鎖百貨體系。SOGO臺北店匯集了全球時尚名牌，為臺灣坪效最高的百貨公司。2006年底開幕的復興店，更結合國際精品、流行商品和美食餐飲等優質組合，年營業額超過新臺幣100億元，為臺北市品牌實力最堅強的百貨公司。此外，在中國大陸擁有多家分店的遠東百貨及上海太平洋百貨公司、成都太平洋百貨公司等，更是中國時尚消費流行的指標。

　　化妝品一向都是女性消費者的最愛，加上「對自己好一點」風尚的影響，消費者對高檔化妝品更是趨之若鶩。大遠百為延續週年慶及春節銷售旺季，舉辦另一波「寵愛‧女人」化妝品搶先購促銷活動，以滿額即送抵用券的方式一方面刺激買氣、一方面吸引再度惠顧，達到雙重目的。消費者只要在2015年3月26日至4月8日促銷期間，購買化妝品（含沐浴精油）當日單筆滿3,000元，就送300元抵用券一張（以此類推）；滿10,000元再加送400元抵用券一張（以此類推）；刷花旗等10家銀行信用卡當日單筆刷滿10,000元，可兌換150至200元的遠東商品券（以此類推），廣受消費者喜愛。

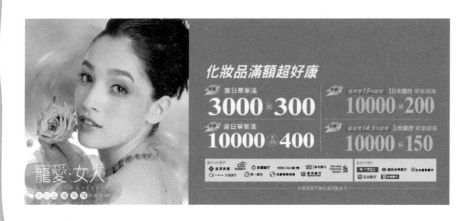

參考資料：

1. 大遠百官網（2015），首頁，http://www.fecityonline.com/MegaCity/index.do

2. 維基百科（2015），百貨公司，http://zh.wikipedia.org/zh-tw/%E7%99%BE%E8%B2%A8%E5%85%AC%E5%8F%B8

3. 維基百科（2015），遠東百貨，http://zh.wikipedia.org/wiki/%E9%81%A0%E6%9D%B1%E7%99%BE%E8%B2%A8

思考問題

1. 你認為大遠百的促銷期間是否時機正確？假如同期間在同集團的愛買量販店也舉辦同樣的促銷活動，你認為是否也可行？為什麼？

2. 大遠百為何選擇化妝品為促銷產品？原因及優點各為何？

3. 根據大遠百的促銷辦法，假設擬團購買50,000元的促銷化妝品，並以滿額可兌換商品券的信用卡結帳，請問會得到多少金額的商品抵用券及遠東商品券回饋，換算後的交易折扣為多少？

第6章

促銷目標與促銷策略

暖身個案

好市多公司

秋季專案促銷活動

好市多公司（Costco）是美國第二大零售商，全球第七大零售商，美國第一大連鎖會員制倉儲式量販店，也是美國《財富》雜誌2015年評選的全球最大500家公司排行榜中的第52名。1983年成立於美國華盛頓州西雅圖市，最早起源於1976年的Price Club公司。好市多公司在全球九個國家設有超過500家的分店，其中大部分都位於美國境內。加拿大則是最大國外市場，主要在首都渥太華附近。全球企業總部設於華盛頓州的伊薩誇，並在鄰近的西雅圖設有旗艦店。

1983年9月15日，創辦人Jim Sinegal和Jeffrey Brotman在美國華盛頓州西雅圖市開設了好市多第一家倉儲式量販店。Sinegal擁有在零售集團Sol Price旗下的Price Club量販店工作的經驗，學到做生意的方法。Brotman則是一名西雅圖當地零售家族出身的律師，在小時候就接觸了零售業界。好市多公司的經營方式與Price Club公司非常相似。Price Club公司是由Sol Price公司於1976年在美國加州聖迭戈創立。兩家公司的經營特色都是以低價格提供高品質的商品，以及與同業相比精心挑選更少而較實用的商品項目。兩家公司也都向會員收取小額的年費，並成功迎合了小型企業主的

喜好。1997年10月兩家公司正式合併為PriceCostco（普來勝）公司，接著在1999年8月30日更名為Costco Wholesale Corporation（好市多公司）。

　　過去幾年來，好市多已逐漸擴展其產品種類和服務。以往只偏重販售盒裝或箱裝的產品，只需拆開包裝就能上架。最近開始販賣其他多元化的產品，例如蔬果、肉類、乳製品、海鮮、烘焙食物、鮮花、服飾、書籍、軟體、家用電器、珠寶、藝術、酒類和家具。許多分店還設置輪胎維修服務、藥局、眼科診所、照片沖洗服務和加油站。絕大部分好市多都設有獨立的烘焙屋，販售披薩、熱狗、奶昔、各種清涼飲料。

　　1997年1月好市多與臺灣大統集團合資成立「好市多股份有限公司」（Costco President Taiwan, Inc.）將好市多引進臺灣，在高雄市前鎮區設立全臺第一家賣場。好市多為臺灣唯一收取會員費用的量販店，一張普通正卡會員費用，第一年年費為新臺幣1,200元。目前好市多會員年費略有調漲，多數人使用的金星主卡從原來的1,200元調漲為1,350元、商業主卡從1,000元調漲為1,150元、商業副卡調漲幅度最高，從500元調漲為900元。好市多目前在臺北內湖、臺北北投、新北中和、新北汐止、桃園蘆竹、桃園中壢、新竹、臺中、嘉義、臺南、高雄大順及高雄中華，共有12家分店，預計2017年初將會在桃園中壢開設自助式加油站。

　　臺灣好市多在2016年8月26日至10月23日舉辦定名為「秋季專案的促銷活動」，只要你是好市多的會員就能在不同的時間點，以優惠的價格購買多種品項商品。

參考資料：

1. 維基百科（2016），好市多，https://zh.wikipedia.org/zh-tw/%E5%A5%BD%E5%B8%82%E5%A4%9A

2. 臺灣好市多官網（2016），首頁，https://warehouses.costco.com.tw/front_zh/front.action#

3. 吳蓓蘭（2014），臺灣零售業店務稽核管理與營業績效關連性之研究，http://ndltd.ncl.edu.tw/cgi-bin/gs32/gsweb.cgi/ccd=QVkt4p/record?r1=9&h1=0

4. 羅綺云（2015），零售創新與行銷能力之相關研究——以臺灣零售業為例，http://ndltd.ncl.edu.tw/cgi-bin/gs32/gsweb.cgi/ccd=QVkt4p/record?r1=2&h1=0

6.1　前　言

　　「管人、管事、管目標」是經理人最基本的職責，眾多管理工作中沒有比達成目標最感欣慰的事。目標是組織所要達成的標的與境界，也是指引組織資源投注方向的指針。沒有目標的組織不知所為何事、不知為何而為、不知為誰而為，勢必會陷入茫然的險境中。沒有聚焦與共識的目標，猶如「各有一把號，各吹各的調」不可能達成目標。

　　促銷活動通常都需要投入龐大資源，除了本書第4章所論述公司需要選擇正確促銷對象之外，還要訂定合適的促銷目標。而訂定合適的目標需要應用科學方法並符合激勵原理，有系統的規劃具體而可行的促銷目標，然後讓公司內外部相關單位及人員澈底瞭解促銷目標的本質，共同為達成目標而努力。

　　策略是達成目標的方法，公司要達成促銷目標需要輔之以兩件事：第一是發展有效的策略、第二是設計合適的組織結構。有效的策略一方面使公司的促銷資源發揮最大效益，達到事半功倍的效果；另一方面因為洞悉市場競爭狀況，做到「知己知彼，百戰百勝」的境界。徒法不足以自行，再好的目標與策略都需要落實執行才有可能產生效益。合適的組織就是規劃用來執行促銷策略，本書第9章將深入探討促銷組織與執掌。

6.2　目標的意義與作用

　　目標（Objective）是組織所規劃計畫性活動的最終結果，也就是具體說明何時要完成什麼事，以及達成的水準由誰完成、在何處完成、花費多

少時間、投入多少資源、如何完成、如何評估績效的一系列過程。質言之，目標必須是可以精確描述且可具體衡量組織未來想要達到的狀態。任何組織都有其獨特目標，營利事業有追求利潤的目標，例如獲利率、成長率和占有率；非營利事業有爭取認同的目標，例如理念獲得支持、旨意獲得認同、對社會的貢獻獲得迴響；政府機關有為民服務的目標，例如公共建設、行政效率、親民愛民以及安居樂業。

從策略管理角度觀之，目標可區分為策略性目標（Strategic Objective）、戰術性目標（Tactical Objective）和作業性目標（Operational Objective）。組織層級不同所掌管的目標各不相同，重要的是分層負責、各司所長一致性的達成共同目標。策略性目標由組織高階層管理者負責規劃，聚焦於較廣泛、一般性的管理議題；戰術性目標由中階層管理者所主導，集中於如何執行必要的活動藉以達成策略性目標；作業性目標由基層管理者所設定，旨在關心與戰術性目標相關連的短期作業項目，致力於落實執行達成目標（註1）。

行銷領域的目標也可以細分為行銷目標（Marketing Objective）、推廣目標（Promotion Objective）和促銷目標（Sales Promotion Objective）。行銷目標所關心的是公司整體行銷議題，例如市場占有率、銷售成長率、產品鋪貨率、新產品成功率和顧客滿意度；推廣目標所關心的範圍聚焦於推廣活動，例如企業形象、廣告聲量占有率、品牌及產品知名度；促銷目標相對比較狹小，集中於促銷功能的效益，例如產品別銷售量、通路別占有率以及促銷資源生產力。

沒有目標的組織勢必會迷失經營方向，不適當的目標對組織運作不見得有貢獻，因為目標具有下列四項作用（註2）：

1. 指引正確方向

目標為組織中的工作人員指引上下一致的方向，幫助每個人瞭解組織發展的方向以及朝向該目標的重要性。例如公司行銷目標若要將品牌知名

度從原來的25%提高為30%，除了讓各部門瞭解公司的目標之外，更重要的是指引資源部署方向以及引導全體員工朝此目標努力。

2. 影響其他層面

從組織運作的觀點言，目標會強烈影響組織規劃的其他層面，尤其是愈高階層的目標影響層面愈廣泛、影響力道愈深遠。例如總經理、行銷長的目標經過轉換及逐層展開，會引導及影響公司的廣告活動、公關活動、人員推銷活動和促銷活動等目標與策略的形成。

3. 具有激勵作用

組織設定具有挑戰性的目標可激發員工的工作動機與潛能，尤其是當達成目標可以獲得獎勵時目標會成為激勵員工的重要來源。例如某一汽車推銷員每月銷售目標為六部汽車，達成目標時所銷售的每部汽車可再獲得5,000元獎金，推銷員受到此機制的激勵都會努力執行推銷工作。

4. 作為控制機制

組織設定目標時都附有關鍵績效指標（Key Performance Index, KPI），具體指出所要達成的工作項目及達成程度，此一KPI可作為控制及評估績效的基準。組織在規劃及設定各項目標時都訂有對應的KPI，目標執行結果據以衡量實際成效，將實際成效和KPI比較立刻得知目標績效。

促銷屬於公司重要的行銷活動對銷售績效有重大影響，因此需要有明確而具體的目標引導及激勵和促銷活動有關的公司內外部人員朝向同一目標，指引促銷資源用在正確的地方，同時作為評估促銷成效基準。

組織各階層都有其目標、各功能部門各有其目標、個人也有各自的目標，因而構成目標層次（Hierarchy of Objectives）或目標體系。總經理主導公司的經營目標，行銷長掌管行銷目標，廣告經理、公關經理、營業經理和促銷經理承接行銷長的指令，各有其獨特的目標形成推廣組合的目標體系。

從目標管理（Management by Objective, MBO）的角度言，目標設定可分為兩種方式：有採取由上向下（Top Down）逐層展開設定者、有採取由下而上（Bottom Up）逐級彙整設定者。

以往的觀念認為，應該先由基層主管自行設定各自的目標、中階層主管彙整各基層主管的目標形成中階層主管的目標、高階層主管再彙整各中階層主管的目標形成高階層主管的目標，如圖6-1所示。首先由廣告經理、公關經理、營業經理和促銷經理分別設定各自的目標，其次由行銷經理彙整這四個單位的目標形成行銷目標，最後由總經理彙整行銷、人力資源、生產、財務與研究發展等部門的目標形成公司的總目標。

這種目標設定方法最大的優點在於各部門主管最瞭解自己的工作、最適合設定自己的目標，可以充分發揮創意、符合自主管理精神。但是因為基層主管不瞭解公司的經營目標，又缺乏上階層主管的指導，以致所設定的目標常出現偏差現象，不見得符合公司要求。此外，上一階層主管坐等彙整下一階層主管的目標沒有盡到指導與管理責任，造成被動與反授權的不合理現象阻礙公司未來發展，於是興起由上向下逐層設定目標的新風潮。

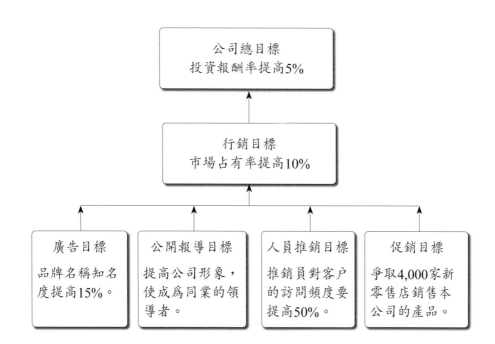

圖6-1　由下而上的目標設定體系

　　策略管理（Strategic Management）觀念認為，公司目標應由上向下逐層展開設定。高階層經理人充分理解公司的經營理念、企業使命和事業願景，扮演策略領導角色且設定的目標最能迎合公司需要。中階層經理人承上啟下，一方面將高階層經理人的目標轉換及展開設定中階層目標，不致偏離經營方向；一方面指導基層經理人設定基層目標，上下階層目標無縫接軌且目標方向一致，不致有任何差錯符合目標設定邏輯與科學精神。因為高階層經理人充分瞭解經營環境，所設定的目標可以反映競爭的要求如圖6-2所示。

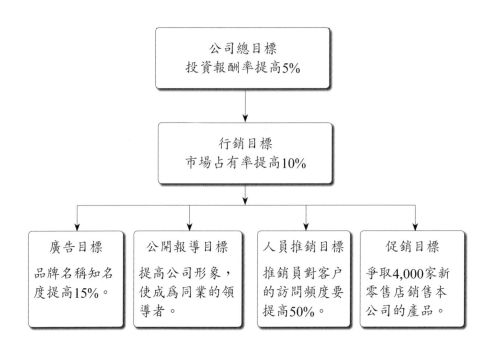

圖6-2　由上向下的目標設定體系

　　總經理站在公司經營的策略高度設定公司經營目標，透過策略規劃的目標會談機制，一方面形成共識、一方面指導行銷長設定目標。行銷長承接總經理的目標，充分理解後轉換及展開設定行銷目標；廣告經理、公關經理、營業經理和促銷經理承接行銷長的目標，轉換及展開設定各自的目標，採用此一機制可以設定具有高度共識、方向一致的目標。

　　這種目標設定方式最大的優點是符合策略規劃的程序與邏輯，各階層經理人透過會談機制達成共識，不會有偏離公司需求現象。至於達成目標的策略則由各部門經理人發揮創意，符合自主管理精神。上下層級的目標達成共識需要花費一些時間，或許是此法美中不足的地方，但是達成共識所花費的時間比起各自設定目標所造成的困擾與錯誤，仍然具有高度價值。

6.4　良好目標的要件

　　目標指引組織運作及資源應用方向，對管理績效有重大的貢獻，但是組織所期望的不只是有目標而已，而是要設定良好的目標。良好的目標常非一語可以道盡，而且言人人殊。一般而言，良好目標必須符合下列幾個要件：

1. 足夠詳盡

　　目標必須明確指出事業範圍，在目標層次中的地位要做些什麼、期望達成的具體成果以及評估績效的方法。

2. 可以實現

　　無法實現的目標猶如空中樓閣毫無意義，缺乏激勵作用。目標必須具體、務實、有意義，而且在付出相當程度的努力後可以實現，有可能實現的目標才會激發工作動機。

3. 有挑戰性

　　挑戰是人們的本性，缺乏挑戰的目標索然無味。良好的目標必須具有適度的挑戰性，激發組織成員發揮潛能。所謂挑戰性就是在設定目標時，加入適度的挑戰因子α。例如過去的實績加上α或既有能力加上α，使目標更有意義。

4. 容易瞭解

　　目標需要簡潔有力、具體可行、易被理解、容易被接受，重視結果的呈現而不是執行過程的描述，必須是以量化數字取代冗長的文字敘述。

5. 可以溝通

目標不是要寫給自己看。組織的目標不只是經理人的事，而是全體員工必須共同關心的事，甚至公司利益關係人也很在意。因此良好的目標必須可以進行溝通，讓更多人瞭解。

6. 期間明確

目標和願景都在陳述組織未來所要達成的狀態，兩者最大的差別在於目標訂有明確的執行期間，願景沒有載明具體期間。良好目標必須有明確的期間，有明確的期間才不致模糊方向與焦點。

7. 有相關性

目標旨在指引公司經營方向，引導組織資源與能耐投注在正確的地方，不容有偏離主體的顧慮。良好的目標必須是和組織運作或公司經營有關的議題。

「好的開始，就是成功的一半」。根據良好目標要件所設定的促銷活動讓相關人員知所當為、瞭解要做到什麼境界，不只是為了要呈現良好目標，更重要的是有助於達成促銷目標。

6.5　設定目標的理由與準則

個人沒有目標人生是黑白的，會使生活陷入茫茫然不知所為何事。擁有明確目標的企業，無異是在競爭的汪洋中增添一股強勁的戰鬥力，經營方向、人力及資源的部署一清二楚，贏得競爭乃預料中的事。引申而言，公司需要設定目標有下列強烈的理由（註3）：

1. 設定目標的理由

(1) 目標引導策略

公司在進行策略規劃時，目標具有引導策略的功能，正確的目標是公司所有經營活動的指針。

(2) 引導管理功能

設定目標是管理工作很重要的一環，企業所有功能的運作都以目標為依歸。

(3) 內部協調基礎

企業經營過程中各部門需要有圓融的協調機制，目標不僅是協調的基礎，同時也扮演協調軸心角色。

(4) 控制經營活動

企業在規劃目標時必須同時考量控制機制，以便在運作過程中發現有任何偏差時，及時採取糾正行動。

(5) 評估績效指標

企業經營績效指標及評估方法都以目標為基準，顯見目標與績效息息相關，而且都在規劃目標時同步完成。

實務上常見的目標不是設定得太低，失去激勵作用，就是規劃得太高導致放棄的後果。如前所述，理想的目標要低到付出努力就有可能達成，但是也要高到具有挑戰性。所以各階層經理人在設定目標時，抱持「寧可挑戰艱難目標，切勿低估自己才能」的胸襟至為重要。

2. 設定目標的準則

促銷活動講究務實、重視績效，過與不及均非所宜。各階層經理人在設定目標時，必須牢記下列十大準則（註4）：

(1) 務實而且可行

促銷目標的設定必須以公司實際研究所得到的數據為基礎，不是憑空想像。

(2) 具體且有意義

促銷目標必須具體、有意義、可量化、可溝通和可理解，而且可以加以評估。

(3) 有明確的對象

促銷目標必須有明確的促銷對象，清楚界定針對一般消費者、零售商、批發商或是公司推銷人員。

(4) 有明確的期間

促銷活動提供短期誘因激勵促銷對象採取特定行動，而不是漫無止境的活動，因此所設定的目標必須要有明確的執行期間。

(5) 有一定的預算

公司舉辦促銷活動希望以一定的預算達到刺激銷售效果，也就是要求做到效益大於成本。設定目標時要考慮成本效益。

(6) 書面清楚呈現

為便於理解與溝通，促銷目標必須能夠清楚寫出來，並且以書面呈現以便日後追蹤與比較。

(7) 努力可以達成

促銷目標必須以付出相當的努力且實際可以達成的觀點來設定，這樣的目標才有意義，也才有激勵效果。

(8) 符合競爭需要

促銷站在市場第一線和其他廠商競爭，短期內即可分出勝負。目標旨在引導策略，必須滿足競爭需要。

(9) 強化總體目標

促銷目標屬於行銷目標與推廣目標的一部分，除了達成個別目標之外，必須有助於強化並達成推廣目標及行銷總目標。

(10) 必須定期檢討

促銷投入預算龐大，目標執行過程必須定期或不定期檢討。若發現有偏差現象，更應及時糾正。

促銷經理與行銷長在設定及審視促銷目標時，必須要有「第一次就把事情做得正確無誤」的細膩思維。充分瞭解目標設定原理並嚴守目標設定準則，設定務實、可行、有意義和可評估的良好目標。

6.6 促銷目標的特質

促銷活動的對象雖然不同，促銷方式五花八門，但是目標卻相當一致。無論對象為何、無論使用什麼招式，不外乎聚焦於增加現有產品的銷售量，進而達成行銷總目標、激勵零售商推廣新產品、向某一對象群體介紹新產品、說服顧客試用新產品、關懷社會的經營理念獲得認同，不一而足。

促銷目標的主要功能有二：第一是吸引消費者的注意力、第二是激起立刻採取購買行動。促銷活動的吸引力屬於短期性，必須具有強烈的誘因，包括經濟誘因與心理誘因。從Maslow需要層次觀之，前者屬於生理需求與安全需求，例如降低價格、免費贈品、買一送一和競賽與抽獎等；後者屬於社會、自尊、自我實現的需求，例如朋馳汽車、高檔珠寶、名貴手提包，及其他精品廠商為產品所塑造的頂級、尊榮、地位等形象。促銷要激起消費者立刻採取購買行動，除了要有足夠的誘因之外，還要具有「機會難得，稍縱即逝」的急迫感，塑造不買太可惜的氣氛。例如限時搶購、最後機會、數量有限售完為止、破盤價、合約到期或結束營業大拍賣，不一而足。

促銷活動是執行行銷策略的一種方法，主要目的是希望在活動期間內有效影響消費者行為增加銷售量。要達成增加銷售量的目的，公司所設的促銷目標必須具有下列各項特質：

1. 強烈吸引力

誘導、增進不舉辦促銷活動時所沒有，但所期望的消費行為。

2. 務必要具體

目標必須集中在單一目的上，以免產生力多必分效應。

3. 可評估績效

促銷結果必須可以量化，容易評估、分析及比較。

4. 有特定期間

促銷活動屬於短期激勵活動，必須要有明確的活動期間。

5. 有一定預算

除了編定足夠的預算之外，尚須考慮促銷結果的利潤，促銷活動期間所增加的銷售量必須有利可圖。

6. 集中目標市場

促銷活動必須瞄準公司所規劃的目標市場，激勵現有顧客購買更多產品。同時還要吸引更多新顧客，尤其是吸引競爭者的顧客前來惠顧。

6.7　促銷策略

　　如本書第5章所討論，策略不只是達成目標的手段，同時也界定了公司的競爭定位。從策略規劃的觀點言，目標設定之後必須緊接著發展可行的策略。促銷策略可區分為誘導策略、推進策略以及誘導與推進混合策略（註5）。

1. 誘導策略

　　誘導策略（Pull Strategy）又稱為吸引策略（Suction Strategy），也有人稱為拉式策略，是指生產廠商利用密集廣告方式強烈傳達產品特徵及促銷訊息，刺激消費者的需求、激起購買欲，誘導他們到零售店購買該項產品。零售商感受到該項產品的需求強勁於是向批發商訂貨，批發商發覺該項產品買氣暢旺轉而向生產廠商大量進貨，從而達到促銷目的，如圖6-3(A)所示。誘導策略的促銷重點顯然是利用「拉」的力量，誘導消費者到零售商購買廠商所促銷的產品。誘導策略所促銷的產品通常都屬於大眾化消費品，例如服飾、食品、飲料和啤酒等個人用品，以及清潔劑、調味品和家庭日常生活用品等。

　　圖中的中間商包括公司所規劃的批發商、零售商，有時也擴及非公司規劃的大盤商、中盤商和小盤商。中間商最感興趣者有二：一是高利潤的產品、二是生產廠商正在大量廣告及促銷的新產品或現有產品，他們不太在意賣哪一家公司或哪一個品牌的產品。生產廠商採取誘導式策略刺激消費者的需求與購買欲，中間商蒙受其利無須花費太多時間或努力，就可以順利銷售公司所促銷的產品，所以都歡迎及期盼公司舉辦誘導式促銷活動。

　　從推銷人員的立場而言，廠商大量且密集針對消費者做促銷活動的廣告，這是誘導式策略最大的特徵且廣受推銷人員歡迎。拜生產廠商密集促

銷廣告之賜，銷售人員只需輕鬆的扮演訂單接受者的角色，無須賣力推銷產品何樂而不為。再從生產廠商的角度言，大量且密集做促銷廣告刺激需求，誘導消費者到零售商購買可以減少推銷人員人數，也能降低銷售費用。

2. 推進策略

推進策略（Push Strategy）又稱為高壓策略（Pressure Strategy），也有人稱為推式策略，主要是生產廠商利用促銷手段輔之以人員推銷方式，將產品沿著行銷通路的方向逐層向下游推銷。生產廠商的推銷人員向批發商推銷，批發商的推銷人員向零售商推銷，零售商的推銷人員向消費者推銷。從邏輯觀點言，生產廠商提供促銷誘因給中間商，中間商為獲得促銷誘因的利益通常都會大批量進貨，然後再如法炮製的提供促銷誘因給零售商。零售商大量進貨後亦提供促銷誘因給一般消費者，逐層設法把產品推銷出去，如圖6-3(B)所示。

推進策略的促銷重點，顯然是利用「推」的力量將產品推銷給下游顧客。推進策略所促銷的產品以需要由推銷人員介紹、相對高單價的產品為主，例如電視機、冰箱、冷氣機、微波爐和熱水器等。

推進策略通常需要具備三種條件才能符合成本效益：(1)所促銷的產品屬於相對高單價產品；(2)產品具有差異化特色；(3)廠商提供足夠的促銷誘因。人員推銷是一種高成本的促銷方法，相對高單價的產品才值得輔之以推銷人員執行推銷工作。產品具有差異化特色才容易發展推銷話術，好讓推銷人員得以順利推銷。提供足夠促銷誘因才能有效激勵中間商大量進貨，廣收促銷效益。例如航空公司、大飯店鼓勵旅行社推廣飛機票、住宿房間，一年購買飛機票、住宿房間數量達一定標準時額外給予銷售獎金。家電產品生產廠商針對家電產品經銷商（零售商）的促銷方案，例如一年銷售1,000臺冷氣機除了原有的利潤之外，另提供額外銷售獎金並且招待赴國外旅遊。

推進策略顧名思義是以人員推銷為主，但是廠商仍然輔之以廣告活動。一則強調產品差異化利益，吸引消費者注意力；二則協助推銷人員順利推銷產品，擴大促銷效果。

3. 誘導與推進混合策略

實務運作上很少廠商只選擇一種促銷策略，其實絕大多數廠商都選擇誘導與推進雙管齊下的混合策略（Combination Strategy）。一方面透過廣告活動傳達促銷訊息，吸引消費者到零售商購買促銷產品；一方面利用推銷人員逐層向中間商推銷增強促銷效果，如圖6-3(C)所示。只是兩者的比重隨著廠商及產品特性各不相同罷了。

家電產品、食品、飲料、衛生用品、健康食品、包裝產品、酒類產品以及其他產品生產廠商，為因應激烈的競爭都紛紛採用混合促銷策略。例如清涼飲料生產廠商每年投入巨額的廣告費壯大廣告聲量，除了維護及提高其品牌知名度、激勵消費者指名購買之外，同時也針對中間商提供銷貨附贈、銷售競賽、合作廣告和產品陳列等促銷誘因，鼓勵大批量進貨以及廣為向消費者推銷。

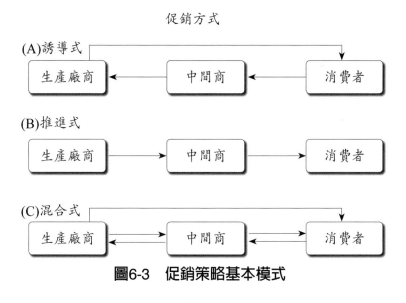

圖6-3　促銷策略基本模式

6.8　促銷策略的前置思考

　　促銷策略從行銷策略展開而來，而行銷策略又是公司總體策略非常重要的一環，這三個層級策略的關係密不可分。若出現脫節現象不只會造成資源浪費無法達成目標，嚴重者更會加速公司走上衰敗之路。

　　公司在發展有效的促銷策略時，行銷長首先必須審慎而務實的回答下列三個基本問題：

1. 公司想要爭取哪些顧客？

　　人心不同、各如其面，所有的顧客都各不相同這是不爭的事實。傳統行銷活動中絕大多數都鎖定經過區隔的少數幾個消費群體，然後分別發展獨特的策略有效爭取他們的青睞。廠商所舉辦的促銷活動主要是用來影響顧客的購買行為，而不是用來影響他們的態度。影響態度屬於廣告活動的功能，因此在辨識促銷活動對象時採用行為區隔變數是比較有效的方法。例如目標消費群是否購買某一品牌產品、某一類別產品，偶爾或總是購買該項產品。

　　猶如射擊活動先弄清楚標靶在哪裡，確認標靶上紅心的位置瞄準後再射擊才有機會射中靶心。公司在發展促銷策略前務必要清楚辨識所要爭取的顧客，才能做到彈無虛發命中目標境界。

2. 顧客採取特定行為的原因？

　　兩個人採取相同的行為，並不表示他們所持的理由完全相同。例如朋友聚會場合某人先行離開，可能是因為不喜歡受到打擾、可能是因為個性內向而感到害羞、可能是受不了吵雜的音樂聲、可能是因為頭痛不舒服、也可能是因為另有約會，不一而足。為了要說服這位朋友留下來共享歡樂，必須先瞭解他為何要離開而不只是觀察他的行為。

促銷活動也應用相同原理，消費者選擇購買或不購買某項產品理由各異其趣。例如購買某一特定品牌產品可能是因為他認為那是市場上最好的產品、可能是因為他發現比競爭產品更便宜、可能只是習慣使然，也可能是好幾種理由交織而成的綜合結果。所以分析消費者的惠顧行為非常重要，因為此一行為可能涉及特定促銷活動的影響力包括是否購買、購買多少。

3. 促銷策略的目的是什麼？

消費者購買產品各有不相同的理由，廠商必須要澈底瞭解並且研擬不同的促銷策略，才能根據這些理由投其所好達到促銷目的。例如有些促銷活動旨在鼓勵消費者試用產品，希望藉助試用而轉換為購買者；有些促銷活動可能用來緩和或領先競爭者的活動，以便有效留住忠誠顧客防止他們轉而購買其他廠商產品；有些促銷活動只是用來創造短期銷售效果，達成當期獲利目標。由此可知，公司舉辦促銷活動各有不同理由與目的，這就更突顯針對不同目標顧客研擬不同促銷策略的重要性。

6.9　促銷策略決策

促銷策略基本模式如圖6-3所示，無論廠商採用哪一種促銷策略在進行規劃之前，必須先釐清下列幾項決策（註6）：

1. 決定促銷方法

促銷對象不同所採用的促銷方法也各異其趣，選擇合適的促銷方法很重要。本書第10章、第11章、第12章將分別討論針對消費者、中間商和公司推銷員的促銷方法。

2. 確定誘因大小

促銷誘因太小缺乏吸引力可能失去競爭力，誘因太大造成促銷成本過高，每年持續加碼可能讓公司得不償失。

3. 決定參與條件

亦即決定選用封閉式促銷或開放式促銷，前者是指消費者必須採取某些動作才能獲得公司所提供的促銷利益。例如消費者購買公司產品後，寄回包裝盒上某一標記才取得參加抽獎資格；後者是指消費者無須採取特定行為，即可獲得公司所提供的促銷利益。例如洗髮精、面膜業者在街頭免費贈送試用品；食品、飲料廠商提供免費試吃、試飲。

4. 決定促銷期間

促銷活動必須有一明確的活動期間，一方面讓目標對象群體瞭解激起儘早購買欲望，例如讓消費者知道促銷活動開始及結束時間，把握購買時效；一方面讓配合執行機構知所配合，例如讓廣告公司、公關公司、經銷商和零售商瞭解配合時間與行動。

5. 編列促銷預算

促銷活動講究促銷效益，加上公司資源有限必須將有限資源發揮最大效益，所以必須編列促銷預算。至於促銷預算的編列有多種方法，將於本書第8章討論。

6. 決定傳播方法

促銷訊息必須廣為傳播，尤其是針對消費者的促銷活動輔之以密集廣告廣為宣傳，可以強化促銷聲勢。促銷訊息需要透過廣告媒體傳播，媒體及傳播策略必須一併納入考量。

6.10 促銷策略範例

　　促銷策略定案之後接下來就是要研擬促銷計畫、編列促銷預算，然後付諸實施。促銷計畫與預算將在本書第8章繼續討論。本節提供兩則促銷目標與策略範例供參考，如表6-1及表6-2所示。

表6-1　促銷目標與策略範例一

促銷主題
　　來一罐新上市的頂級藍山咖啡。
銷售目標
　　2015年5月到6月，達成銷售目標300,000箱。
促銷目標
　　1.完成在7-11、全家、萊爾富、OK四大超商上架。
　　2.爭取在15家量販店銷售機會。
促銷策略
　　1.贈送樣品給前來量販店購買清涼飲料的顧客。
　　2.贈送樣品時將產品DM及優惠券，一起提供給顧客鼓勵購買。
舉辦理由
　　1.促銷活動可以迅速接觸到目標顧客，贈送樣品給前來購買飲料的顧客，可達到廣告與促成銷售的雙重效果。
　　2.頂級藍山咖啡是一個良好的賣點，舉辦促銷可以達到推廣效果。
　　3.頂級罐裝咖啡除了進銷主要零售據點之外，還需要輔之以人員推銷。
　　4.贈送樣品時趁機介紹產品特色，可有效吸引顧客興趣。
　　5.將新產品和公司現有產品陳列在一起，可以發揮交叉銷售效果。
　　6.廣告活動配合支援，有助於拉抬促銷聲勢強化品牌形象。
　　7.5～6月期間梅雨季結束，進入飲料銷售旺季可迅速帶動銷售。
　　8.分送附有優惠券的產品DM給顧客，具有廣告與促銷雙重效果。
配合作業
　　1.製作精緻陳列架在15家量販店展示及陳列產品，吸引顧客注意力。

（續前表）

> 2.服務人員一邊贈送樣品、一邊遞給印有優惠券的DM，進行推銷。
>
> 3.掌握母親節及端午節銷售良機充分供應，鼓勵服務人員努力推銷。
>
> 4.利用電視、廣播、報紙、雜誌等媒體，傳達新產品上市消息。
>
> 5.提供新產品上市POP，供便利商店張貼。
>
> 6.訓練及督導服務人員，確實執行贈送樣品及推銷工作。

表6-2　促銷目標與策略範例二

活動主題

　　「喝好快活有錢途」大抽獎。

活動目標

　　1.藉由促銷活動紓解經銷商庫存，達成銷售目標。

　　2.提高新產品夢幻茶的知名度。

　　3.增加與消費者互動，強化品牌形象。

活動構想

　　1.消費者對夢幻茶及新代言人比較陌生，急需增加曝光率及提高知名度。

　　2.以短秒數CF增加播出頻率，邀請具有潛力的藝人擔任代言人。

　　3.為提高消費者購買意願與方便，舉辦全產品剪截角抽獎促銷活動。

促銷策略

　　1.重點：紓解經銷商庫存壓力，積極推廣新產品夢幻茶。

　　2.方法

　　　・激勵消費者購買及參與促銷活動。

　　　・積極推廣強化經銷商信心，達成銷售目標。

　　　・播出產品CF，促銷活動CF，轉播抽獎實況CF。

活動內容

　　1.活動期間：11月1日至隔年2月28日。

　　2.參加要件：消費者購買夢幻茶及本公司茶飲料全產品，將二個截角或一個瓶蓋寄到臺北郵政××××號信箱本公司抽獎服務處收，即可參加「喝好快活有錢途」抽獎活動，來函以郵戳為憑。

　　3.活動期間，每天在電視節目中插播促銷活動辦法廣告。

4.抽獎日期：12/15、1/15、2/15、3/15。

5.實況轉播：由TVBS實況轉播抽獎活動。

6.律師見證：每月抽獎均邀請律師見證。

7.中獎公告：抽獎當天在公司網頁及《蘋果日報》、《自由時報》公布中獎名單，並專函通知中獎人。

獎項及預算

獎項	單價	12/15	1/15	2/15	3/15	數量	總價
一兩黃金	45,000	1	1	1	1	4	180,000
iPhone 6	25,000	5	5	5	5	20	500,000
一錢黃金	4,500	20	20	20	20	80	360,000
小摺腳踏車	3,500	50	50	50	50	200	700,000
魚油六罐	1,000	100	100	100	100	400	400,000
合計							2,140,000

媒體廣告

1.電視廣告及抽獎實況插播

   ・與TVBS合作，有機會將活動訊息置入新聞節目。

   ・TVBS與公司有合作經驗，抽獎活動執行效果佳。

   ・廣告內容包含拍攝夢幻茶（10秒）廣告及活動辦法CF（30秒），與播出抽獎錄影（60秒）。

2.報紙廣告：在《蘋果日報》及《自由時報》刊登半十及小版面廣告。

3.網路廣告及電子報、PTT、FB或LINE社群廣告，PTT由公司自行操作。

4.店頭POP：海報及插卡告知。

活動預算

項目	預算（元）
抽獎獎品	2,140,000
電視媒體專案	5,250,000
報紙廣告	450,000
網路廣告	600,000
店頭POP	50,000
中獎通知郵費	5,000
合計	8,495,000

（續前表）

領獎注意事項

　　1.12/15、1/15、2/15、3/15在TVBS電視臺播出抽獎實況。

　　2.中獎名單於抽獎當天在本公司網站上公布，並以專函通知中獎人。

　　3.請領獎人詳細填寫個人基本資料，如因填寫不全或通知後於領獎期限內未領者視同放棄，由本公司另行處理。

　　4.獎項以實物為準，恕不接受更換或折換現金。

　　5.獎項金額超過13,333元以上，依法代扣15%稅額。

　　6.獲得前二獎者需配合提供肖像，並授權提供在媒體中刊登。

　　7.本活動如有未盡之處，本公司保留更改活動細節權利。

　　8.本公司及其代理商員工不得參加本項活動。

 **本章摘要**

　　個人和組織都需要有目標，才不會迷失方向。目標是個人或企業所要達成狀態的描述，目標設定有一定邏輯與原理，遵循這些邏輯與原理所設定的目標才是企業所要追求的理性目標。理性而合理的目標，在指引企業經營方向上占有舉足輕重地位。

　　本章從策略管理與目標管理觀點討論企業設定目標的相關課題，舉凡目標的意義與作用、公司需要設定目標理由、目標設定與目標層次、良好目標特質與要件，以及這些議題和促銷活動的關連性都有涉獵。

　　策略是達成目標的手段，促銷目標需要輔之以可行的策略才能實現。本章討論常見的三種促銷策略，包括誘導策略、推進策略、混合策略，以及公司研擬促銷策略時的前置思考重點、促銷策略決策，並提供兩則促銷目標與策略範例做參考。

參考文獻

1. Griffin, Ricky W., *Fundamentals of Management*, 4th Edition, p.78, 2006, Houghton Mifflin Company, Boston, New York.

2. 同註1，頁77。

3. 林隆儀、許錫麟合譯，Richard E. Stanley原著，促銷戰略與管理，第五版，頁163，1989，清華管理科學圖書中心。

4. 同註3，頁182-184。

5. 同註3，頁174-176。

6. 林隆儀譯，Roman G. Hiebing, Jr. and Scott W. Cooper著，行銷企劃書——贏得經營競爭的秘密武器，頁272-276，2003，遠流出版事業股份有限公司。

個案討論
全國電子公司
「預見未來、新生活、親子出遊趣」促銷活動

近年來隨著國民所得水準不斷提高，資訊數位科技的快速發展，在我們日常生活中所接觸的科技產品已不再只侷限於一般家電，而是擴及LCD電視、電玩、電腦、PDA手機和數位相機等數位產品，甚至數位電視、數位冰箱等數位化後的智慧家電。尤其是在國人生活水準及所得快速提升之後，個人、家庭、公司對電腦（Computer）、通訊（Communication）及消費性電子產品（Consumer Electronics）的需求愈來愈高，這類商品統稱為3C產品。3C產品的設計、開發、製造及其通路，是近幾年各大3C通路商、廠家與企業必爭之商機。近年來多家3C連鎖店以持續展店方式維持市場占有率，其中以燦坤、全國、順發以及大同3C等3C連鎖店最為突出，未來誰能夠在持續展店中繼續獲利將會是最後贏家。

目前臺灣3C連鎖店前三大（燦坤、全國電子、大同3C）除了大同3C有加盟店之外，燦坤、全國皆為直營店。不過在整體市場逐漸進入成熟期之際，雖然還有展店空間但速度已漸趨緩和。又因商店的普及與同質性高業者彼此的競爭更加激烈，市場已出現「強者恆強，弱者亦弱」的寡占競爭態勢。3C連鎖通路市場競爭非常激烈，

競爭力道的大小主要取決於店數規模以及店面坪數大小（依商圈而定），以致3C連鎖業者近年紛紛致力於擴展店數以搶攻市場占有率，進而提升總體營業額與獲利率。

根據資策會MICTIS計畫顯示，近年來臺灣零售通路商經營型態已逐漸由傳統直營商、代理商轉變為連鎖通路型態。隨著國內連鎖通路業的興起，消費者在採購資訊產品、通訊產品及消費性電子商品時除了考量產品品牌之外，同時也逐漸增加對通路商品牌的重視。消費者日常生活中所需要的各種商品，包括3C產品都可以在某種商店購得即使這種商店的型式不一，有3C連鎖量販賣場及大規模的百貨公司、超級市場、批發倉庫、大賣場、購物中心以及便利商店，也有無店鋪的廣告販賣透過這些商店，讓生產廠商製造出來的產品得以配銷到消費者或使用者手中。在眾多3C家電商店種類中，3C連鎖店由於採用連鎖型式經營因此據點多，所銷售的產品以家庭電器、電腦為主，服務種類廣泛加上專業電器技術人員服務，已成為多數人生活的一部分及主要購物場所，全國電子算是國內3C連鎖店的領導廠商。

全國電子股份有限公司的前身為「全國電子專賣店」。販賣的商品主要涵蓋電腦與通訊產品以及家電相關產品。1975年全國電子創辦人林琦敏在臺北圓環成立第一家店面，取名為「全國電子計算機總匯」。1985年，全國電子計算機總匯更名為「全國電子專賣店股份有限公司」，成為王功堂集團旗下一家公司。2000年7月分，全國電子專賣店更名為「全國電子股份有限公司」。2005年底全國電子股票上市，並將店面擴充至全臺各地。全國電子以信用良好、優良品質獲得消費者認同，使全國電子也成為臺灣數一數二的電子產品販售公司，與燦坤3C共稱「龍頭」。2014年的營業額超過新臺幣

159億元。

　　2000年宏碁與全國電子策略聯盟，當年7月由總經理蔡振豪領軍，以「創造新價值、改善原效率、深植厚基礎、啟動正循環」進行全國電子的再造及變革，使得全國電子股價不斷升高。2014年每股稅後盈餘達4.30元。目前全國電子在臺灣共有331家門市，所販賣的商品大多屬於民生家電類。消費者不需繳交任何費用，即可成為會員及享受優惠。全國電子也請來知名導演吳念真操刀拍攝膾炙人口的廣告影片，打造「全國電子足感心ㄟ」的形象。以溫馨廣告來博取民眾認同，並且時常推出打折優惠讓民眾對全國電子頗有好感。2007年、2008年全國電子廣告語「足感心ㄟ」，連續兩年獲得動腦廣告人俱樂部所舉辦的「廣告流行語金句獎」年度十大廣告金句。全國電子公司經常針對弱勢族群提供優惠或是零利率分期活動，讓弱勢族群多一種選擇購物的機會，從而贏得好口碑。

　　全國電子在2015年3月6日至3月26日舉辦了「預見未來、新生活、親子出遊趣」促銷活動，以家庭消費群為促銷對象、以招待親子出國旅遊為號召，再次顯現溫馨、關懷的一面贏得家庭主婦好感。消費者只要在活動期間內購買電視、冰箱、洗衣機或冷氣產品，登錄發票即可參加抽獎。獎品有長榮航空公司東京來回機票組，加碼再抽捷安特腳踏車親子組，非常具有吸引力。

參考資料：

1. 葉隆治（2008），影響3C連鎖市場營業額之預測分析——以燦坤雲嘉南區業者為例，國立成功大學經營管理碩士論文。

2. 維基百科（2015），全國電子，http://zh.wikipedia.org/zh-tw/%E5%85%A8%E5%9C%8B%E9%9B%BB%E5%AD%90

3. 全國電子官網（2015），首頁，http://www.elifemall.com.tw

思考問題

1. 個案中的全國電子公司「親子出遊趣」促銷活動，採用誘導及推進的混合策略，請將促銷辦法中所執行的誘導及推進策略分別列出，並說明較偏重哪一項策略？

2. 就全國電子公司的促銷方案而言，你認為促銷目標訂定以何者較佳？(1)發票登錄張數、(2)營業額、(3)或另有更佳的目標標的選擇？

3. 全國電子公司以「足感心ㄟ」的溫馨企業形象，結合密集的各式折扣或優惠付款條件促銷策略廣泛獲得消費者認同。未來若減少促銷頻率或折扣幅度，你認為是否會影響企業形象？

第7章

行銷3P's對促銷活動的影響

暖身個案

長榮航空公司

會員限定，輕鬆兌換酬賓機票旅行趣！

　　航空運輸產業是以飛機為載具，從事人或是貨物的運輸服務。由於飛機相較其他運輸載具最大優勢在於速度非常快，而且不受地表高山、海洋等環境限制，因此在客運方面已是絕大多數長程及越洋需求上首要的交通方式。而在貨運方面主要是被需要快速運送（如生鮮），以及高價值、講求時效性的貨物（如最新3C電子通訊產品）所採用。不過由於飛機承載量有限，無論購置、維護、營運成本（主要是燃油）金額都相當龐大，所以單位成本也最高。因此航空運輸業對於景氣榮枯的反應，往往較其他運輸產業更為劇烈。特別是景氣不好時，航空客運、貨運支出往往是最先被個人及企業削減的項目。再加上航空燃油占成本比重極高、價格波動又大，所以航空運輸業營運業績高低起伏也相當大。

　　臺灣是一個面積不大的海島國家，且高鐵通車之後南北陸上交通時間大幅縮短，因此境內航空運輸除了少數離島航線之外需求有限，所以航空業主要從事國際航線運輸。目前國內從事國際航線的航空公司有中華航空、長榮航空、華信航空、立榮航空等4家，其中華信和立榮又分別是華航、長榮航的子公司。華航公司和長榮航空公司分別是國內第一和第二大

航空公司，規模遠超過其他公司。除了航線遍及全球主要城市之外，也都擁有龐大貨機機隊，客、貨運占營收比重大致約為六四比。

為了將長榮海運享譽世界的國際海運服務經驗延伸至天空，長榮集團創辦人張榮發先生於1989年成立了長榮航空公司，並於同年10月6日向美國波音公司及麥道道格拉斯簽訂購買26架飛機合約，總金額達36億美元引起世界航空市場矚目。1991年7月1日長榮航空正式起飛，營運至今機隊規模已達70餘架，飛航航點已遍及亞、澳、歐、美四大洲六十多個城市。藉由與世界各主要航空公司策略聯營合作，形成全球完整的客、貨運飛航網路。並與立榮航空合作，攜手飛航中國大陸各主要城市。2013年6月18日長榮航空正式加入全球最大航空聯盟：星空聯盟（Star Alliance），透過星空聯盟會員公司綿密的全球服務網，提供旅客遍及全球192國將近1,330個航點，以及每天超過18,500個航班的便捷服務。

2015年長榮航空與波音公司正式簽約引進24架787夢幻客機，預計於2018年起陸續交機。無論在艙等規劃、內裝設備及整體服務品質都將再次升級，以提高國際競爭力。

「安全」是長榮航空對旅客的承諾，也是全體員工努力的首要目標與責任。長榮航空自開航以來即全面推廣航空安全教育訓練，將安全理念深植所有員工心中。同時也建置完善的「安全管理系統」，運用系統管理的方法掌握各個作業層面潛存風險，並採取適當防範措施確保航機的飛航安全。長榮航空於飛安上的投注與努力，安全績效屢獲海內外業界肯定，連續多年榮獲德國權威航空安全資料中心（Jet Airliner Crash Data Evaluation Centre）評選為「全球十大安全航空公司」。自2015年起更獲得第3名的佳績。2016年6月獲SKYTRAX認證為五星級航空公司，7月又獲得該國知名雜誌 *Travel + Leisure* 評選為全球最佳國際線航空公司第8名。此外，全球頗具指標性的航空公司評鑑網站Airline Ratings.com公布年度20家世界最安全航空公司，長榮航空亦獲得7顆星滿分的殊榮。長榮航空對飛安的堅持始終如一，將持續以更高的標準來自我要求，提供旅客安心舒適的飛

航服務。

　　坐著纜車至太平山山頂欣賞絕美的香港夜景；到澳門漫步於世遺巷弄並試試手氣；置身在有著「南方皇后市」美譽的宿霧古城、現代及大自然的結合；品嘗令人垂涎三尺的胡志明道地美食；乘坐小船穿梭在水道間體驗曼谷的水上市場；或是在馬尼拉感受西班牙風情的天主教教堂。這些景點只需要20,000哩便觸手可及，「無限萬哩遊」會員預訂長榮航空／立榮航空指定搭乘日期及航線之酬賓機票現省15,000哩。凡於2016年4月1日至2016年12月31日開立機票，且去程日期及航線符合活動相關規定，僅需20,000哩即可兌換一張來回酬賓機票。立刻至長榮航空網站或洽詢長榮航空各地訂位中心預訂您的美好旅程。

　　長榮航空公司於2016年11月2日新開闢臺北直飛美國芝加哥航線，每週有四個航班。以波音777-300ER機型執行飛航工作，飛航時間去程14小時、回程15.5小時可以省下轉機時間10小時，大幅提高旅客往返臺北與芝加哥之間的便利性。長榮航空為慶祝新航線開航推出開航特惠價，官網購買來回機票最低21,000元起（含稅），團體旅遊有8日遊、9日遊等行程，最低售價39,900元起。

1. 開票／搭乘日期及航線：

   開票日期：2016/04/01~2016/12/31

   搭乘去程日期：2016/04/01~2016/05/31

   　　　　　　　2016/09/01~2016/11/30

   　　　　　　　2017/03/01~2017/05/31

   促銷航線：

   ・臺灣―港澳航線

   ・以下航線限單點來回，交叉（開口）行程不適用：

   　臺北―宿霧

   　臺北―胡志明：去程限BR381/B7029，回程不限

   　胡志明―臺北：去程限BR382/B7030，回程不限

   　臺北―曼谷：去程限BR205，回程不限

   　曼谷―臺北：去程限BR206，回程不限

   　臺北―馬尼拉：去程限BR261，回程不限

   　馬尼拉―臺北：去程限BR262，回程不限

   ・胡志明BR381/BR382/B7029/B7030航班及馬尼拉BR261/BR262航班自
   2016年7月6日開始營運；曼谷BR205/BR206航班自2016年8月5日開
   始營運，但即日起即可訂位。

   ・上述適用長榮／立榮實際承運的航班（不含包機）

2. 里程抵扣標準（來回，單程則為來回之一半，促銷期間外則恢復現行
   抵扣標準）：

酬賓機票艙等	艙等代碼	現行抵扣標準（來回）	促銷抵扣標準（來回）
經濟艙	X	35,000	20,000

參考資料：

1. Money DJ 財經知識庫（2010），我國航空業現況與展望，http://www.moneydj.com/KMDJ/Report/ReportViewer.aspx?a=021117db-c46b-43e4-ae2a-81e59d78bd44#ixzz4LpINCzNx

2. 長榮航空官網（2016），首頁-關於長榮航空，http://www.evaair.com/zh-tw/about-us/about-evaair/

3. 長榮航空官網（2016），首頁-超值優惠，http://www.evaair.com/zh-tw/lmd-promotion/201604-redeem-now-and-explore-the-world.html

4. 中國時報，105年11月3日A5生活綜合版。

行銷策略、推廣策略和促銷策略形成行銷鐵三角，三者的關係已如前述，基本目的都是為了爭取消費者青睞、提高公司行銷績效。這三種策略各有其不同組合，以致所衍生的內容相當多元且非常豐富。最重要的是必須予以整合指向同一目標，期能相輔相成、發揮互補作用，否則很容易陷入「各有一把號，各吹各的調」的窘境。

促銷活動受到許多因素影響，外部因素非公司所能掌握、內部因素則是公司可以掌控者。行銷4P's屬於內部因素會互相影響，自不待言。質言之，影響促銷組合的內部因素不外乎公司的產品組合、價格組合和通路組合。行銷長在規劃促銷活動前必須先瞭解行銷4P's中前3P's對促銷的影響，有效掌控才能把負面影響降到最低限度，把正面影響發揮到最高境界。

本章聚焦於行銷組合4P's中前3P's對促銷的影響，分別探討產品組合、價格組合和通路組合對促銷活動的影響。

7.2　推廣組合

推廣組合（Promotion Mix）是指不同推廣工具的組合，包括廣告、公開報導、人員推銷和促銷。組合的內容比重並沒有一定規範，端視公司產品的特性與需要而定。四種組合各有其細分的組合，包括廣告組合、公開報導組合、人員推銷組合和促銷組合。

推廣組合設計是用來推廣公司的產品與服務，旨在將其優點告知及說

服消費者。因此當強調任何一項促銷工具的相對重要性時，爲了突顯該項工具的相對重要性，往往將其他工具列爲次要地位。例如工業用品市場中各種機械設備產品的推廣組合都將重心放在人員推銷，而將廣告、公開報導和促銷列爲次要地位。相反的，日常生活必需品如食品、飲料、牙膏、清潔劑和服飾產品，廠商爲達到廣爲宣傳的目的常將廣告擺在第一順位，而將促銷、公開報導及人員推銷擺在支援地位，例如伯朗咖啡、保力達以及三洋維士比等產品就是特別重視廣告活動的例子。

推廣工具帶有互換性（Interchangeable），並非每一種推廣組合都用得到所有的促銷工具。有些公司特別偏愛廣告活動，而不喜歡舉辦促銷活動；有些產品適合利用公關活動來推廣，而不適合透過人員推銷來銷售。一種推廣工具不可能在任何情況之下都優於其他工具，也很少廠商只採用一種推廣工具而是多種工具搭配使用，只是比重各不相同罷了，這就是組合的眞諦之所在。

推廣組合決策除了考量公司內部因素之外尚須考慮外部競爭因素，尤其是顧客期望特別需要納入考量，才能做到「投其所好，彈無虛發」境界。一般而言，透過大眾傳播廣告與公開報導雖然可以達到廣爲宣傳目的，但是卻無法促成消費者採取購買行動。在促成採取購買行動方面，採取人員推銷與促銷活動往往更顯得強勁而有力（註1）。

推廣工具具有互補性（Complement），例如促銷因爲有廣告活動的支援與加持更容易提高效果；人員推銷因爲有廣告與促銷活動的配合，大幅提高促成交易的機會，也因而降低推銷成本。爲了要以最低成本獲得最大促銷效果，廠商決定推廣組合時首先要決定配合特定促銷目標的正確推廣組合。不同產品與服務各有不同的推廣組合，不同公司對推廣組合的喜好也各異其趣。其次是分配推廣費用預算，公司認爲最重要的推廣工具編列較多預算，其他支援性工具編列較少預算。第三是要考慮各推廣工具的相互影響，審視評估各項推廣工具的影響效果，期能發揮相乘效果。第四考慮其他因素的影響，其他因素對推廣工具的影響亦需一一納入考量（註2）。

7.3 產品組合對促銷的影響

廠商很少只有產銷一種產品，隨著廠商規模擴大產品種類及品項增加，因而形成產品組合（Product Mix）或產品搭配（Product Assortment）。產品組合是指某一特定廠商所能提供給顧客所有產品、品類和品項的集合，行銷上常用產品線長度、廣度和深度來描述（註3）。產品線長度（Length）是指公司產品組合中產品品項的總數，例如黑松公司所生產的清涼飲料，有不同品牌、不同口味、不同包裝和不同容量，品項總數超過一百項。產品線廣度（Width）是指公司擁有多少條不同的產品線，黑松公司所提供的產品線包括碳酸飲料類、果汁飲料類、咖啡飲料類、茶飲料類、水飲料類、運動補給飲料類、乳酸氣泡飲料類、酒類產品以及生技產品。產品線深度（Depth）是指公司產品線中每項產品提供多少的變化產品，黑松公司的碳酸飲料類包括汽水、香檳汽水、沙士、加鹽沙士、檸檬汽水、原味乳酸飲料和柳橙乳酸飲料。

從行銷通路觀點而言，產品或服務的目標銷售對象包括批發商、零售商、消費者和企業用戶（亦稱組織用戶或機構用戶）。批發商與零售商購買產品雖然同樣是以轉售為目的，只是批發商購買數量比零售商購買量更龐大，因此交易條件也更優惠。消費者購買以個人消費或家庭使用為主，所購買的產品通常被歸類為消費品；企業用戶購買專供企業使用的機器、設備、用品和原材料，通常被歸類為工業品。然而，同一項產品被消費者或企業購買常被歸類為不同類別的產品，例如消費者購買芭樂、柳橙、番茄和百香果等農產品當作水果食用，飲料廠商大量購買這些農產品當作飲料的原料使用。

不同產品類別使用場合各不相同，適合使用的促銷工具與促銷方式也各異其趣。例如一般消費品以廣告與促銷最有效，工業用品則以人員推銷及公開報導為主。

1. 消費品的促銷

消費品可以根據消費者的購買習慣與行為，區分為便利品（Convenience Goods）、選購品（Shopping Goods）、特殊品（Specialty Goods）和忽略品（Unsought Goods）。廠商在思考這些產品的銷售及促銷方式時，都以消費者所認同及熟悉的購買習慣為依據，以便獲得「投其所好，借力使力」效果。

(1) 便利品

便利品是指消費者經常購買的日常生活用品。這類產品單價通常都不高且購買數量有限，因此購買時常以便利為最主要考量，消費者不希望花費太多時間與精力在尋找產品與比較價格上。便利品又可細分為日常用品（Staples）、衝動品（Impulse Goods）和緊急品（Emergency Goods）。

日常用品顧名思義是消費者日常生活必需品，例如牙膏、牙刷、香皂與衛生紙等。這類產品的促銷以直接針對消費者的優惠方式最有效，輔之以大眾媒體廣告更容易發揮促銷效果。

衝動品是消費者沒有列入計畫購買的產品，而是受到外界刺激臨時起義才決定購買的產品，例如零嘴、電池、口香糖、週刊或雜誌等，這類產品的促銷以POP、店頭陳列最常被採用。

緊急品是消費者在緊急需求下所購買的產品，例如出門沒帶雨具的人遇到下雨時緊急購買雨傘、雨衣。又如醫院附近的醫療用品店、禮品店和鮮花店都提供消費者緊急需求的產品，這類產品的促銷主要以價格優惠為主。

(2) 選購品

選購品是指消費者在選購時需要花些時間用心比較，然後才購買的產品。顧名思義是指消費者經過比較、挑選後才購買的產品。這類產品單價通常都比較高，購買次數不是那麼頻繁。選購品又可區分為時髦產品與服務產品，前者亦稱不同類質地選購品屬於非標準化產品，所以消費者願意

用心去比較其品質然後依個人需求購買的時髦產品；後者是需要廠商提供服務的產品，例如汽車、電腦、手機、家用器具、電視機、冷氣機、冰箱和音響等。所謂比較不只是比較價格，品質、功能、式樣、尺寸和顏色等都是比較項目，這類產品促銷以價格優惠為主，輔之以品牌廣告及人員推銷與售後服務最受青睞。

(3) 特殊品

特殊品是指產品具有某些獨特特色或品牌知名度高的產品，消費者願意花更多時間去搜尋、比較與分析，然後才決定購買產品。因為對某一品牌情有獨鍾消費者不希望購買其他品牌產品，例如TIFFANY珠寶、LV與PRADA包包、GUCCI與BURBERRY等名牌服飾。這類產品的促銷以品牌廣告為主，人員推銷與服務亦占有舉足輕重地位。

(4) 忽略品

忽略品是指消費者目前不知道或即使知道也因為目前派不上用場而刻意忽略的產品，甚至是忌諱提及的產品，例如保險產品、生前契約、禮儀用品。這類產品的促銷主要透過大眾媒體的廣告宣傳，以及針對中間商的促銷鼓勵他們向有需要的潛在消費者推銷。

此外，市面上出現的時新產品與服務也是備受矚目的產品類別，這類產品可能是完全嶄新的產品，也可能是部分具有突破性改良產品。絕大部分消費者不是尚不知道有這類產品存在，就是不瞭解這類產品能夠滿足他們需要。這類產品的促銷通常都透過人員推銷以及以分送DM方式，鎖定最有可能購買的潛在顧客展開個別推銷。

2. 工業用品的促銷

企業購買者所購買的產品項目與金額，遠比一般消費者及家庭用戶購買的數量多且複雜。工業用品市場與消費品市場的特性也大不相同。工業用品市場具有許多特徵，例如購買者相對較少、大型的購買者、緊密的供

應商與顧客關係、專業化採購、集體採購決策、多次推銷拜訪、衍生性需求、無彈性需求、變動的需求、購買者地域集中、直接採購（註4）。

工業用品可以根據用途區分為機器設備、附屬設備、零組件、原料及加工材料、物料等。

(1) 機器設備

機器設備又稱主要設備。廠商用來執行基本生產作業的設備，通常都是採用接單訂製的方式，也有產製標準規格的產品。銷售方式有廠商直接銷售者，也有透過代理商銷售者。尤其是銷往國外都採用代理制度，產品功能及售前與售後服務成為銷售重點。促銷方式則以專業或技術人員推銷為主，輔之以提供產品目錄、產品手冊和推銷資料夾等。促銷場合除了直接與準顧客接觸提供產品目錄、產品手冊給潛在顧客之外，也常參加國內外商業展覽、設備展覽，展出最新產品吸引企業用戶青睞。

(2) 附屬設備

附屬設備又稱為次要設備或周邊設備。主要用來強化主要設備的功能提高作業效率，設備本身的專業性與售價都相對比較低。有提供標準規格產品者，也有按顧客需求接單後生產者。銷售方式有廠商直接銷售者、有透過代理商銷售者，也有由工業用品批發商銷售者。至於促銷方式與促銷場合則和主要設備相同，有些附屬設備必須和主要設備同時促銷，例如電腦軟體與周邊設備，一方面組合成完整的設備、一方面滿足顧客一次購足需求。

(3) 零組件

零組件顧名思義是機器設備或附屬設備的部分零件或其組件，為主產品的一部分。這些產品雖然只是附在主產品上的一小部分，但是卻扮演小兵立大功的重要角色。例如汽車用的馬達、電池、發電機和音響等相對於汽車而言，屬於汽車的零組件；其他設備如齒輪、軸承、皮帶、開關和煞車來令片等，更顯然是屬於汽車的零組件。零組件又可分為原始設備與汰換品，銷售方式有直接和主產品同時銷售者、由主要設備廠商直接銷售

者，也有當作補充備品單獨銷售者，通常都透過批發商或零售商銷售。原始設備的促銷方式以人員推銷為主，汰換品的促銷通常採用補助中間商、舉辦銷售競賽和POP等方式。

(4) 原料及加工材料

原料是廠商用來製造產品的基本元素，融入製成品後已經看不到該元素的原來面貌。例如廠商將芭樂、柳橙或番茄等農產品，製成芭樂汁、柳橙汁、番茄汁。加工材料是廠商將材料加工融入產品後，仍然可以辨識材料的部分面貌。例如鋼材、木料、塑料或布料經過加工製成各式各樣的家具。原料及加工材料通常都大量供應或大量製造成某種程度的規格品，以透過批發商或零售商銷售為主。促銷方式則以人員推銷以及各種價格優惠方式最常見。

(5) 物料

物料是廠商日常生產作業上所需的消耗用品但不融入製成品中，包括各式各樣的消耗品，例如鍋爐用燃料油、機器及輸送帶用的潤滑油或環境清潔用品，以及保養維修用品包括油漆、五金、燈泡和凡而等。物料範圍及項目都非常廣泛，通常都透過專業批發商或零售商銷售，因此促銷方式也以補助中間商、舉辦銷售競賽為主。

3. 產品生命週期的促銷

產品生命週期（Product Life Cycle, PLC）可以根據產品銷售狀況，區分為導入期、成長期、成熟期與衰退期，已在本書第5章介紹。這四個階段的銷售特徵都各不相同，促銷策略也各異其趣。PLC各階段的特徵及行銷策略如表7-1所示（註5）。

表7-1　產品生命週期各階段的特徵與行銷策略

特徵＼週期	導入期	成長期	成熟期	衰退期
銷售量	低	快速上升	最高峰	逐漸衰退
成本／每位消費者	高	平均	低	低
利潤	負	上升	高	逐漸衰退
顧客	創新者	早期採用者	中期大眾	落後者
競爭者	稀少	家數增加	穩定的家數開始減少	家數減少
行銷目標	創造產品知名度，吸引消費者試用。	滲透目標市場，使市占率達最大。	不斷提高品質，使達利潤最大化，保持市場占有率。	將支出降到最低，獲取利潤。
策略	—	—	—	—
產品	對市場加以分割，在目標市場內提供基本產品。	提供延伸產品、服務、保固，深入瞭解顧客需求。	提供多樣產品與服務。	淘汰脆弱的產品。
價格	成本加成定價	滲透市場定價	貼近或優於競爭對手的價格	降低價格
通路	選擇性配銷	密集配銷	更密集配銷	選擇性配銷：逐步淘汰沒有利潤的零售點
推廣	建立產品知名度，鼓勵早期採用者及中間商試用。	在大眾化市場建立產品知名度與興趣。	強化品牌差異性與利益，鼓勵品牌游離者惠顧。	維持目標顧客忠誠度，將支出減少到最低。

資料來源：Philip Kotler, *Marketing Management*, p. 339.

(1) 導入期

產品剛上市進入市場。銷售剛剛起步屬緩慢成長階段，廠商需要投入大量行銷預算，因此尚未有利潤出現。處於導入期的產品，廠商一方面透過廣告活動及公開報導廣為宣傳建立知名度，激起消費者基本需求；一方面利用人員推銷與中間商聯繫，鼓勵他們進銷及儲存產品。促銷活動有針對中間商補助優惠、贈送樣品，以及針對消費者優惠活動，例如上市期間特價優惠、體驗價優惠、銷貨附贈和免費試用等。

(2) 成長期

產品逐漸被市場接受。銷售快速成長且開始出現利潤，競爭產品陸續進入市場競相爭取市占率且市場交易活絡，此時是建立品牌知名度的好時機，強調差異化成為行銷重心。處於成長期的產品，廠商通常都會推出大量廣告乘勝追擊；透過公關活動塑造產品良好形象；發動人員推銷攻勢密集訪問現有顧客及準顧客，積極開發新市場爭取更高的市場占有率。促銷方面採取雙管齊下策略，一方面鼓勵中間商大量進貨，例如銷貨附贈、銷售競賽、銷售獎金和各種補助優惠，以便有效占領零售店的貨架空間；一方面激勵消費者多量使用占有顧客的存貨量，例如集合包裝、搭配銷售、優惠券、折價券、競賽與抽獎活動以及其他各種優惠活動。

(3) 成熟期

此時絕大多數潛在顧客都已接受產品。銷售開始出現成長趨緩，甚至停滯成長出現供過於求現象。廠商利潤隨之開始下滑浮現競爭激烈局面，價格競爭接踵而至。此時廠商廣告與促銷活動開始採取收斂策略，選擇性投資更受到重視。選擇可用題材舉辦公關活動，強化人員推銷功能。促銷重點則放在爭取競爭者的顧客，鼓勵他們轉換品牌。廠商通常會針對中間商推出大量優惠活動，例如更優厚的銷售獎金、另一波銷售競賽和更高額的補助活動；針對消費者密集舉辦促銷活動，防止消費者轉換品牌，例如競賽、抽獎、特價、限時搶購、積點優惠、以舊換新和團購優惠等。

(4) 衰退期

創新產品進入市場。現有產品銷售出現明顯衰退，呈現日薄西山趨勢。價格競爭紛紛出籠，競爭加劇以致廠商利潤銳減。廠商為了維持利潤酌減促銷預算乃預料中的事，於是停止大量廣告活動。沒有題材舉辦公關活動人員推銷不再管用，促銷僅做最低限度的關心，預算刪減到只能保持品牌形象程度。

由以上分析可知，產品所處的生命週期階段不同，行銷重點與促銷方式也各異其趣。產品不見得都會經過上述四個階段，PLC觀念給掌管行銷兵符的行銷長最大的啟示在於清楚瞭解公司產品處於生命週期的哪一個階段，研擬對的促銷策略及選擇有效的促銷方法。

4. 產品採用與擴散過程的促銷

採納（Adoption）或稱採用是指一個人決定要經常使用某項新產品，採納之後就會成為該項產品經常愛用者的過程（註6）。產品採用過程（Product Adoption Process）是指人們對某項創新事物從初次聽到一直到最後接受的整個心理歷程，包括知覺、興趣、評估、試用和採用等過程（註7）。

創新（Innovation）是指開發出世界上原來沒有的任何新產品、服務或構想，或賦予原有產品卓越的新屬性。一項創新產品從出現到被人們採用，通常都會經過一段擴散過程。擴散過程（Diffusion Process）是指一項創新構想經由發明或創造來源，到最終消費者或採用者之間的散布過程（註8）。

創新具有五項特徵，這些特徵會影響被消費者採用的速度。這五項特徵包括：(1)相對優勢（Relative Advantage）：消費者預期創新產品擁有多少相對優勢，這是影響該項新產品被採用比率的主要因素；(2)相容性（Compatibility）：相容性評估的是產品與採用者的現存價值及過去

經驗之一致性程度，相容性愈高的新產品被採用的機會愈高；(3)複雜性（Complexity）：指創新或新產品是否容易被瞭解與使用的程度，複雜性愈高的新產品被採用的速度愈緩慢；(4)可分割性（Divisibility）：指產品以有限的主要部分接受試驗與使用測試，而不需花費大筆金錢的能力；(5)可傳播性（Communicability）：創新產品的優點或價值能夠傳達到潛在市場的程度，可傳播性愈高的新產品愈容易被瞭解，也愈容易被接受（註9）。

消費者採用新產品的過程可以區分為五個階段，即：(1)知曉（Awareness）：知道有此產品存在；(2)興趣（Interest）：產生興趣並開始蒐集相關資訊；(3)評估（Evaluation）：認真評估需求及是否要試用；(4)試用（Trial）：試用該項產品；(5)採用（Adoption）：試用結果認為滿意於是決定採用，取其英文字的第一個字母組成AIETA模式。Everett Rogers利用統計學的常態分配原理，將創新擴散程序（Innovation Diffusion Process）定義為，將一項創新概念由創造者傳遞給使用者或採納者的程序，並且將不同時間的採用者進一步區分為下列五種類別，如圖7-1所示（註10）。

消費者嘗試創新產品的意願有很大的差異。有些人喜歡嘗試新的事物，市面上出現新產品就會率先購買使用，例如購買油電混合汽車、使用最新型電子產品、穿戴最新流行服飾、嘗試最高檔米其林料理，這些人被稱為創新者與早期採用者（意見領袖）。有些人比較保守，等到新產品被證實功能無誤、安全無虞，很多人都使用之後才會去購買，這些人被歸類為晚期的多數或落後者。每一類別的採用者採用創新產品所需的時間都各不相同，廠商所採用的促銷方法也各異其趣。

(1) 創新者（Innovators）

大約只有2.5%的消費者屬於創新者。這些人具有高度冒險精神且熱衷於追求創新產品，通常都是科技的狂熱者希望走在時代前鋒，只要產品有創新、夠新奇不在乎價格高昂，就怕買不到創新產品。例如新款式智慧

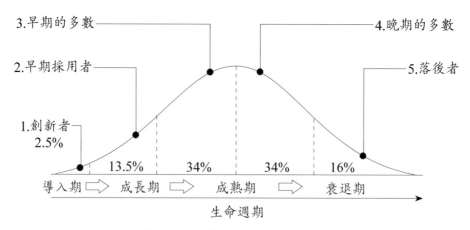

圖7-1　創新產品的採用時間

資料來源：林隆儀審閱，《國際行銷管理》，頁133。

型手機iPhone 7尚未上市就在搜尋相關資訊、引頸企盼，儘管供應量有限且價格昂貴仍然設法搶購。他們喜歡從各種管道搜尋創新產品的相關資訊，因而總是扮演意見領袖角色。廠商透過大眾媒體廣告與公開報導是接觸創新者的有效途徑，也是提供相關資訊的絕佳方法。此時一般促銷方法無法滿足他們冒險的需求，因此就顯得無用武之地了。

(2) 早期採用者（Early Adopters）

大約有13.5%的消費者屬於早期採用者。這群人經常扮演意見領袖角色喜歡受到別人的敬重，因此會用心搜尋具有創新性的新產品。他們對價格敏感性低，只要有助於解決個人問題的新產品都樂於採用。廠商若能辨識這些人，則採用人員推銷將是最有效的接觸方法。此外，廣告活動與公開報導也是提供相關資訊的良好途徑。至於促銷活動以提供資料夾、產品手冊、產品目錄和產品簡介等，都是影響他們做購買決策的有效工具。

(3) 早期的多數（Early Majority）

大約有34%的消費者屬於早期的多數。這群人屬於謹慎細心的評估者，也是有計畫的理性購買者。盡量趕在所屬社會階層的大多數人之前採

用新產品，所以會在一部分人（16%）使用產品且證實產品功能無虞後就購買。這些人和推銷員、大眾媒體以及早期採用者都有頻繁的接觸，因此人員推銷、廣告活動和公開報導都是良好的推廣方法。至於促銷活動則以在購買點提供促銷誘因最有效，例如試用樣品、特價優惠和折價券等。

(4) 晚期的多數（Late Majority）

大約有34%的消費者屬於晚期的多數。這群人屬於規避風險的保守主義者，對新事物抱持保留態度。尤其是質疑創新科技的功能與貢獻且對價格非常敏感，所以都等到絕大多數人使用並證實新產品的優越性後才會接受。晚期的多數從大眾媒體或推銷員所得到的新產品資訊相當有限，因此廠商使用廣告、公開報導和人員推銷少有影響效果可言。促銷方式以特價、贈送樣品和優惠券，最能激起他們試用及促成首次購買。

(5) 落後者（Laggards）

大約有16%的消費者屬於落後者。這群人屬於極端保守的人對科技抱持高度懷疑態度，除非發現現狀已經有所改變否則不會接受創新產品。他們主要是從其他落後者得到創新產品資訊，因此成為最後接受創新產品的落後者。他們對廠商的廣告活動、公開報導和人員推銷無動於衷，促銷活動對這些人也毫無用武之處。例如智慧型手機及其他創新通信產品已經成為現代人日常生活上重要的配備，但是仍然有不少人拒絕使用這些產品。

7.4 價格組合對促銷的影響

不同的產品類別各有不同的定價方法，公司的定價決策會影響產品的促銷活動。公司在訂定產品價格時需要考慮的因素很多，以致有很多定價組合。價格組合（Price Mix）是公司所採用定價方法的組合，例如基本定價、數量折扣、促銷折扣和批發折扣等。

公司所採用的基本定價必須高到有利可圖，並且足以支付促銷費用，以便在產品上市時以及在產品生命週期過程中舉辦各種促銷活動。如果獲利微薄，顯然就無法採用人員推銷及其他高成本的促銷活動。

折扣定價旨在提供給中間商的促銷資源，鼓勵他們也舉辦促銷活動。例如數量折扣、促銷折扣與批發折扣提供給中間商某一比率的折扣數額，讓他們有足夠的資源配合舉辦促銷活動。

銷售導向時代中間商在行銷活動中扮演舉足輕重角色，除非生產廠商有能力自行建立行銷通路。例如統一公司建立物流通路（捷盟物流、黑貓宅急便）以及零售通路（7-11、康是美、聖德科斯），否則需要向通路成員購買配銷功能。購買通路配銷功能所支付的成本，包括產品配送到中間商的成本、需要中間商協助執行的功能，以及因應競爭環境所需要的其他成本不一而足。一般而言，承銷產品的風險愈大中間商所要求的邊際毛利也愈高；中間商的預期利潤愈高，配合舉辦促銷活動的意願與興趣也愈高。

創新產品領先進入市場時競爭產品稀少，廠商通常都會採取高價策略，也就是採用市場吸脂定價法（Skimming Pricing）。一方面儘速收回研發成本，一方面享受短暫的定價自由度。遇到競爭者跟進與競爭產品陸續出現，視競爭情況及市場行情逐步調降價格。吸脂定價法適用的另一應用原理是在產品上市初期訂定高價，廠商才有足夠資源舉辦各種促銷活動。

後進廠商或後發品牌產品為儘速進入市場，通常會採取低價滲透策略，也就是採用市場滲透定價法（Penetration Pricing）。期望快速擴散，建立市場基礎。低價是指以低於競爭產品的價格進入市場，也是一種常見的定價策略。一方面吸引中間商進銷產品，一方面搶食競爭者市場。採用滲透定價策略的廠商，可用來舉辦其他促銷活動的資源顯然就相對有限了。

廠商經常採用促銷性定價方法目的不是刺激顧客提早購買，就是鼓勵

顧客多量購買。常見的促銷性定價方法如下（註11）：

1. 犧牲打定價法（Loss-Leader Pricing）

超級市場、大賣場或百貨公司常利用降低知名品牌產品售價的方法來吸引大量人潮，例如家樂福標榜「天天都便宜」、遠東愛買強調「來愛買，最划算」、全聯福利中心訴求「為顧客省錢」、屈臣氏訴求「我最便宜」，這些都是典型的犧牲打定價法。

2. 特殊事件定價法（Special Event Pricing）

針對特定季節訂定特別價格刺激買氣，趁機增加銷售。例如百貨公司利用週年慶期間大打優惠牌；學生用品廠商在學校開學季前，推出學生用品特價促銷活動；知名大飯店把握情人節、母親節、父親節或聖誕節等節日，推出各種特價優惠活動。

3. 特殊顧客定價法（Special Customer Pricing）

針對特定顧客提供特別優惠價格。例如珠寶商、精品店、大飯店、百貨公司以及超級市場，針對持有鑽石卡、白金卡、世界卡的貴賓提供特價優惠。

4. 現金回饋（Cash Rebates）

許多公司提供現金回饋促銷活動，鼓勵顧客把握促銷期間前來惠顧。例如汽車廠商舉辦「過年開新車回家」促銷活動，顧客除了享受一般優惠之外，另外再回饋一定數額現金。

5. 低利融資（Low-Interest Financing）

有些公司不主張降低產品售價，但是提供顧客低利或無息融資或貸款。例如全國電子公司舉辦「買多少，再借多少」的無息分期付款促銷活

動：建設公司與銀行合作提供長期低利貸款以方便顧客付款，使房屋銷售更容易。

6. 延長付款期限（Longer Payment Terms）

有些公司針對提供抵押貸款的顧客提供更長的付款期限，降低每月付款金額以鼓勵顧客購買。例如三陽汽車公司（HONDA）提供60萬、60期、零利率促銷活動，讓顧客輕鬆買新車；生產廠商延長中間商付款期限，鼓勵大量進貨。

7. 提供保證及服務契約（Warranties and Service Contracts）

公司提供額外免費保證與服務契約，或顧客只要支付少許金額就可以享受額外保證與服務。例如汽車公司提供五年五萬公里保證、臺灣櫻花工業公司推出熱水器免費安全檢查。

8. 心理折扣（Psychological Discounting）

廠商訂定較高價格，再以較低價格銷售，讓顧客有享受實質優惠的感覺。例如原價5,000元的產品，實際只賣3,500元。基於誠信定價原則，這種定價方法所稱的原價必須是真正的定價，而不是刻意抬高價格再打折，以免淪為欺騙定價。

7.5 通路組合對促銷的影響

行銷實務上有一句名言，認為「通路是廠商和消費者約會的地方」，這句話用在零售通路更為寫實。現代企業經營拜科技進步之賜，生產技術與研發能力不一定樣樣都要自己開發，花錢都可以買得到。企業只要提供

良好的工作環境與足夠優渥的誘因，都可以吸引及留住優秀人才。只要公司擁有美好的發展願景、經營績效出眾，籌集資金也不是大問題。綜觀現代企業經營最大瓶頸，出現在行銷功能者比比皆是，其中又以通路最令人感到棘手。以往生產導向時代通路權由生產廠商主導，產品要賣到哪裡完全由生產廠商決定。現在顧客導向時代買方議價力量增強，商店要賣什麼產品由零售商定奪，零售商及通路商扮演通路領袖的角色勢不可擋。

通路組合是指廠商在建構行銷通路時，需要審慎考慮的各種因素，例如批發商、零售商、產品運輸、儲存方法和庫存量。批發商與零售商家數相對比較少但是交易數量卻很龐大，在行銷通路上占有舉足輕重地位，也扮演行銷成敗的關鍵角色。通路組合都需要公司提供成本、價格、利潤和促銷計畫等重要資訊，因此透過公司推銷人員和他們溝通的人員推銷成為最重要的促銷方式。

關係行銷（Relationship Marketing）是公司和中間商維持良好銷售關係的重要法寶，良好關係有助於穩定市場、強化銷售、執行促銷和贏得競爭。爭取新顧客的成本遠比留住現有顧客成本高出好幾倍，這是不爭的事實。在廣大市場中遺漏或流失一位個人顧客或許不致有太大影響，但是遺漏或流失一家中間商會使當地市場活動停擺，以致對生產廠商造成重大挫折。所以廠商都會針對中間商積極舉辦各種促銷活動，一方面建立良好關係、一方面藉助他們的力量創造卓越的銷售績效。

公司配銷產品所需要的運輸與儲存設備必須審慎規劃，有些產品只需常溫保存，透過常溫通路配銷即可；有些產品需要全程冷藏或冷凍，必須透過低溫冷藏或冷凍通路配銷。中間商保持適度的庫存量不但可以紓解公司的配銷壓力，不致造成失去銷售機會損失，同時也不致積壓資金徒增營運成本，這些都是公司必須規劃與輔導的課題。

1. 中間商的配銷地位

中間商是行銷通路重要的成員，扮演三大功能（註12）：

(1) 交易功能

包括採購、承擔風險、交涉。採購是指中間商將顧客所要購買的產品或服務的相關訊息傳達給供應廠商進行採購作業，扮演顧客採購代理人的角色。承擔風險是指在代理採購過程中承擔經濟與非經濟風險。交涉是指協助湊合供應廠商與通路成員的交易。

(2) 物流功能

包括移轉產品所有權、產品組合、產品分裝、實體運配。移轉產品所有權是指協助產品從供應廠商順利移轉給顧客。產品組合是指將供應廠商的產品予以適當組合並滿足顧客需求。產品分裝是將供應廠商大包裝產品分裝成小包裝產品，一則方便運配、二則符合顧客期望。實體運配是指將產品按時運交到顧客指定地點。

(3) 促進功能

融資、推廣、資訊回饋。融資是指融通資金，中間商與下游顧客交易通常採用非現金交易的賒帳方式，無形中提供給下游顧客融資服務。推廣是指協助供應廠商執行推廣活動，使促銷作業進行更順利。資訊回饋是指中間商協助供應廠商，一方面將產品及促銷資訊傳遞給顧客、一方面將顧客反應及市場資訊回饋給供應廠商。

中間商在市場上的地緣關係及其穩固而強勁的組織力量，一般生產廠商不是做不到，就是鞭長莫及、缺乏效率。批發商可以密切接觸區域內的零售商，完成生產廠商難以達成的任務。例如比生產廠商更有效掌握市場需求就近提供迅速的服務、分裝及組合產品、務實提供融資且承擔風險，以及將生產廠商的產品快速推銷給零售商。

零售商深耕當地小市場精準而有效的接觸及服務一般消費者，扮演行銷尖兵角色，不僅推廣生產廠商產品，同時也回報顧客需求、市場資訊、同業動態和競爭情報，使生產廠商得以足不出戶即可獲得珍貴的市場情報。

2. 中間商的促銷角色

中間商所扮演的促銷角色中,有些是配合執行生產廠商的促銷活動、有些是自己舉辦自主性的促銷活動。無論是扮演哪一種角色,在地方市場上都具有舉足輕重地位。生產廠商在評估中間商的促銷角色時,需要考量下列的影響因素(註13):

(1) 消費者的購買習慣

消費者對不同類別產品的購買習慣各不相同,例如對便利品、選購品、特殊品的選購就有很大差別,生產廠商必須評估中間商對消費者購買習慣的瞭解程度。

(2) 瞭解產品特性

中間商澈底瞭解生產廠商的產品特性、顧客需求、購買及使用方法,都是評估中間商推廣能力的重要指標。對產品特性瞭解愈透徹的中間商,愈有能力推廣生產廠商的產品。

(3) 生產廠商所希望的控制程度

通路控制和公司的配銷策略有密切關係。生產廠商期望控制通路的程度牽涉到公司的配銷政策,需要有明確定奪。高價值產品通常採取獨家配銷或選擇性配銷,便利品則採用密集性配銷。

(4) 中間商的可用性

有些產品要在特定市場尋求優秀的中間商往往是可遇不可求,尤其是後進廠商在選任中間商時,常會發現當地最優秀的中間商已經被競爭者所延攬。在中間商難找的情況下,只好自行建立通路者屢見不鮮。

(5) 中間商的信用程度

中間商扮演當地市場促銷活動的角色愈來愈吃重,消費者對其依賴程度愈高時,中間商的信用程度就顯得愈重要。其實中間商在地方市場也扮演生產廠商代表的角色,替生產廠商解決部分行銷問題,此時信用程度成為生產廠商很在意的評估項目。

(6) 競爭的實際狀況

知己知彼才能百戰百勝，生產廠商要掌握地方市場競爭狀況，需要當地中間商協助提供戰報。最瞭解當地市場競爭狀況的中間商、配合程度良好的中間商，毫無疑問的將是最優秀的中間商。

3. 對中間商的促銷

中間商家數相對較少，尤其是批發商家數更少。公司為確實掌握促銷效果，通常都採用人員推銷方式。由推銷人員拜訪批發商及零售商，以便隨時掌握第一手資訊並瞭解市場狀況。因為經過公司訓練有素的優秀推銷員，可以正確、及時提供及回答行銷的相關問題，甚至機動、彈性調整促銷條件迎合特定地區的競爭需要，有助於提升對中間商的促銷成效。

此外，公司也針對中間商舉辦各種促銷活動，例如本書第2章圖2-1所列舉的銷售競賽、銷售獎金、銷貨附贈和各種補助，激勵中間商努力提高銷售績效。針對中間商的促銷活動將在本書第11章深入討論。

 本章摘要

行銷4P's與推廣組合具有高度互換性與互補性，因而突顯組合的策略意義與價值。促銷屬於推廣組合的要項之一，也是行銷組合的細分要素之一，當然會受到其餘要項影響。質言之，無論是產品組合、價格組合或通路組合，對促銷活動都有決定性的影響，這是本章所討論行銷3P's對促銷影響的內容。推廣組合四要項具有互補性，通常都搭配使用。至於搭配方法與比重，則視公司與產品特性而各不相同。

本章從宏觀角度，廣泛論述產品、價格、通路功能、特徵、重要性與貢獻以及對促銷的影響，可以幫助廠商思考促銷成功的要件。

參考文獻

1. 林隆儀、許錫麟合譯，Richard E. Stanley著，促銷戰略與管理，第五版，頁511，1989，超越企管顧問股份有限公司。

2. 同註1，頁512。

3. Kotler, Philip and Kevin Lane Keller, *Marketing Management*, 14th Edition, pp. 358-359, 2012, Pearson Education Limited, England.

4. 同註3，頁206-207。

5. 同註3，頁339。

6. 同註3，頁611。

7. 同註1，頁525。

8. 同註1，頁525。

9. 林隆儀定，彭信旗、張瑋眞合譯，Warren J. Keegan and Mark C. Green合著，國際行銷管理，第五版（再刷），頁131-133，2015，雙葉書廊有限公司。

10. 同註9，頁133。

11. 同註3，頁427。

12. 林建煌著，行銷管理，第六版，頁414，2014，華泰文化事業股份有限公司。

13. 同註1，頁532-534。

個案討論
阿瘦皮鞋公司

阿瘦皮鞋：「換裝特賣會，任選兩雙減300元」促銷活動

　　為因應低價進口鞋大舉入侵，國際品牌廠商紛紛採用低成本、短交期的採購策略。臺灣製鞋業者除了需要掌握自己所累積的生產技術及管理能力，運用海外低廉充沛的勞動力及土地資源之外，尚須積極運用臺灣資訊科技優勢，建構企業電子化產銷及管理系統。一方面與國際品牌發展緊密的夥伴關係，另一方面發展自有通路及品牌。未來臺灣鞋業必將繼續掌控設計研發與接單業務，成為國際鞋類市場研發設計及營運中心。製鞋工業在臺灣經濟發展過程中，有其不可磨滅的貢獻。近十年來隨著東南亞及中國大陸等製鞋業的興起，我國製鞋業早期依賴廉價勞動力的優勢，在國內外經營環境的快速變遷下，也面臨到產業生存和發展的危機。面對如此變局，業者不得不將需要勞力密集的生產線移轉赴海外設立生產基地。

　　由於經營環境丕變及鞋類品牌商全球運籌的發展趨勢，中、低價位鞋類在國內生產成本過高，在國際市場中難以和其他東南亞或中國大陸等擁有較廉價勞工的地區競爭。國內業者在「根留臺灣、全球布局」的經營理念下，正積極轉型朝功能性鞋類、高科技鞋材及精密生產機具設計研發，期能提升鞋類產品的附加價值及國際競爭力。以保留在臺灣接單及創新研發並在海外生產方式，充分利用臺灣的優秀人才、管理、技術和資金等方面的優勢及中國大陸充沛

且低成本的人力、土地等資源，逐步拓展營運規模及全球鞋品市場。阿瘦皮鞋就是一家不斷努力的優質廠商。

　　阿瘦皮鞋自1952年創業至今，主要銷售女鞋、男鞋、高跟鞋及襪子等產品。除了自有的阿瘦皮鞋品牌之外，也代理西班牙的BESO、美國的Le Bunny Bleu與義大利的Vinaso等品牌。阿瘦皮鞋本著「一針一線，實實在在」的做事態度，至今已走過超過一甲子。始終以「堅持做臺灣最好的鞋子」的信念，得到許多消費者肯定。六十多年來社會環境不斷變遷，阿瘦集團對產品的堅持與講究卻不曾改變，每一雙阿瘦皮鞋都是「用心、貼心、愛心」的完美呈現。數十年來傳統精湛工藝被阿瘦保存下來，堅持品質為品牌承諾的長久之計。阿瘦為每一雙鞋注入獨特靈魂，成為超越時代的藝術。透過不斷精進、研發，阿瘦打造每一雙都結合了「時尚設計」與「精湛工藝」的鞋款。以「真、善、美、新」為品牌核心的經營理念，向未來邁進！「真」所代表的是真材實料、實實在在；「善」所呈現的是舒適好穿的鞋款、完善的服務；「美」所堅持的是與時俱進的時尚款式；「新」所創造出來的是滿足、超越消費者需求的創新產品。

　　因應全球景氣低迷，國際鞋類品牌廠商紛紛採用低成本、短交期之採購策略，以低廉進口鞋品大舉入侵。國內鞋業市場的競爭非常激烈，除了阿瘦皮鞋以外，尚有同樣被選為臺灣百大品牌的La New等競爭者。因此想要在競爭如此激烈的市場上占有一席之地，除了品牌與品質的經營之外，相關行銷、促銷活動也就顯得特別重要。阿瘦皮鞋為掌握換季的銷售良機，在2015年3月舉辦換裝特賣會，鎖定換季換新鞋的消費者鼓勵選購多雙鞋。消費者任選兩雙鞋款，即可享受減價300元優惠；任選三雙可獲得減價500元優惠；任

選四雙則減價800元。另外，若是消費滿3,800元，還可以額外獲得市價1,280元的Gaspard et Lisa的聯名提袋（數量有限，送完為止）。多量購買、減價優惠；現買現減、簡單務實立即享受。額滿3,800元加贈聯名提袋，雙重優惠對換季換鞋的消費群頗富吸引力。

參考資料：

1. 阿瘦皮鞋官網（2015），公司沿革，http://www.asogroup.com.tw/aboutUs.php

2. 黃紹裘（2008），製鞋業發展現況與展望，http://www.cnfi.org.tw/kmportal/front/bin/ptdetail.phtml?Part=magazine9703-456-9

思考問題

1. 你認為阿瘦皮鞋在消費品分類中屬於哪一類？這一類產品的促銷是要以價格優惠或以品牌廣告為主？阿瘦皮鞋的促銷活動是否與此相吻合？

2. 你認為阿瘦皮鞋的產品生命週期位於哪一階段？促銷個案中的皮鞋促銷價採用何種定價法？

3. 阿瘦皮鞋的銷售通路主要為各地門市，你認為門市人員對此促銷案的執行是否有幫助？

第8章

促銷計畫與預算

暖身個案

義美食品公司

慶祝臺灣文化協會95週年【大安醫院創立100週年】
精選商品七折起

　　食品是民生的基礎。臺灣食品產業歷經數十年的發展茁壯，已由早期農產品初級加工、外銷出口導向支持工業及農業發展之政策方向，逐漸轉為滿足國內食品需求、提高國民生活素質為主。近幾年消費者愈來愈重視養生健康，更要求生活便利性。因此食品工業也以提供優質健康便利食品，滿足國人膳食保健需求為主要發展目標。目前全球人口眾多糧食需求量激增，陷入人口爆炸危機的中國大陸將來勢必面臨糧食供應問題，這對與其飲食文化、地理位置相近的臺灣而言是個極大良機。因此投資臺灣食品產業不僅供應中國大陸市場，更是未來至中國大陸發展的前哨戰。

　　歷年來臺灣食品產業的廠商家數都維持在5,000至6,000家之間，至2012年底工廠家數為5,235家、員工人數13.2萬人。每人每月平均工時與每

人每月平均薪資都和往年接近，顯示近年食品工廠發展持平穩狀態。以廠商規模大小分布而言，99%之臺灣食品工廠屬於中小型企業。大企業具有引領臺灣食品產業發展之趨勢。依據經濟部統計處資料顯示，2013年臺灣食品工業產值為新臺幣5,944億元，為臺灣之重要業種，排名都在前十大製造業以內。預測未來產值將呈現持續成長趨勢。

　　義美食品公司創立於1934年（日治時代蔣渭水醫生於太平町創立大安醫院舊址，即為義美食品公司創業所在地），目前義美食品公司總部位於臺北市信義路二段88號。義美從日治時代臺北市太平町一家小糕餅店起家，迄今為國際知名的大規模食品企業。多年來以「實實在在，真材實料，把食品做好」的態度，得到顧客的高度肯定與廣泛迴響。產品遍布世界各地，陪伴著臺灣人們度過人生每一個重要里程。

　　義美食品公司從創立以來，即堅持「產品品質與安全」的重要，堅持五大把關原則：「查核原料來源」、「審視原料價格」、「參考客戶名單」、「深化檢驗能力」、「用心落實驗收」，落實原物料之檢驗與使用、產品製程管制、成品出廠及配運之各層面，確實為消費者健康層層把關。

　　為慶祝臺灣文化協會95週年【大安醫院創立100週年】，義美公司延平門市於2016年10/15~10/23舉辦精選商品七折優惠促銷活動。每日前100名（消費滿100元以上）顧客，贈送紀念喜桃乙盒（2入），讓您吃甜甜沾喜悅。另外，在活動期間購買大稻埕懷念禮盒的顧客，除了享有七折優惠外，更加贈您紀念喜桃乙盒！

參考資料：

1. 2014食品產業說帖更新，http://www.digitimes.com.tw/seminar/ dois_20141008/pdf/2014_%E9%A3%9F%E5%93%81%E7%94%A2%E6% A5%AD%E8%AA%AA%E5%B8%96%E6%9B%B4%E6%96%B0(%E4% B8%AD).pdf

2. 義美官網（2016），品牌緣起，http://www.imeifoods.com.tw/ imeihistory/index.html

3. 義美官網（2016），首頁優惠訊息，http://www.imeifoods.com.tw/

計畫是規劃結果的一份文件，旨在詳細說明工作進行的各項細節。通常採用6W4H來描述，包括做什麼（What）、為何做（Why）、由誰做（Who）、為誰做（Whom）、何時做（When）、何處做（Where）、如何做（How）、投入多少資源（How Much）、花費多少時間（How Long）、如何評估績效（How to Measure）。

促銷計畫是促銷工作的基本藍圖，由促銷經理秉承行銷長與推廣經理的目標與策略轉換及展開而研擬的細部文件，經過推廣經理及行銷長認可後實施，由相關人員作為執行的依據。

公司發展促銷計畫需要採用科學方法，以處理可用促銷手法解決行銷問題為依歸。若不是促銷所能解決的問題，即使再完整的促銷計畫亦無法解決。促銷計畫的研擬有一定邏輯程序，循序漸進且逐步完成。促銷計畫準備得愈完整，愈有助於掌握正確方向，愈有機會達成促銷目標。

預算是促銷計畫中非常關鍵的重要項目，一方面是公司投入在促銷活動的金額通常都很龐大，另一方面是預算編列方式會影響促銷活動的成效，所以本章特地將預算編列方法提出來討論。

8.2 計畫的意義與種類

計畫（Plan）是事前思考及審慎規劃（Planning）結果的書面文件，也是工作執行的藍本。任何工作只要有計畫就不致手忙腳亂，不會充滿挫折感。凡事有完整的計畫表示胸有成竹得以從容因應，達成目標可予以預期。

人們行事需要有計畫。組織所面對的環境及所處理的事務比個人更複雜，更需要有詳細而完整的計畫。計畫具有普遍性的特質，組織的功能無領域之分、規模無大小之別、地域不分國內外都需要有計畫。組織的規模愈大、經營的事業愈多、處理的事務愈複雜，愈需要有完整的計畫，這一點可以確定無疑。

組織各階層都需要有計畫，各功能部門也都需要有計畫。從組織層級的觀點來看，計畫可區分為策略性計畫（Strategic Plan）、戰術性計畫（Tactical Plan）和作業性計畫（Operational Plan）。從組織功能的角度來看，計畫可區分為行銷、人力資源、生產、財務、研究發展、資訊管理以及其他功能部門的計畫。

1. 策略性計畫

從策略管理的觀點言，策略性計畫屬於公司層級的計畫，是公司執行長、總經理為了達成公司的策略性目標所擬定的計畫。計畫重點在於把對的事情做得正確無誤。策略性計畫的另一作用是在引導其他層級的計畫，作為資源部署及創造綜效的指導方針，致力於達成公司總目標。

從行銷管理領域言，行銷的策略性計畫屬於行銷長擬定的計畫，作為行銷工作最高層級的計畫，包括行銷資源分配計畫、產品與服務行銷的優先順序、確保達成行銷目標的計畫。策略性計畫通常著眼於策略性、方向性計畫，而且計畫執行期間也比較長。

2. 戰術性計畫

從策略管理的觀點言，戰術性計畫屬於事業層級的計畫。事業層級經理人承接執行長、總經理的計畫，以及為了達成公司的戰術性目標所擬定的計畫。計畫重點在於如何把對的事情做得正確無誤。無論是軍隊作戰或企業經營，策略性計畫與戰術性計畫密切配合，創造「攻無不克，守無漏洞」的事例屢見不鮮。

從行銷管理領域的角度言，戰術性計畫的研擬屬於推廣及促銷經理的重要職掌，具有承上啟下的雙重功能。因此計畫內容愈詳實、資源配置愈具體，執行期間更可縮短。

3. 作業性計畫

作業性計畫屬於基層作業層級的計畫，又稱為功能性計畫，由各功能別經理人負責研擬用來達成各功能領域的計畫。作業性計畫屬於日常作業或例行性計畫，重點在有效能又有效率的使用資源致力於達成每一作業功能目標。

促銷計畫就是典型的作業性計畫。促銷屬於短期性的行銷活動，所涉及的範圍比較狹小、活動期間相對比較短、各項作業細節更詳細，但卻是每年都需要研擬的計畫。

8.3　發展促銷計畫的步驟

確定促銷策略後，接下來的重頭戲就是發展促銷計畫。從策略規劃觀點言，促銷計畫是如何執行促銷活動的細部計畫，作為執行促銷活動的依據，屬於功能層級的工作。重點在於承接促銷目標與策略，有效能又有效率的落實執行進而達成促銷目標。

促銷計畫和其他計畫類似，包括敘明促銷目標、對象、方法、期間、預算、預期成效以及其他配合事項，通常都由公司促銷經理負責研擬。發展促銷計畫的步驟，如圖8-1所示。

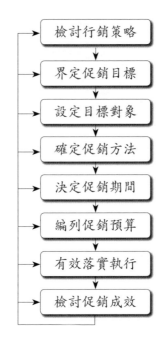

圖8-1　發展促銷計畫的步驟

1. 檢討行銷策略

　　檢討整體行銷策略與成效，尤其是前期促銷活動回饋的資訊，務實檢討並尋求改進，作為發展新促銷計畫的重要參考資料。

2. 界定促銷目標

　　產品行銷出現什麼問題，這些問題若可以透過促銷活動來解決，必須先確定促銷要達成什麼目標以及達成的水準或程度。

3. 設定目標對象

　　解決行銷問題的促銷有不同的對象，瞭解問題及選對正確的對象等於問題已經解決了一大半。

4. 確定促銷方法

不同的目標對象所使用的促銷方法各不相同，必須選擇適合的促銷方法及其組合。

5. 決定促銷期間

促銷屬於短期性的活動，必須有明確的促銷期間。若分階段實施，必須分別指出各階段開始與結束時間。

6. 編列促銷預算

促銷活動所需預算的來源及其編列方式。編列預算的目的是要讓促銷活動有效執行，通常包括預期促銷成效。

7. 有效落實執行

計畫是要提供給相關執行人員據以實施，不是備而不用的文件，因此重點在於有效能又有效率的落實執行。

8. 檢討促銷成效

促銷計畫執行過程中必須要有控制機制，發現有偏差現象應及時糾正。務實檢討成效且提供回饋資訊，作為下次研擬促銷計畫參考。

8.4　完整促銷計畫的特徵

良好目標有其特徵，經過採用科學方法發展出來的完整促銷計畫同樣有其特徵。這些特徵具有普遍性，可適用於各種促銷計畫。一份完整的促

銷計畫具有下列特徵（註1）：

1. 促銷計畫必須切題

促銷計畫必須引導達成促銷目標，未達成目標必須檢討原因務求改進；超越目標也必須檢討，釐清到底是促銷活動眞正發揮戰力或只是因爲目標設定得過於偏低。

2. 促銷計畫必須務實

促銷計畫執行單位包括公司相關人員、廣告代理商、公關代理商和中間商等，在現有人力資源及所編列預算之下可以有效執行。

3. 必須完整而且詳盡

促銷計畫試圖解決所有和促銷相關的問題，因此促銷計畫必須足夠詳盡且可以和公司其他計畫互相協調。

4. 由負責執行者研擬

執行人員最瞭解執行細節，因此促銷計畫通常都由公司的促銷經理負責研擬。

5. 附有明確的日程表

每當一項促銷活動要執行時，都必須附有一份詳細日程表作爲執行依據。

6. 必須包括所需預算

促銷計畫必須包含每一項作業所需要的費用預算，以便可以進行控制及評估績效。

7. 促銷計畫互相協調

計畫與計畫之間必須互相協調，同時也必須配合推廣計畫及整體行銷計畫共同達成行銷目標。

8. 必須寫成書面文件

一份完整的促銷計畫必須能夠寫成書面文件作為執行的依據，確信所有負責執行人員對計畫內容都有相同的理解與共識。

8.5　促銷計畫範例

春節期間各大百貨公司及大賣場為酬謝顧客，以及迎合消費者「新春發財」的願望，紛紛推出銷售福袋促銷活動。微風廣場2015年推出「大年初一福袋活動，三陽開泰驚喜抽」促銷活動，各大媒體爭相報導引來大批人潮造成轟動。除夕夜就湧入大排長龍的排隊人潮，爭相購買福袋。

微風廣場2015年福袋促銷活動計畫要點如下：

活動時間：2015/2/19（四）大年初一

　　　　　10：30～14：30（活動當日早上8：00開始入場，9：00依序發放號碼牌）

活動地點：微風廣場1F維多利亞廣場

福袋售價：1,000元／份（限量600份每人限購一份，限現金結帳）

第一重：買就送：購買本活動福袋即贈「財運上揚開運發財金」乙份，讓你羊年超級旺。

第二重：驚喜抽：每份福袋都有超過2,000元的驚喜好禮，國際精品包款、頂級保養品、時尚鞋履、高級家電、微風商品禮券等

六百項好禮等你帶回家。

最大獎更可獲得COLT PLUS X-SPORTS跨界尊貴型（藍／市價599,000元）汽車乙臺，讓你新春開新車超拉風。

8.6　促銷該做與不該做的事

促銷旨在解決促銷活動所能解決的問題，但是促銷不是萬靈丹。即使可以用促銷活動解決的問題，不見得能夠做到完美無缺的理想境界，何況行銷上很多問題不是促銷可以迎刃而解。行銷長在研擬促銷計畫時必須清楚瞭解哪些事可以用促銷來解決，哪些事是促銷活動解決不了的。

1. 促銷該做的事（註2）

⑴ 利用促銷活動，鼓勵增進目標市場的行為。

⑵ 確信促銷活動的結果，可以加以評估。

⑶ 利用特定促銷活動，激起短期性的持續購買。

⑷ 當促銷活動有效增加短期銷售時，別忘了這種促銷活動也可以影響長期態度與行為。

⑸ 使用和定位一致，且可增強定位效果的促銷活動。

⑹ 妥善規劃促銷活動，以便和其他行銷組合工作產生互補作用。

⑺ 執行促銷活動前，確信已瞭解促銷成本與預期投資報酬。

⑻ 評估各種促銷活動的成敗，作為未來研擬促銷活動的參考。

⑼ 促銷活動的威力很強，但卻是費用高昂的一種行銷工具，必須審慎計畫與評估。

⑽ 可能的話在做重大投資及廣泛應用之前，先測試新的促銷活動。

⑾ 使促銷對目標市場具有吸引力，且絕大多數目標市場消費群都可

以得到促銷激勵。

⑿ 成功的促銷活動必須具備以下條件：吸引廣大目標市場的興趣、強烈促銷激勵、促銷活動的超高知名度、針對參與者的限制最少。

2. 促銷不該做的事（註3）

⑴ 不可寄望以促銷活動來解決長期銷售衰退現象，或從看上產品利益而購買的消費者中建立品牌忠誠度。

⑵ 不可只靠少數幾種促銷方法。所有可供使用的促銷工具都應列入考慮，但只能選擇適合產品的促銷活動。

⑶ 不可過分使用或依賴促銷活動，以免對價值感或形象有所損害。

⑷ 沒有核對整個行銷與促銷計畫日程表之前，不宜排定促銷活動日程表。

⑸ 不可因為去年舉辦過促銷活動，今年就應該再舉辦促銷活動。舉辦促銷活動前，要多做策略性思考。

⑹ 除非證實可創造很大的銷售，否則不宜對中間商大做承諾。

⑺ 促銷活動不宜取代其他行銷組合工具，應多利用行銷工具的原有優點。

8.7 促銷預算的意義

預算（Budget）是用具體數字來表達的一項工作計畫，也就是利用財務語言呈現公司的資源部署，包括如何做最佳使用、如何協調及調度。編列預算有四個目的：(1)呈現各項計畫的財務意義；(2)界定達成目標所需要的資源；(3)作為激勵及獎酬的依據；(4)提供衡量方法，管控及評估績

效。

公司的預算包括收入與支出兩大部分。收入預算通常都涵蓋在所要達成的目標中，例如銷售量、營業額、獲利率和占有率，屬於產出的預算；支出預算則編列在執行計畫內，例如公司為達成目標所要投入的人力、物力以及財務金額，屬於投入的預算。

天底下沒有白吃的午餐，公司要達成目標必須投入相當的資源，通常都配合計畫項目與工作進度，分別編列週、月、季、年度預算。預算通常都以金額呈現，有些項目以產出單位、時間進度或其他量化單位表示。

公司經營以量化指標所呈現的預算，讓投資者對公司有美好的期待；激發經理人的使命感，讓執行者感受到責任之重大、讓員工瞭解前途之所在。公司經營過程中，預算扮演四項重要功能：(1)協助經理人調整公司資源與計畫；(2)有助於建立控制標準；(3)提供公司資源與期望的指導方針；(4)協助評估經理人工作績效及公司經營績效（註4）。

促銷預算是指公司在某一定期間內，通常都是指一個年度，預定投入在所有促銷計畫的金額。促銷預算是促銷計畫中很重要的一個項目，公司要達成促銷目標需要投入相當的預算，因此促銷預算必須以達成促銷目標為依歸。促銷預算屬於預算類型中的營運預算，也就是以財務項目表達各項營運計畫，包括銷售與收入預算、費用支出預算以及利潤預算。

8.8　促銷預算編列方式

促銷對象包括公司的推銷人員、經銷商、零售商和消費者。公司所要促銷的標的產品眾多、產品特性不同、促銷期間也各不相同、促銷活動項目更是五花八門，即使公司每年投入促銷活動的預算相當龐大，但是行銷長與促銷經理常常有巧婦難為無米之炊的感覺，此時就更突顯編列預算及

預算管控的重要性。

　　編列促銷預算是促銷計畫的重頭戲，行銷長需要考慮的因素很多，例如總金額多少、如何分配這些預算，包括對象別、產品別、月分別、活動別、媒體別和地區別。這些複雜的作業不是單憑簡單的「分配」兩個字可以完成，而是需要具備策略管理觀念及採用科學方法，才能使公司有限的資源發揮最大促銷效果。

　　影響促銷預算編列的因素很多，包括公司所採用的研究資料、以往促銷績效、可供使用促銷預算、產品種類與類別（新產品或既有產品）、產品生命週期、促銷期間長短、經濟環境與競爭狀況，以及公司對促銷期望等（註5），行銷長必須一一檢視並列入考量。

　　促銷預算編列方式和管理工作預算編列法相同，可分為六種基本方法：主觀預算編列法、過去銷售百分比法、未來銷售百分比法、每單位銷售提列法、工作目標法和競爭導向法（註6、註7）。

1. 主觀預算編列法

　　主觀預算編列法又稱為經驗預算法。行銷長憑著個人豐富經驗與過人判斷力決定預算編列總金額，然後將總金額分配到各細分項目完成整個預算作業。這種方法最簡單、效率也最高，但是並非所有行銷長都有足夠經驗與精準判斷力，而且不符合科學精神、缺乏客觀的佐證數據常有出差錯的時候。

2. 過去銷售百分比法

　　過去銷售百分比法主張以去年銷售總金額（營業額）為基準，提列某一百分比作為今年促銷預算金額。這種以去年銷售金額為基準的預算編列法，比起主觀預算編列法更有說服力、計算方法也很簡單，被很多公司所採用。

　　這種方法假設未來就是過去的延伸，忽略未來目標與市場競爭狀況。

以過去的銷售決定未來的促銷預算顯然也不合乎邏輯，有如駕駛員看著後照鏡在開車一樣不是安全穩當的方法。此外百分比如何確定，是否合理亦不得而知。

3. 未來銷售百分比法

　　未來銷售百分比法改進上述缺點，主張以舉辦促銷活動當年的銷售目標為基準，提列某一百分比作為當年度的促銷預算。這種方法不但簡單容易瞭解且當年度銷售目標已定，以此作為提列促銷預算的基礎比較合乎邏輯、溝通及執行也都相當容易。因為簡易可行，所以廣為許多廠商所接受。

　　此法假設銷售業績是促銷活動的結果，其實並不盡然。促銷只是其中一個因素而已，影響銷售業績的因素還有很多。此法主要缺點在於未來銷售目標如何訂定、目標是否適當尚待證實，百分比是否合理也令人存疑。假設銷售目標可被接受，若僅沿用過去的百分比提列促銷預算，難免也陷入以過去看未來的缺失。

4. 每單位銷售提列法

　　為改善上述兩種方法的缺失，有些公司主張根據預期銷售數量的每一單位提列某一固定金額，作為當期促銷預算金額。以單位銷售數量為基礎提列某一固定金額作為促銷預算，顯然是建立在促銷預算金額和實際銷售數量連動概念上。銷售數量愈多、促銷預算就愈多，似乎是比較合理方法。

　　但是每一銷售單位提列多少促銷預算才算合理，仍然是個問題。若遇到經濟景氣不佳或競爭激烈造成銷售不振，只提列區區的促銷預算勢必會陷入巧婦難為無米之炊的窘境；若遇到景氣好轉銷售暢旺，提列超乎期望的促銷預算又要強行消化預算，不僅浪費預算也會失去編列預算的精神。

5. 工作目標法

工作目標法又稱爲任務導向法或零基預算法（Zero Base Budgeting）。主張回歸原點跳脫傳統預算編列法的限制，採用「做多少事，花多少錢」的概念。視當時經濟環境、競爭狀況、公司產品競爭力及期望達成目標等客觀條件，務實編列所需要的促銷預算。

工作目標法的觀念有大突破且合乎科學精神，是一種比較合理的預算編列方法爲學術界所推崇，也被大多數現代企業所採用。此法主要缺點是決定工作目標或任務時，需要有深入研究、過人判斷力與應用許多技巧花費時間比較長，而且還需要評估促銷成果、確認是否達成目標。若未達成目標或超越目標，可據以調降或提高促銷預算。

6. 競爭導向法

競爭導向法是跳脫傳統預算編列的另一種方法，主要聚焦於競爭者的動向以贏得競爭爲最大的考量，頗有「輸人不輸陣」的味道。通常都鎖定主要競爭對手的促銷預算且認爲要贏得競爭，必須有壓制競爭對手的促銷預算做後盾，所以公司所編列的預算絕對不能遜色。

採用競爭導向法所編列的促銷預算，確保和競爭者有並駕齊驅的資源，甚至超越競爭者。此外針對競爭者動向採取因應措施，有助於壯大活動聲勢確保競爭地位。例如保力達公司和三洋維士比公司每天都在打促銷戰，唯恐市場聲勢被比下去。此法的缺點是不容易得知競爭者的預算，而且也很難根據經營評估資料預測公司的因應能力。

實務應用上大多數公司都採用一種以上的方法編列預算，至於使用的方法端視公司所選擇的產品特性、促銷方法和作業部門之不同而各異其趣。

本章摘要

　　有計畫才不會自亂陣腳，沒有計畫的促銷常會陷入「頭痛醫頭，腳痛醫腳」的窘境，甚至「頭痛醫腳，腳痛醫頭」的錯誤行徑。促銷屬於行銷領域重要活動，加上促銷活動有賴許多相關單位合力執行，包括公司內部相關部門以及外部的批發商、零售商，當然需要有周全、完整計畫。

　　計畫和預算脫離不了關係，有足夠預算做後盾計畫才得以執行。預算可區分為營業預算與財務預算，兩者都是促銷活動所不可或缺的預算項目。預算有多種編列方法，本章介紹六種方法。雖然沒有所謂最佳的預算編列方法，但是合乎科學的方法當是最常被採用的方法。

參考文獻

1. 林隆儀、許錫麟合譯，Richard E. Stanley著，促銷戰略與管理，第五版，頁182-183，1989，超越企管顧問股份有限公司。

2. 林隆儀譯，Roman G. Hiebing, Jr. and Scott W. Cooper著，行銷企劃書──贏得經營競爭的秘密武器，頁286-287，2003，遠流出版事業股份有限公司。

3. 同註2，頁287。

4. Griffin, Ricky W., *Fundamentals of Management*, 4th Edition, pp. 473-474, 2006, Houghton Mifflin Company, Boston, New York.

5. 同註1，頁547-549。

6. 同註1，頁550-552。

7. 同註2，頁362-364。

促 電 平 網 試 電 戶 經

個案討論

家樂福公司

家樂福會員獨享——
「WOLL鍋具搶先拿，百萬女人夢幻獎項」促銷活動

　　隨著科技進步消費型態與生活型態日益多變，零售方式也不斷求新求變，於是創新業態的新興通路應運興起。例如實虛整合的多重零售通路、複合型商店、運用ICT技術的智慧型商店、電視、網路購物、無實體店鋪和行動商店等，使得臺灣零售市場呈現多元發展，逐步與國際發展趨勢接軌。根據經濟部統計處數據顯示，自2001年以來除2008年受到金融海嘯影響整體零售業營業額微幅下降約1%外，我國零售業一直呈現成長態勢。若依世界先進國家如歐美、日本等國發展趨勢研判，我國綜合商品零售業未來仍有極大發展空間。

　　目前世界主要之零售商如Wal-Mart、Costco、Metro、Carrefour等，集中在美國、法國、德國、日本和荷蘭等經濟先進國家。國際零售業者透過購併及大型化策略迅速擴張，且隨著新興市場經濟蓬勃發展零售業者紛紛改採跨國發展策略，積極拓展如中國、印度以

及俄羅斯等新興市場，形成大者恆大的態勢。

零售業與消費者生活息息相關，零售業屬內需型產業受總體經濟環境因素影響很大。業者必須跳脫傳統思維結合科技、創新營運模式提高附加價值，例如建立顧客資料庫系統、透過資訊系統、電子標籤和流通設備提高客製化及顧客滿意度。此外還要不斷創新求變降低流通庫存及不良率，掌握機會、規避風險。若能掌握多元需求趨勢、善用網路力量和結合樂活概念，整合全球商機才有機會成為競爭的贏家。法商家樂福是在臺灣零售市場中最早布局，市場占有率最高的量販廠商。

家樂福成立於1958年1月1日，是歐洲最大的量販業集團。1963年第一家店於法國開幕，家樂福集團也是量販店（Hypermarket）業態的首創者。1999年與普美德斯（Promodes）合併後，成為歐洲第一、世界第二大的零售商。目前在世界29個國家和地區擁有超過11,000多家零售店，主要以三種經營型態呈現分別是：大型量販店、量販店和折扣店。此外，家樂福也在一些國家地區發展便利商店和會員制量販店。整個集團稅後銷售額及員工總數僅次於沃爾瑪，在世界量販集團排名第二。家樂福著名醒目的紅藍白企業標誌看似簡單卻饒富意義，隱含著家樂福創立至今的企業願景與對消費者承諾。這個企業標誌第一次出現是在1966年，設計概念取自Carrefour的字首C，C的右端延伸一個藍色箭頭、左端一個紅色箭頭，象徵四面八方的客源不斷向著Carrefour聚集。一旁的Carrefour是家樂福原創母公司的法文名稱，在臺灣翻譯為「家樂福」是取「家家快樂又幸福」的意思，充分呼應了家樂福經營理念。

1987年家樂福在臺灣成立臺灣家福股份有限公司，為亞洲區設立的第一個據點。第一家分店於1989年開始營運，股東結構是法商

家樂福占六成，統一及統一超商各占二成。2006年，家樂福與英國特易購（TESCO）集團達成協議，以家樂福集團在中歐地區不占主導地位的店面，與在臺灣市場一直發展有限的特易購進行資產置換，完全接收特易購在臺灣的運作。家樂福在臺灣的分店一舉突破40家，員工人數超過10,000人。家樂福在臺灣的總公司設立在臺北市北投區，目前是臺灣最大及分店數最多的連鎖量販店，也是首家在臺灣完全展店的量販（臺灣除了新竹市、基隆市以及離島外，每一縣市皆有家樂福分店）。截至2015年2月17日全臺灣已經有72家家樂福分店。

臺灣家樂福為歡慶婦女節選擇在2015年3月4日至3月31日，舉辦定名為「歡慶女人節，WOLL鍋具搶先拿，百萬女人夢幻獎項」促銷活動。消費者只要在活動時間內使用家樂福好康卡／家樂福聯名卡，單筆消費每滿1,000元即可獲得抽獎機會乙次、滿2,000元得兩次抽獎機會（以此類推），有機會抽中WOLL全套鍋具、HITACHI水蒸氣烘烤微波爐、Vitamax生機調理機、高島真輕鬆足部按摩器等獎品。採取異業合作方式，以家樂福超強的集客力結合異業超人氣贈品，透過抽獎方式在婦女節期間掀起促銷熱潮。

參考資料:

1. 臺灣家樂福官網(2015),家樂福簡介,http://www.carrefour.com. tw/%E9%97%9C%E6%96%BC%E5%AE%B6%E6%A8%82%E7%A 6%8F/%E5%AE%B6%E6%A8%82%E7%A6%8F%E7%B0%A1%E4 %BB%8B

2. 臺灣家樂福官網(2015),卡友專屬活動,http://www.carrefour. com.tw/Loyaltyarea/Membershipcard/WomenPrize_0304_0331

3. 林佳慧（2010），臺灣零售業的發展現況與商機，http://twbusiness.nat.gov.tw/epaperArticle.do?id=68812804

4. 維基百科（2015），家樂福，http://zh.wikipedia.org/wiki/%E5%AE%B6%E6%A8%82%E7%A6%8F

思考問題

1. 家樂福公司舉辦婦女節促銷活動，抽獎的四項獎品：名牌鍋具、水蒸氣烘烤微波爐、生機調理機、按摩器，你認為哪一項對顧客可能最沒有吸引力？原因為何？

2. 請問抽獎促銷活動對促銷預算的控管有何優點？有何缺點？

3. 有一新成立的促銷活動團隊，任務是規劃全年度最重要的週年慶促銷活動，團隊成員中有：(1)協助執行過多次週年慶的資深同仁、(2)此次負責統籌及向上級主管報告，但無執行經驗的年輕基層主管、(3)專精於文書記錄及整理資料的女性同仁。你認為由哪一位負責促銷行程表及預算規劃較佳？原因為何？

第9章

促銷組織的設計及執行與回饋

暖身個案

漢堡王

2016我最大卡雙殺優惠最大卡促銷活動

　　依據2013年臺灣連鎖店年鑑，速食業可區分為西式速食、日韓速食、中式速食與早餐專賣店。有關臺灣連鎖速食業的發展可以回溯到1974年臺灣品牌頂呱呱成立，為臺灣第一家西式速食餐廳。1984年麥當勞開始在臺灣發展，帶動了西式速食餐廳的熱潮。隔年肯德基和溫蒂漢堡等品牌相繼進入臺灣市場，直到1990年前後漢堡王及日系的摩斯漢堡首度進軍臺灣市場，對日後臺灣連鎖速食業產生很大影響。

　　隨著景氣變化與市場供需原則，臺灣西式速食業從2010到2014年間業者從21家成長到36家，其中直營店一路穩定成長，加盟店卻在2013至2014年間有縮減情況。

　　漢堡王（Burger King, NYSE:BKC），是在美國起家的知名國際性速食連鎖店，海外據點多為私人經營屬於特許加盟店。其中大部分的加盟業

者只經營單一店家，少數則自行發展成為大型企業。截至2011年為止，漢堡王已擁有超過12,400家連鎖據點分布於73個國家，其中66%的店家位於美國，而99%為私人經營事業。全球總計僱用超過3.7萬名員工，每日約有1,140萬名顧客前往消費。

1952年成立以來漢堡王透過各種加盟連鎖方式，成功在美國拓展版圖。最初，漢堡王企業在美國採用一種區域特許經營模式，即授予業主在特定地理區域的獨占加盟權。但是這種經營模式後來出現產品品質不穩、經營程序與形象管理等問題。1970年代漢堡王展開加盟系統重組，捨棄舊有經營模式改採單一店家的授權模式，對加盟業者設有更多規範。1978年由新任營運總監所領導的改革改正了加盟模式缺失，使漢堡王完全掌控加盟店經營權與決策權。

漢堡王在臺灣，由臺灣食品大廠大成集團旗下的家城公司取得代理權，於1990年在臺北的中影文化城成立第一家臺灣門市（已於2010年關閉）。雖然漢堡王為全球第二大連鎖速食店，但由於臺灣漢堡王展店十分謹慎分店家數目前僅28家，分布於基隆（1店）、臺北（18店）、新北（3店）、桃園（4店）、新竹（2店），店數暫居臺灣速食連鎖店第四位。

2007年8月大成集團漢堡王的經營轉移至盛威投資公司，這是漢堡王打破五十多年來的慣例，在美國境外成立的第一家合資公司。美方對亞洲市場興趣濃厚，再加上臺灣經濟環境相對穩健民眾儲蓄率高、消費能力強，美國漢堡王總公司十分看好臺灣市場，有意調整目前代理授權的做法改為直接入股，擴大與大成集團合作加速臺灣漢堡王拓點。又因為美方在北京已有一家據點，雙方更有意一同進軍中國大陸市場。

臺灣漢堡王行銷策略與麥當勞及肯德基不同，主要目標對象為青少年、成年顧客，從其套餐贈送的玩具即可窺見端倪。有別於麥當勞、肯德基的凱蒂貓（Hello Kitty）、Keroro軍曹的可愛路線，漢堡王與電影公司合作贈送例如蜘蛛人（Spider-Man）、星際大戰（Star Wars）、辛普森家庭（The Simpsons）等較受成人喜愛的玩具。90年代起，臺灣漢堡王就有

「VIP卡」（後改名為我最大卡）。

　　臺灣漢堡王在2016年舉辦定名為「2016年我最大卡」的促銷活動，只要消費者擁有這張卡片就能夠享受A區與B區各選擇一項商品只需五十元的優惠價格，廣受消費者喜愛。

參考資料：

1. 維基百科（2016），漢堡王，https://zh.wikipedia.org/zh-tw/%E6%BC%A2%E5%A0%A1%E7%8E%8B

2. 臺灣漢堡王官網（2016），年度我最大卡，http://www.burgerking.com.tw/news.php?id=213

3. 林佳禪（2013），連鎖速食業來源國形象、品牌信任與品牌權益之關聯性研究，國立高雄餐旅大學餐旅管理研究所碩士論文。

9.1 前言

　　企業是人的結合體，組織是兩個以上的個人所組成的團體，眾多人結合在一起形成組織。人們各有差異，人心不同、各如其面光要把各不相同的人結合在一起就已經不容易了，要他們朝共同目標邁進更不是一件容易的事。所以需要應用科學方法予以設計及編組，指派專人領導透過組織力量運作，有效能又有效率的執行工作才能達成目標。

　　從務實的角度言，經理人不是超人、更不是神仙，即使擁有三頭六臂也只有三頭六臂，何況他們都只有一個頭、一雙手而已。要肩負企業經營的重責大任靠一個人是絕對不夠的，此時就只有透過組織運作一途。再從企業策略觀點言，企業設定目標擬定可行策略之後，需要進一步設計適合執行策略的組織結構，透過組織系統的運作才有可能達成目標。適合執行策略的組織結構必須審視公司所要達成的目標，衡諸公司資源與能耐，參照個別企業差異設計合適的組織結構。企業所面臨的環境都各不相同，公司所抱持的經營理念各有差異，所需要的組織型態也各異其趣。所以就如同人們穿衣服一樣需要量身訂做，沒有所謂最好的組織只有最適合的組織。

　　組織設計有許多原理與原則可循，設計促銷組織的目的是為了有效執行促銷活動，本章將討論常見的組織設計方法。

9.2 組織的意義與功能

　　組織最簡單的定義是指兩個人以上，為達成特定目的而組成合作群

體。組織（Organization）是指在可以確認的領域內為達成共同目標，經過科學的整合與業務協調、組合及調配人員與工作任務的一套系統，有意識持續運作的社會團體（註1）。組織結構（Organizational Structure）是如何將工作做適當劃分、歸類和協調的設計方法。

管理功能包括規劃、組織、用人、領導和控制，由此可知組織是管理五大功能之一。經理人在組織運作中扮演組織領導的角色，透過組織成員努力、結合成員力量達成共同目標。組織的功能在於應用科學方法，透過適當設計、合理編組，有效結合人力、能力、財力、物力、時間、流程以及其他無形力量，有效能又有效率的達成共同目標。

人們都瞭解而且講究出席什麼場合穿著什麼服飾才合適的道理，組織設計也有同樣原理，要達成什麼目標、執行什麼策略，需要有適合的組織結構，這是經理人執行管理工作的基本決策之一。因此經理人在設計組織結構時需要審慎考慮的因素很多，例如工作專業化、部門化、指揮鏈、控制幅度、集權與分權以及正式化等（註2）。

9.3 影響組織設計的情境因素

從組織管理的觀點言，組織結構設計會受到許多情境因素影響，其中最重要者有公司策略、組織規模、技術因素、外部環境（註3、註4）、銷售對象、促銷重要性和促銷自主權（註5）。

1. 公司策略

組織是執行策略的工具，所以組織設計必須追隨策略，也就是公司必須根據所採行的策略設計合適的組織結構。因此組織策略會影響組織結構的設計其理甚明。當經營環境有所改變時公司必須調整策略，以因應環境

改變的需要；同理，當公司策略有所調整時表示經營方向與方法有所改變，組織結構當然也需要做適當調整。

經營工業設備用品的公司發展家用器具產品進入消費市場時，公司的組織結構需要做重大改變。因為工業品市場與家用器具市場的行銷與促銷大不相同，需要有不同的組織結構。公司以往只經營內需市場採取內銷策略，然而隨著市場開放積極進入國外市場，轉而採取外銷策略，此時公司的組織結構需要有外銷部門或外銷功能的單位專司其責。例如黑松公司決定強化經銷商的配銷功能，積極輔導經銷商成立經銷服務部；決定進入酒類產品市場服務餐飲顧客的需求，成立酒類事業部；決定強化自動販賣機的擺設業務，成立自動販賣事業部；決定進入生物科技領域發展生技產品，成立生技研發部。

2. 組織規模

公司規模大小是影響組織結構的第二項因素，規模龐大的公司通常都會傾向採用高度專業化、分工精細、層級較多與正式化的機械式組織結構。規模較小的中小企業，比較偏好鬆散型、多能工、層級少和彈性大的扁平式有機組織結構。高科技產業公司重視專業研發、講究效率、工作分散、人員多和水準高，偏好採用自主管理的扁平式組織結構。

組織結構的設計講究配適，配適程度高才是良好的組織結構。組織規模與組織結構若不相稱，例如大規模企業採用小格局組織結構，容易造成巨人穿著緊身服飾的窘境格格不入、捉襟見肘；有事沒人做、有人沒事做而業務任其荒蕪，勢必會阻礙公司達成目標。小規模公司採用大型組織結構，容易陷入小孩玩大車的險境，好大喜功、虛胖組織、推卸責任、浪費資源，莫此為甚。

3. 技術因素

技術是指公司將投入的資源，轉換為產出的過程。公司所投入的資源

包括人力、物力、資金，以及其他有形資源、無形資源；產出則包括公司所提供的有形產品與無形的服務與構想。公司所採用的技術或方法會影響組織結構設計，採用傳統技術的企業有相對適合的組織結構；採用先進技術的公司有適合先進技術的組織結構；採用高科技技術的企業，其組織結構的設計當然也大不相同。

　　例如福特汽車公司率先採用裝配技術，改變了傳統生產作業方法。豐田汽車公司發展的精實生產系統技術，包括快速換模、及時系統、看板式管理、溯源管理、自主管理和全面品質管理掀起生產作業革命；當今網際網路技術當道，資訊、電腦、通信和智慧型手機成為電子商務主流，扁平式、有機式的彈性組織結構盛行也就不足為奇。

4. 外部環境

　　外部環境穩定或動盪、單純或複雜、顧客需求平穩或多變、產業競爭激烈或緩和、對企業經營有利或不利，都會影響企業運作與績效，面對不同的環境組織結構的設計也各不相同。

　　外部環境變化無常雖然不是企業所能控制，但是公司必須順勢因應，這就是「識時務者為俊傑」的道理。習慣抱持「以不變應萬變」的公司，終會有被環境變化及時代變遷淘汰的一天。反之，善於預測環境變化趨勢快速提出因應對策的企業，因為有先見之明、因應得宜，將是市場競爭的常勝軍。

　　外部環境包括一般環境與產業環境，都足以影響公司的組織設計，進而影響經營績效。一般環境包括政治、經濟、科技、法律、文化、社會和教育等影響層面不但廣泛而且深遠，例如政治清明穩定或動盪不安、經濟景氣暢旺或蕭條不振都會影響公司組織結構設計；產業環境影響特定產業經營，例如現有廠商之間競爭、供應廠商議價力量、顧客議價力量、潛在進入者威脅、替代品威脅，當這些環境或條件有所改變時，公司的競爭地位會隨著改變；競爭地位有所改變時，執行公司策略的組織結構就需要隨

著調整。

5. 銷售對象

公司產品特性及其銷售對象會影響組織結構設計，例如銷售到工業市場的工業用品，通常都採取直接銷售與服務；銷售到消費市場的消費品，通常都以透過批發商及零售商的間接銷售爲主。產品特性不同、銷售對象不同，所需要的配銷方式、服務需求與水準各不相同，廠商在設計組織結構時也各異其趣。

6. 促銷重要性

不同的廠商所採用的促銷工具各不相同，不同促銷工具的重要性也各不相同。一般而言，重要性愈高的促銷工具投入資源愈可觀。公司都希望由高階管理階層直接掌控，於是愈傾向於採用直接且嚴密控制的集權式組織結構。重要程度相對較低者，通常都會傾向於採用分權式組織結構。

7. 促銷自主權

公司的管理理念也是影響組織結構設計的重要因素。由高階層管理者掌控促銷自主權的企業，通常都傾向於採用集權式組織結構；促銷自主權授權給各事業部或分支機構負責的公司，則傾向於採用分權式組織結構。

9.4　集權式促銷

集權（Centralization）顧名思義是指決策權集中於某一職位或個人身上，尤其是公司的正式職權。此一職位或個人通常都是公司最高管理者，例如執行長或總經理。在集權式組織中所有決策都由最高管理者統一制

定，因爲事權集中、指揮鏈一致、命令統一，其他階層管理者雖然只有聽命行事、沒有參與的空間，但是容易貫徹。在機械式組織結構中不失爲可行的方法。然而，集權式組織的決策者日理萬機難以面面俱到，加上權力距離因素的影響常常有和市場脫節現象。

公司在研擬促銷活動方案時，即使是由最高主管決定的集權決策，實際執行時通常都會採取分層負責、逐級授權方式，好讓執行單位主管可以在不違背大原則前提下，做小幅度修正以符合執行上需要。集權式促銷決策有如下優點（註6）：

1. 高階層經理人比其部屬們更有資格做決策。
2. 因爲集中管理無須再聘僱許多高報酬人士，因此更符合經營經濟性。
3. 無須在不同的組織層級中，重複增置幕僚人員。
4. 可以獲得更好的協調與控制。
5. 公司可以規劃一致性的企業形象。

集權式促銷決策最大的缺點在於高階層管理者對市場第一線瞭解有限，所做的決策常會出現不切實際現象容易陷入一意孤行險境，加上鞭長莫及、缺乏彈性處理機制，常常受到「決策僵化、窒礙難行」的批評。如果缺乏授權機制高階層主管撈過界忙得團團轉，所做的盡是基層經理人就能勝任的決策，出現「忙、茫、盲」的無效率現象，反而讓基層經理人落得輕鬆，不是事事請示就是等候指示，這種「反授權」現象都是集權式組織的嚴重病態。

爲了彌補上述缺點，採用集權式促銷決策的公司在研擬促銷活動計畫時，都會傾聽相關部門的意見。促銷計畫執行過程中，促銷經理除了負有指導促銷活動的任務之外，還必須和相關部門保持密切聯繫隨時掌握第一手情報。在授權的前提下適度修正辦法，使促銷活動更符合實際需要。

9.5　分權式促銷

分權（Decentralization）是指公司將決策權賦予直接執行任務的各階層經理人，因為決策權授權給各階層經理人可以收到因地制宜、提高效率、回應地方市場的需要等優點。但是多人做決策的結果容易造成意見紛歧、決策延宕、協調困難，失去命令統一、策略貫徹到底的機會，以及官僚成本高漲等現象。

經營多事業的公司通常都採用分權式促銷，將促銷決策權授權給各事業部經理人。一方面迎合地區市場與顧客的需求，因為第一線經理人最瞭解地區市場狀況、最有能力因應競爭的需要，由他們負責決定促銷決策更具有時效性；一方面讓第一線經理人有歷練的機會，發揮指揮促銷活動的能力，培養未來的高階層領導人才；另一方面使高階層主管騰出更多時間，關注公司政策及追蹤整體計畫執行。

市場競爭激烈變化多端機會稍縱即逝，促銷又是需要講究時效、快速反應的一種行銷活動，遇到需要快速回應競爭的場合採用分權式促銷是比較合乎邏輯的方法。尤其是經營多事業的公司以及海外設有分支機構的公司，遠在總公司的總經理或行銷長常有鞭長莫及之嘆，此時就適合採行分權式促銷。例如統一公司經營超商、乳品、飲料和食品等多種事業，新產品上市及現有產品促銷活動授權由各事業部經理全權負責，是最具代表性的分權促銷。

分權式促銷也不是完美無缺，各事業部自行負責促銷活動規劃與執行，難免需要重複配置相關作業人員以致徒增促銷成本。因為脫離高階層主管的決策控制失去統一事權的優點，容易造成決策品質參差不齊的現象。此外，各事業部促銷技術與標準不一，可能使企業整體形象陷入模糊不清現象。例如當各事業部各自購買媒體版面分別傳達各自的促銷訊息，受到化整為零效應的影響，議價籌碼被削弱、談判空間被壓縮，使得訊息

的一致性受到考驗。

9.6 促銷組織的基本模式

如上所述影響組織結構設計的因素很多，組織結構的設計也有很多不同模式。然而，促銷實務運作上有五種模式最常被採用，即功能式組織、產品別組織、顧客別組織、地區別組織和事業部組織（註7、註8）。

1. 功能式組織

功能式組織又稱為傳統式組織，也是最常見的組織結構設計方式，以業務功能別作為劃分部門的一種組織設計方式。顧名思義是將相同功能的業務編組在同一部門，使同一部門內的員工都執行相同性質工作。例如圖9-1宏全國際股份有限公司組織圖、圖9-2中華汽車股份有限公司組織圖所示。

按照企業功能所設計的組織結構，最大的優點在於有專業分工。經理人只需熟練幾項專業技能即可勝任，公司容易培養專業人才、經理人容易發揮個人專長與能力，便於形成工作團隊、協調順暢、提高效率以及指揮系統一元化。各單位經理人在特定活動範圍內擁有專業領域的權限，使得每一項活動都可以順利進行且計畫獲得更有效執行，促銷命令可以有效貫徹使得決策更迅捷有效。

但是隨著組織規模日趨擴大功能式組織會逐漸出現許多缺點，例如因為專業分工而形成本位主義、公司要整合與協調不同意見費時且費力而造成決策速度緩慢、官僚成本提高以及組織績效不易監控等結果。由此可知這種組織設計若要提高業務運作效率，各部門之間需要適當整合與協調相關活動，而整合與協調的職責就落在總經理身上。

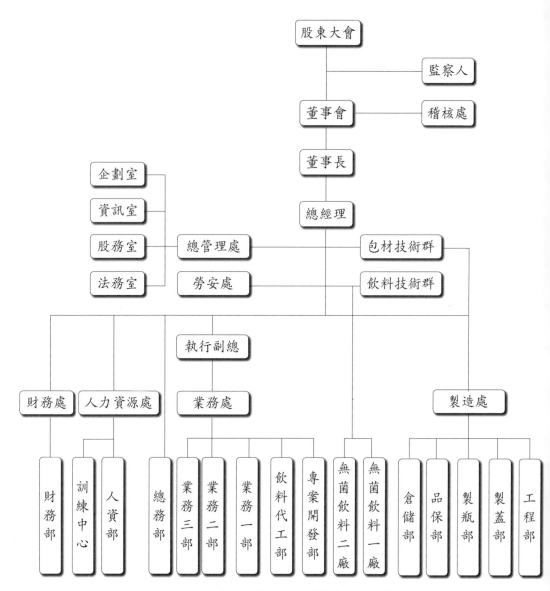

圖9-1　宏全國際股份有限公司組織圖

資料來源：宏全國際股份有限公司提供

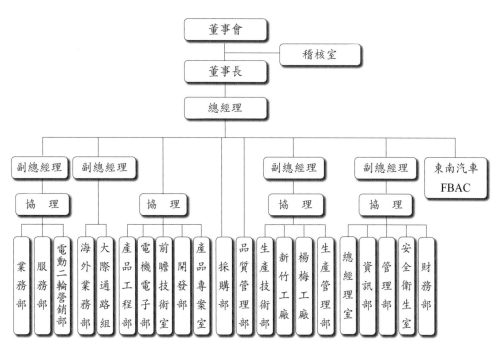

圖9-2 中華汽車股份有限公司組織圖

資料來源：中華汽車股份有限公司網站

2. 產品別組織

　　產品別組織顧名思義是以產品或產品線作為部門劃分的基礎，公司每一類產品或產品線各自獨立運作，由專業部門專責管理，負責管理的部門主管通常稱為產品經理或品牌經理。南亞塑膠股份有限公司將所經營的事業區分為塑膠加工事業群、石化產品事業群、電子材料事業群、聚酯產品及公用事業群，如圖9-3所示。和泰汽車股份有限公司將車輛行銷劃分為LEXUS營業本部、TOYOTA車輛營業本部和商用車營業本部，如圖9-4的組織圖所示。

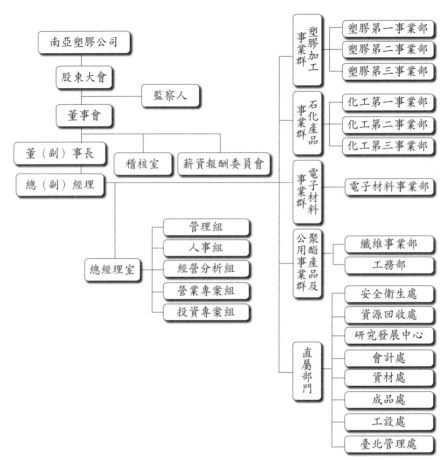

圖9-3 南亞塑膠股份有限公司組織圖

資料來源：南亞塑膠股份有限公司網站

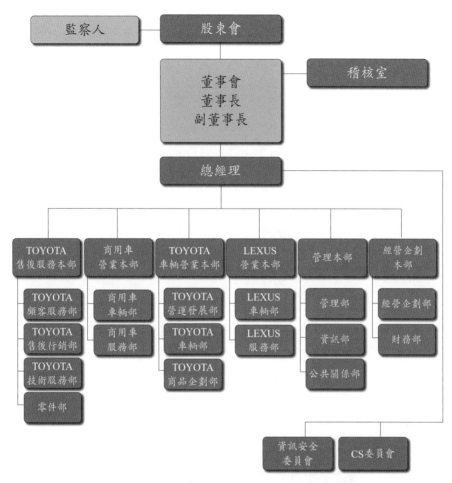

圖9-4　和泰汽車股份有限公司組織圖

資料來源：和泰汽車股份有限公司網站

　　產品別組織的優點包括公司在特定產品領域內可發揮專業化功能、提高決策速度與效能、有助於培養產品別專業人才、產品經營績效的責任歸屬明確、產品經理可以有效協調公司資源的最佳配置。產品別組織的缺點包括重複配置資源、設置相同的功能部門造成資源浪費。此外，不容易找到專業產品經理，即使公司有意培養這種高度專業人才也是曠日廢時；又因為經理人專精於一項產品忽略其他單位的存在，容易造成本位主義增加

行政管理成本。

3. 顧客別組織

　　顧客別組織是以顧客作為部門劃分的依據，主要邏輯認為不同顧客的購買習慣與消費行為各不相同。例如政府機關、企業用戶、學校、醫院、大客戶、批發商、一般零售店和非營利事業機構各有不同的採購規範，採購的需求與程序也各異其趣。公司要有效爭取這些顧客的青睞，提供給顧客最大滿足，採用顧客別組織將是最有效方法。

　　美吾華公司將藥品行銷劃分為機關醫院事業部、診所藥局事業部、博登藥局連鎖事業部、美吾華事業部，如圖9-5美吾華股份有限公司的組織圖所示。

　　顧客別組織中，各類別顧客都由專業部門的專責人才提供服務、供需雙方的溝通更順暢，滿意度可以達到最高境界這是最大優點。不同顧客若需要協調時，公司通常都需要龐大行政人員負責協調工作徒增官僚成本。至於其他優點與缺點和產品別組織非常相近。

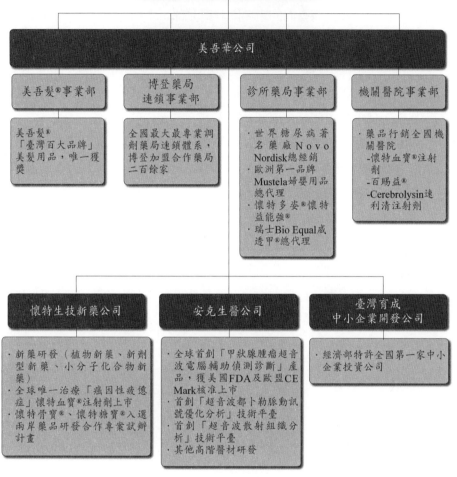

圖9-5　美吾華股份有限公司組織圖

資料來源：美吾華股份有限公司網站

4. 地區別組織

不同地區市場的特性各不相同，公司所採用的行銷方法與促銷方式也不相同。例如廠商常將臺灣的市場區分為北部、中部、南部、東部和離島等幾個市場。許多公司將美國市場區分為美東地區、美西地區、中西部地區、美北地區和美南地區；許多全球化的公司將全球市場劃分為遠東地區、美洲地區、歐洲地區、非洲地區等。主要構想就是快速掌握地區市場的差異性，就近提供服務正確迎合需求。

日本武田藥品工業株式會社醫藥營業本部，按照營業地區劃分為札幌支店、東北支店與東京支店等十四個支店，如圖9-6日本武田藥品工業株式會社的組織圖所示。

不同地區市場各有專責部門服務，因為瞭解地區特性與消費行為，最主要的優點是充分授權可以快速回應、更貼近地區市場需求、提高服務效率、降低整合與協調成本。公司若要維持與分布在各地的其他單位協調，則需要有龐大的人力及行政支援。至於其他優點與缺點和前述產品別組織相類似。

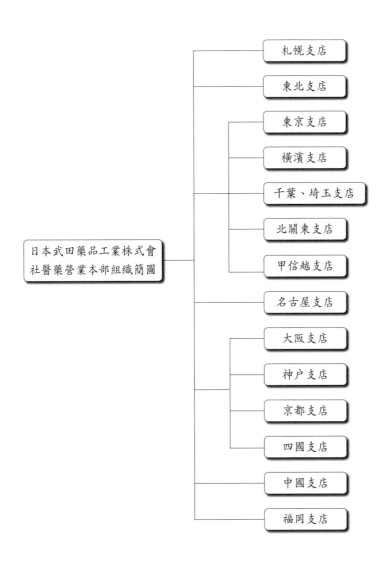

圖9-6 日本武田藥品工業株式會社醫藥營業本部組織簡圖

資料來源：摘錄自日本武田藥品工業株式會社網站www.takeda.co.jp

5. 事業部組織

　　如前所述，公司規模會影響組織結構的設計。當公司規模擴大時高階層主管會出現分身乏術現象，於是大規模企業紛紛採用事業部組織。事業部組織是多重事業都在一個大型組織架構下運作，相關多角化的公司通常都採用這種設計。統一企業集團將所經營的事業區分為食糧群、流通群、速食群、綜合食品群、乳飲群、保健事業群，如圖9-7統一企業集團組織圖所示。味全食品公司將所經營的事業區分為休閒食品事業部、外銷代工事業部、生技事業部、業通事業部、外食餐飲事業部、方便食品事業部、飲料事業部、乳品事業部、埔心牧場和林鳳營牧場等十個事業部，如圖9-8味全食品公司組織圖所示。

　　事業部組織的特點是有些活動採取分權管理方式，授權由事業部經理負責享有充分自主權；有些活動則是採取集權管理方式，由總公司高階層主管負責。事業部組織的優點在於協調與共享資源，這種設計的基本目標是使內部競爭與合作達到最適化，但是需要有嚴密的整合與協調機制才能把組織優點發揮到最高境界。至於整合與協調的工作則落在總經理身上。

　　組織結構設計雖然有多種模式可循，一般而言公司都不會單純只採用哪一種模式，而是採用多種模式混合設計，如某一階層組織採用一種模式設計，其他層級採用另一種模式。例如在公司層級採用功能式組織，達到事權統一、專業分工的組織效益。在行銷層級則視公司與產品特性，採用產品別組織、顧客別組織和地區別組織，迎合產品、顧客或地區市場的需要。例如南亞塑膠公司總經理室採用功能式組織，設管理組、人事組、經營分析組、經營專案組和投資專案組，其餘事業則按產品別劃分為塑膠加工、石化產品、電子材料、聚酯產品及公用事業等四個事業群。

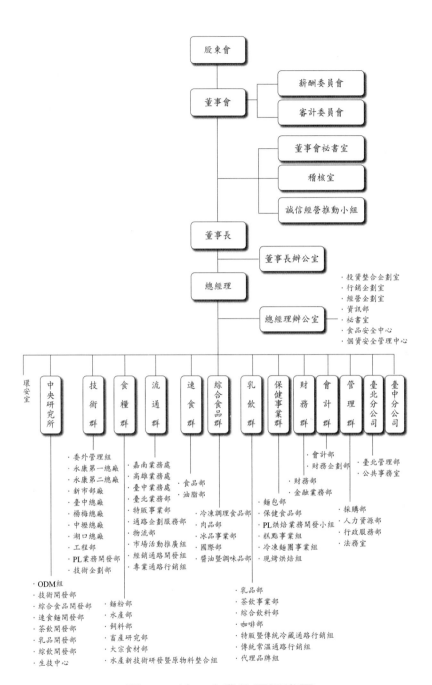

圖9-7　統一企業集團組織圖

資料來源：統一企業集團網站

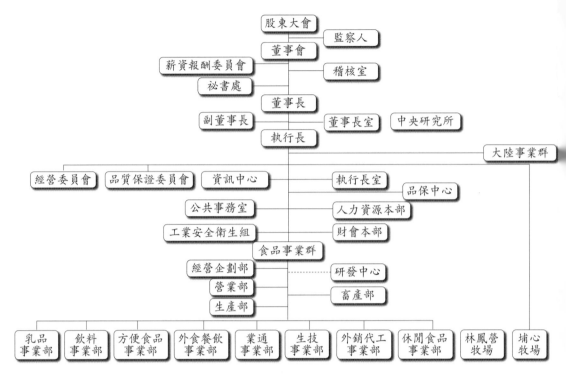

圖9-8　味全食品股份有限公司組織圖

資料來源：味全食品股份有限公司網站

6. 矩陣式組織

　　業務具有專案特性的企業，為整合及靈活應用企業資源，統一調度人力，常採用矩陣式組織結構。矩陣式組織（Matrix Organization）是結合功能式組織與專案業務，所形成的一種雙重指揮系統的組織結構模式，橫向採用功能式劃分組織部門，例如生產、行銷、人力資源、研究發展、物流、財務、資訊等功能；縱向採用專案式區分各工作專案，例如專案A、專案B、專案C、專案D。

　　建設公司或營造廠，同一期間同時擁有多處建案在進行，每一個建案的地理環境與建案內容與特徵雖然各不相同，但是建築程序與施工方法都

大同小異，有關專業知識與技能方面的工作，例如建築設計、施工圖說、使用建材、建照申請、人員招募、行銷管理、財務管理…，由公司統一處理，至於各建案現場的日常管理工作，則由工地主任全權負責，這種典型的專案管理常採用矩陣式組織結構。

矩陣式組織結構最大的特色，在於專案內每位成員各有兩個報告系統，也就是接受兩位主管的指揮，並且向這兩位主管報告，第一、專業知識與技術接受公司功能部門主管的指揮，並向公司相關主管報告；第二、現場日常業務的執行，聽從專案主管的指揮，並向該主管報告。

作者曾經為一家經營多事業、多產品的大規模企業規劃成立行銷管理處，採用矩陣式組織結構，整合企業資源，統一調度行銷人力，執行各行銷專案，發揮行銷綜效。行銷管理處在行銷長領導下，設有行銷企劃、產品開發、業務推廣、營業管理、國際市場等五個功能部門，根據業務需要成立不同的專案，調派適當人員參與專案工作，例如品牌行銷、健康食品行銷、餐飲促銷、超市促銷、遊樂促銷，如圖9-9所示。

矩陣式組織結構的優點，包括(1)提高組織運作彈性，靈活應用人力資源，機動調派適當人員擔任適當工作，(2)執行專案的員工同時接受專業與專案指揮與訓練，迅速學習新知識與新技能，有助於培養優秀人才，(3)員工在專業單位與現場專案間輪調，增進對組織單位與功能的瞭解與共識，可促進組織內的和諧與合作，(4)專案有各種功能的人才參與，可發揮眾志成城效應，提高組織績效。

矩陣式組織結構也有其缺點，包括(1)專案員工接受兩位主管指揮，容易形成報告系統混淆現象，尤其是兩位主管的意見不一致時，會使員工不知所措，無所適從，(2)不同單位主管的意見不一致時，協調費時，容易延誤決策時間，(3)專案主管的決策自由度無限擴大時，容易形成天高皇帝遠現象，使組織陷入無效率狀態，失去競爭力。

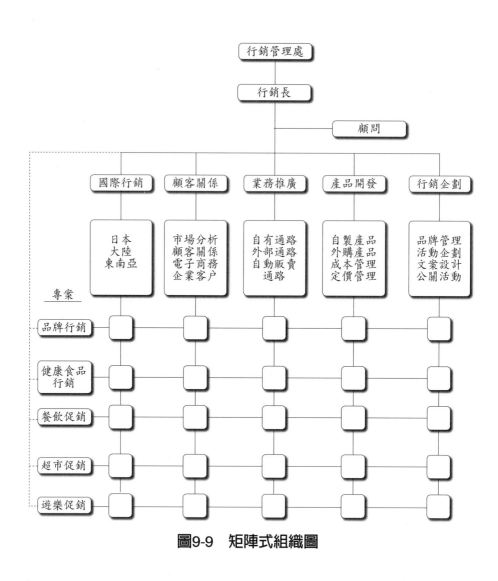

圖9-9　矩陣式組織圖

9.7　組織結構設計原則

　　到目前為止促銷活動沒有所謂的最佳組織模式，只有最適合公司與產

品特質的組織結構。公司在設計促銷組織結構時，參考下列指導原則可以使所設計的組織結構更符合實際需要（註9）。

1. 目標原則

促銷組織是整體行銷組合中的一小部分，促銷組織的設計及各種促銷工具所設定的目標，都必須能夠支持且有助於達成整體行銷目標。

2. 預算原則

促銷組織攸關預算分配，每一種促銷工具所分配的預算，必須與該項促銷工具所要達成的工作目標相配合。

3. 授權原則

促銷活動的權責，必須授權給促銷經理負責。組織設計上必須使經理人獲得清晰授權與明確職責範圍，才能迅速採取正確行動、爭取機會銷售利益。高階層主管核准的必要性應該侷限於嚴重影響組織內其他部門的活動，或牽涉到稀有資源、龐大費用等策略性決策。

4. 協調原則

為了要確保最佳的協調與整合，促銷組合的每一個項目必須同時隸屬同一個部門。銷售經理、廣告經理以及公開報導經理等，都必須參與促銷計畫的規劃與預算編擬等工作。

5. 正式化原則

組織結構的設計必須正式化。在高度正式化的組織架構下，組織成員該做什麼、由誰做、為誰做、如何做、何時做、何處做、使用多少資源、做到什麼境界、需要多少時間，都有一定標準可循。

6. 低成本原則

組織結構是為執行促銷策略，有效能又有效率的達成行銷目標而設計。公司在設計促銷組織時必須要有成本效益觀念，考量在低成本原則下達成目標。

7. 高權變原則

競爭環境變化無常公司雖然無法改變競爭環境，但是需要有高度應變能力。組織結構設計必須要有足夠彈性，在「若發生……該如何……」的指引下，靈活運用、適時應變，不能存有以不變應萬變的心態。

8. 贏得競爭原則

行銷就是在執行企業作戰，任何行銷與促銷活動都必須指向贏得競爭。雖然沒有所謂最佳促銷組織，但是只要能夠贏得行銷競爭的組織，就是最好的組織設計。

9.8　促銷活動的執行與回饋

完成促銷計畫研擬與預算編制，促銷組織設計完成。接著須指派適當人選，按所規劃的計畫項目與進度執行各項促銷活動。促銷活動的執行屬於功能層級策略，重點在於務實的落實執行使促銷計畫與預算發揮最大效能，達到預期目標打贏一場漂亮的促銷戰爭。

促銷計畫做得再完整，如果不能轉換為可以務實執行的行動方案，無異是形同虛設、毫無意義可言。從管理循環觀點言，計畫（Plan）、執行（Do）、檢討（Check）和採取必要糾正行動（Action）就是管理上所稱

的PDCA，其中執行扮演關鍵角色。從務實執行的角度言，擁有最卓越的策略、規劃得再好的計畫，如果因為執行不力或執行有所偏差，要達成目標勢必會落得一場空。

促銷活動的執行必須掌握務實、落實原則，絕不能三心兩意，更不能草率應付。務實是要確實按照所規劃的計畫與進度執行，只有確實執行才能驗證計畫是否得宜。落實是要確實力行實踐，只有落實實踐才會有成果。此外，執行過程中必須有嚴密監控的機制，輔之以階段性檢討成效，適時提供回饋資訊作為是否採取糾正行動的依據。

促銷活動的執行必須要有落實的決心，並且掌握下列要領：

1. 可以有效激勵目標消費者的行為。
2. 確信促銷活動的結果可加以評估。
3. 短期而言可以增加銷售。
4. 長期而言可影響消費者的態度與行為。
5. 使用和定位一致，且可增強定位效果的促銷活動。
6. 妥善規劃，以便和其他促銷組合產生互補作用。
7. 瞭解促銷成本與預期的投資報酬。
8. 評估促銷效果，作為未來研擬促銷活動的參考。
9. 促銷費用高昂，促銷活動必須審慎計畫與評估。
10. 廣泛實施前，先測試即將實施的促銷活動方案。

行銷長肩負市場作戰的任務，促銷規劃階段預測及洞悉市場競爭狀況，影響作戰成敗至巨。執行階段適時回報市場情報，更是勝利關鍵。市場競爭瞬息萬變，規劃階段的策略與執行階段的戰術密切配合才有可能贏得競爭。競爭對手都不是省油的燈，稍有失誤就會被打入敗部，要在敗部復活就難上加難了。

回饋具有三層意義：第一層意義是檢視眼前的初步成效，作為是否採取修正行動依據；第二層意義是評估整體促銷計畫成果，作為研擬下一場

促銷計畫參考；第三層意義旨在瞭解促銷活動發展趨勢，作為奠定公司促銷知識管理基礎。

有關促銷活動的執行將在本書第四篇，針對消費者、中間商和推銷員的促銷中繼續討論。至於促銷成效的控制與評估將在本書第五篇介紹。

 本章摘要

促銷活動和其他企業功能一樣，都不是總經理或行銷長一個人在執行，而是需要透過組織系統並利用組織力量來執行。世上沒有所謂最好的組織，只有最適合的組織，最適合的組織就是量身設計的組織結構。不同的促銷策略需要設計不同的組織結構，這就是策略管理上所主張「組織追隨策略」的原理。

影響組織結構設計的因素很多，包括外部客觀因素與內部主觀因素，公司在設計促銷組織結構時必須審視這些因素，量身設計適合公司需要的組織。組織結構的設計有許多模式可循，本章提出目前企業最常採用的五種組織結構，包括功能式、產品別、顧客別、地區別、事業部組織，分別列舉知名公司所採用的組織結構，並指出各種組織結構模式的優缺點。實務運用上大多採用混合式組織結構，以便發揮運作靈活、彈性回應機制。同時從實務觀點提出組織結構設計原則，供讀者及企業人士參考。

組織結構設計完成後進入執行階段，需要落實執行才能檢視成效，進而回饋相關資訊作為未來修正組織結構的重要依據。

參考文獻

1. 黃家齊、李雅婷、趙慕芬編譯，Stephen P. Robbins and Timothy A. Judge合著，**組織行為學**，第15版，頁5，2014，華泰文化事業股份有限公司。

2. 同註1，頁544。

3. 黃恆獎、王仕茹、李文瑞著，**管理學**，第二版，頁271-273，2010，華泰文化事業股份有限公司。

4. 同註1，頁558-562。

5. 林隆儀、許錫麟合譯，Richard E. Stanley著，**促銷戰略與管理**，第五版，頁190-192，1989，超越企管顧問股份有限公司。

6. 同註5，頁190。

7. 同註3，頁255-259。

8. Griffin, Ricky W., *Fundamentals of Management*, 4th Edition, pp.197-200, 2006, Houghton Mifflin Company, Boston, New York.

9. 同註5，頁188。

個案討論

臺灣松下公司

Panasonic冷氣——「好禮四選一」，銷貨附贈促銷活動

依據國內主要空調業者統計，臺灣市場每年家用空調銷售量約100萬臺。以臺灣人口數目來看市場規模已算不小，但已處於飽和狀態，整體市場成長率呈現低迷不振。倒是近年來隨著油價大幅上漲全民節能意識提高，變頻空調的市場占有率卻快速竄升，約占國內市場的30%。變頻空調興起後，變頻技術精湛的日系品牌市場占有率成長最快，已經超過50%。臺灣冷氣機市場以本土MIT（Made in Taiwan）市場占有率最高，約有47.0%；日系品牌以45.3%的市場占有率緊追在後，呈現勢均力敵狀態；韓系LG的市場占有率為2.1%；美系惠而浦、西屋、奇異合計占有1.2%。臺灣松下電器算是國內市場占有率頗高的一個日系品牌。

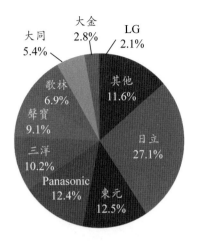

冷氣機品牌市占率

資料來源：Trendgo生活者研究所

　　松下電器正式名稱為Panasonic株式會社，是日本最大的電機製造商，也是日本前八大電機企業之一，總部位於日本大阪府門真市。1918年3月7日松下幸之助在大阪創立「松下電器製作所」，生產電燈燈座。1927年，開始製造自行車用的車燈。第二次世界大戰期間，被軍隊徵用。1945年日本投降，所有參與軍事生產的企業被駐日盟軍總司令部關閉，松下公司的資金被凍結且松下幸之助被迫離開公司，1947年重回企業。

　　1951年，松下幸之助到美國開創Panasonic在美國的市場，最初的產品是電視機。松下幸之助與飛利浦簽訂技術合作合約，將西方的技術引進到日本，因此讓Panasonic從1950年代到1970年代有突破性成長。Panasonic的產品線極廣，除了家電還生產各種數位電子產品，如DVD播放機、DV數位攝影機、MP3播放機、數位相機、液晶電視和筆記型電腦等，還擴展到電子零件、電工零件（如插座蓋

板）和半導體等，間接與直接轉投資的公司有數百家。

　　臺灣松下電器創立於1962年，是Panasonic集團的一員。一直以來致力於實踐「貫徹為產業人的本分，圖謀社會生活的改善與提高，以期貢獻世界文化生活的進展」之經營理念，為提供受到顧客喜愛的產品而不斷努力。還透過獨特的技術、產品與服務，進一步豐富人們生活，並為實現與地球環境共存做出貢獻為基礎，展開從臺灣到亞洲以至全世界的產銷活動。

　　臺灣松下在2015年2月1日至4月30日舉辦定名為「買Panasonic全系列空調好禮四選一」促銷活動，促銷的標的產品選定空調系列產品，採用隨貨附贈方式吸引消費者選購。消費者只要在促銷時間內，購買Panasonic全系列家用冷暖空調，即可任選四大好禮之一，包括涼一夏：14吋微電腦電風扇；樂烹調：雙人牌雙鍋組；愛料理：3人份微電腦電子鍋；享生活：膳魔師真空保溫悶燒罐等贈品。贈送的贈品都是現代家庭非常實用的用品，廣受顧客喜愛。

參考資料:

1. 松下電器公司官網（2015），企業簡介，http://www.panasonic. com/tw/corporate/profile.html

2. 維基百科（2015），Panasonic，http://zh.wikipedia.org/wiki/%E6% 9D%BE%E4%B8%8B%E9%9B%BB%E5%99%A8

3. 行銷人電子報（2015），「冷涼卡好」臺灣冷氣機換購率10.9%，

http://life.trendgo.com.tw/epaper/2709

4. 綠色能源產業資訊網（2015），冷凍空調產業簡介，http://www. taiwangreenenergy.org.tw/Domain/domain-9.aspx

思考問題

1. 從Panasonic促銷案內容中，你認為採用集權式促銷或分權式促銷何者較佳？原因為何？

2. 以管理循環PDCA運用於本個案，你認為個案中的Check檢核點或指標為何？如何易取得？

3. 試比較第4章個案「日立冷氣世界名牌好禮六選一」，與本章「Panasonic冷氣好禮四選一」，若兩案同時執行時，(1)你認為哪一個案例對消費者比較有吸引力？為什麼？(2)如果你是另外一家市占率略低於日立及Panasonic的冷氣品牌行銷主管，請問你是否會推出促銷活動？為什麼？

第四篇　促銷執行篇

第10章

針對消費者的促銷

暖身個案

momo購物網

12週年慶促銷活動

　　電子商務是現今全球經濟緩慢復甦局勢中，最為異軍突起、高速成長的新興產業。根據市場研究公司eMarketer發布的數據顯示，2015年全球B2C電子商務銷售額達到1.7兆美元，年成長15.6%。

　　臺灣電子商務可望成為兆元產業，而跨境平臺的交流也漸趨頻繁，加上政府積極協助電子商務業者拓展市場，更加速電子商務蓬勃發展。2014年8月行政院召開第一次電子商務產業發展指導小組會議，制定推動三面向與五大關鍵策略。根據資策會統計，去年臺灣電子商務交易額年成長16%，達到新臺幣7,673億元，預計2015年可望達成兆元之目標。2014年前十大電商平臺商品數的成長力道呈現正成長，前十名分別為PChome線上購物、momo購物網、Yahoo購物中心、udn買東西、GoHappy快樂購物網、PayEasy女性購物、東森購物網、森森購物網、7net雲端超商、ASAP閃電購物網。

　　富邦媒體科技成立於2004年9月，2005年1月momo購物臺正式開播，

每天向全國520萬收視户播送24小時節目。2005年5月momo購物網上線，目前為全臺前兩大B2C購物網。同年momo型錄創刊，為全臺第一大購物型錄。為提供消費者便利安心的優質服務，2009年成為臺灣第一家通過ISO27001資訊安全認證的虛擬通路業者。

因應行動商務快速崛起，除了原來所經營的網路購物、電視購物、型錄購物等虛擬通路之外，momo近年來也積極投入行動購物。在機制持續優化及商品多元化的策略帶動下，旗下購物網、摩天商城、電視購物APP總下載量接近250萬人次。

momo目前經營通路包括三個電視購物頻道、購物網、摩天商城、型錄及手機APP等，十一年來秉持「藉由提供眾多物美價廉的商品和優質服務，來改善人們生活」的使命，遵循「誠信、親切、專業、創新」的價值觀，為建構momo成為亞洲消費者及供應商首選的購物平臺願景不斷努力，並於2014年12月在臺灣證券交易所正式掛牌上市。

積極布局海外市場，加速國際化腳步。2014年3月合資成立泰國TVD SHOPPING CO., LTD公司，並於同年6月分開始營運。2015年6月投資中國大陸電視購物公司「北京環球國廣」，將經營觸角延伸至東南亞及中國大陸市場，同時引領供應商跨足國際市場。未來momo將持續聚焦亞洲市場，擴大泰國營運項目與規模，並尋求與其他東協國家的合作機會。momo將秉持「物美價廉、優質服務」的核心理念，希望憑藉在臺灣的成功經驗帶到亞洲各地，同時引領momo的供應商國際化。momo除了服務顧客之外，也能服務供應商將整個供應鏈帶到世界舞臺。

臺灣momo購物網，在2016年10月1日到10月31日，舉辦12週年慶促銷活動，除了天天抽來回機票外，更加碼天天回饋12%紅利回饋金。另外，也搭配多樣化品項專區提供不同促銷價格。

參考資料：

1. 數位時代（2014），2014上半年電商排名，PChome線上購物搶第一，
   http://www.bnext.com.tw/article/view/id/33523

2. momo購物網官網（2016），首頁-優惠訊息，http://www.momoshop.
   com.tw/edm/edm.jsp?lpn=Nz3SDxUnh9W&n=1&cid=mtab&oid=event_3&
   mdiv=1000100000-bt_0_202_01-bt_0_202_01_P1_1_e1&ctype=B

3. 蘋果日報（2015），2015年臺灣各網購平臺商品數排行現況，http://
   www.appledaily.com.tw/appledaily/article/supplement/20150722/36677456/

4. https://news.ezprice.com.tw/4201/

10.1 前　言

　　促銷旨在提供購買的額外激勵，也就是提供消費者購買的誘因，配合廣告活動提供消費者購買的理由並鎖定不同目標消費群，加速促成銷售且有效提高銷售績效。促銷計畫中的關鍵激勵誘因，有些是針對消費者、有些是鎖定中間商，另有一些是提供給公司推銷人員。本章先討論從廠商的立場言，距離市場最近的促銷方式，也就是針對消費者的促銷。接下來兩章將分別介紹針對中間商及公司推銷人員的促銷。

　　針對消費者所舉辦的促銷活動，主要有五個目的：(1)爭取消費者試用產品及反覆購買；(2)增加對既有品牌產品的消費量；(3)留住現有顧客；(4)瞄準特定市場；(5)提高整合傳播效果及建立品牌權益（註1）。

　　針對消費者的促銷招式非常多，實務上的應用也常見五花八門、令人眼花繚亂。Schultz, Robinson and Petrison將針對消費者的促銷方式，歸納為八種基本技術（註2）；Schultz and Robinson歸類為十種應用技術（註3）；Kotler and Keller歸類為十三種主要方法（註4）；Belch and Belch區分為九種技術（註5）；Shimp區分為十一種方法（註6），整理如表10-1所示。由此可知學者對促銷技術的分類相當分歧，本章以Schultz, Robinson and Petrison的分類為藍本，分別介紹當今最普遍被採用的基本促銷方法，包括優待券、競賽與抽獎、包裝促銷、銷貨附贈、集點優惠、免費樣品、特價優惠和退費優待。

表10-1　針對消費者的促銷方法

Schultz, Robinson and Petrison	Schultz and Robinson	Kotler and Keller	Belch and Belch	Shimp
優待券	優待券	樣品	樣品	免費樣品
特殊包裝	競賽與抽獎	優待券	優待券	優待券
續購方案	加量不加價	現金回饋	特價優惠	特價優惠
退還貨款	集點優惠	優惠價包裝	競賽與抽獎	降價優惠
競賽與抽獎	折價優惠	贈品（禮品）	退費優惠	紅利包
回郵優惠	包裝促銷	常客方案	紅利包	退費優惠
免費樣品	回郵贈送	獎品（競賽、抽獎、遊戲）	降價優惠	競賽與抽獎
降價優惠	付費贈送	來店禮	忠誠方案	忠誠方案
	退費優待	免費試用	事件行銷	網購促銷
	免費樣品	產品保證		搭配促銷
		聯合促銷		零售店促銷
		交叉促銷		
		購買點陳列與展示		

消費者分布在市場各個角落，地域廣泛、對象分歧、男女有別、需求不同、購買動機更是各異其趣，光要接觸他們已經相當不容易了，要有效吸引他們的注意力與興趣更是困難重重。所以廠商在舉辦促銷活動時通常都會視實際需要，將基本技術組合應用加上廠商的創意與靈活應用，新的促銷花招層出不窮因而更增添促銷活動的多樣性與變化性。

掌廚鍋具2016年母親節推出三項促銷活動：(1)免費邀請參加詹姆士料理秀、(2)各類鍋組特價優惠、(3)單筆購滿3,000元即贈抽獎券一張，可參加抽獎。特獎：詹姆士到您家當大廚（1名）、頭獎：日本東京雙人來回機票（2名）、貳獎：德國WOLL鍋具2萬元提貨券（3名）、參獎：德國三叉牌7件刀具組（3名）、肆獎：兩仟元掌廚提貨券（20名）、伍獎：壹仟元掌廚提貨券（30名）。

10.2 優待券促銷

優待券（Coupon）促銷是被使用得最早、最廣泛的消費者促銷工具，屬於價格優惠的一種促銷方法。由廠商提供給消費者價格優惠憑證，消費者購買產品或服務時，得以享受憑證上所記載金額的減價優惠。優待券的名稱至今尚無統一，有稱為優待券、優惠券或折價券，也有稱為兌換券、抵用券、提貨券或體驗券，不一而足。

優待券面額不一，從幾拾元到幾萬元都有。微風廣場每年母親節前夕所舉辦的「微風之夜」，贈送給貴賓的抵用券面額從500元、1,000元、1,500元、12,000元、16,000元、25,000元、30,000元、65,000元。

幾乎所有的消費者都是優惠券的使用者。從人口統計角度言，無分性別、年齡、職業、所得、教育水準或者生活型態，都熱衷於使用優惠券購物。許多研究都顯示女性使用優待券的比例高於男性，尤其是家庭主婦擅長於精打細算，都會充分享用優待券優惠。經濟不景氣時期物價高漲但所得不漲，廠商推出優待券促銷活動深受消費者歡迎。消費者蒐集及使用各式各樣的優待券，長期累積下來成為省錢的好辦法，甚至贏得省錢達人美譽。

1. 優待券普遍盛行的理由

從提供者的角度言，優待券可分為兩種類型：第一種是生產廠商提供的優待券，目的是要吸引消費者購買該廠商的產品與服務，稱為廠商型優待券。例如食品廠商、餐飲業者所發行的優待券。第二種是零售商提供的優待券，目的是要吸引消費者到該零售商購物，不一定要購買哪一廠商或品牌產品，稱為零售商型優待券。例如百貨公司、各大賣場、超級市場以及便利商店所發行的優待券。

優待券的發送有多種方式，有些廠商直接寄送給消費者，例如微風廣

場直接將優待券郵寄給貴賓；有些廠商在街頭發送優待券給消費者，例如餐廳服務人員在餐廳門口分送優待券；有些廠商透過平面印刷媒體發送優待券給消費者，例如利用夾報方式或將優待券印刷在雜誌或其他平面媒體上；有些廠商利用產品包裝或標籤發送優待券；有些廠商利用電子媒體傳送優待券，消費者購物時只要出示手機上的優惠憑證就可以享受優待。

優待券成為廠商普遍使用的促銷工具，主要理由如下（註7）：

(1) 優待券是廠商接觸到對價格敏感之消費者的有效方法。

(2) 優待券讓消費者感受到實質的優惠，因而增加消費量。

(3) 提供短暫的價格優惠，優惠期滿恢復正常價格。

(4) 鼓勵新消費者試用產品，提高品牌的長期價值。

(5) 直接提供價格優惠給消費者。

(6) 廠商分辨價格敏感與非價格敏感消費者的有效方法。

(7) 容易接觸到特定地區或特定類型的消費者，幫助廠商達成行銷目標。

(8) 容易接觸到對產品有需求的消費者。

2. 優待券促銷的優點

廠商發送優待券不但簡便且有彈性，對提高銷售績效大有助益，對因應市場競爭功不可沒。消費者使用優待券不僅簡便，而且立刻感受到經濟實惠廣受歡迎。此外，尚有下列優點（註8、註9）：

(1) 迅速發送給特定潛在顧客及現有顧客。

(2) 優待券有一定使用期限，可以刺激消費者立刻採取購買行動。

(3) 有效刺激消費者試用現有產品或新產品。

(4) 可使產品試用者轉換為忠誠顧客。

(5) 增加顧客購買品項與購買數量。

(6) 可用來推廣新口味、新規格，以及產品線延伸的產品。

⑺ 吸引消費者提早購買，增加購買數量或購買價格更高的產品。

⑻ 間接刺激中間商增加進貨數量。

⑼ 無須零售商配合即可實施的一種降價促銷活動。

⑽ 有效刺激公司推銷人員的一種銷售方法。

3. 優待券促銷的缺點

優待券為當前被廠商使用得最普遍的促銷工具之一，無論是生產或銷售消費品的廠商，幾乎都使用過各式各樣的優待券。優待券也是消費者接觸到最頻繁的促銷誘因之一，幾乎所有的消費者都是優待券愛用者。但是優待券並不是完美無缺的促銷工具，也潛藏有下列缺點（註10、註11）：

⑴ 消費者或零售商所造成錯誤的使用。

⑵ 使用率高低及使用時間難以預測。

⑶ 消費者不積極使用，以致許多優待券過期了才要使用。

⑷ 銷售淡季期間使用率低，促銷成本高。

⑸ 知名度低的廠商或產品，使用率偏低。

⑹ 無法防止既有顧客使用，以致減少公司新增獲利機會。

4. 優待券被誤用的問題

優待券是具有實質優惠的一種憑證，消費者購物時憑證可以享受減價優惠，以致常有被誤用或欺騙的情事發生。例如下列各種情況（註12）：

⑴ 消費者因為誤解而用於沒有促銷的產品，或用於規格不同的產品。

⑵ 被公司推銷人員挪用換取現金。

⑶ 被零售商蒐集及使用，沒有配合促銷公司產品。

⑷ 被某些人士蒐集或自行印刷，銷售給不道德的推銷人員使用。

⑸ 網路詐騙優待券頻傳，印製偽造的優待券並在網路上發送。

5. 優待券促銷決策

許多家庭主婦前往賣場購物前，都會勤做功課、用心閱讀及研究廠商所提供的購物指南，比較及選擇附有優待券的項目進行購買。因此廠商在設計優待券促銷時，必須審慎考慮下列五大決策（註13）：

(1) 誘因大小

誘因太小沒有吸引力、誘因太大成本太高，廠商在規劃優待券促銷活動時必須審慎研究，設計出最適合的誘因。

(2) 優惠訊息

優待券只是小小的一張憑證，以載明優惠訊息為原則，不宜納入無關緊要的其他訊息。

(3) 限制條件

優待券的目的是要吸引及鼓勵消費者惠顧及試用產品，廠商要求消費者使用優待券的條件或門檻應盡量降低，方便消費者嘗試及使用。

(4) 成本考量

優待券的成本不外乎發送成本與使用成本，前者容易估算，後者包括誘因大小及使用率不易預測。廠商可使用科學的市場研究方法決定之。

(5) 使用期限

大多數優待券都有一定的使用期限，鼓勵及提醒消費者按時使用，但是也有不設定使用期限者。要不要設定使用期限、使用期限多長才適當或是不設定使用期限，廠商在規劃促銷活動時必須有明確定奪。

6. 優待券促銷教戰守則

優待券促銷決策底定之後，廠商舉辦促銷活動時必須牢記下列五項教戰守則正確使用，期使優待券發揮預期的促銷功效：

(1) 鞏固忠誠使用者

消費者普遍都有優待券不用白不用的心態，發送給忠誠顧客的優待券

使用率最高，對提高銷售具有相乘效果。

(2) 爭取品牌轉換者

廠商舉辦促銷活動都希望爭取尚未形成忠誠度的顧客，優待券也是爭取品牌游離者最有效方法。

(3) 爭取價格敏感顧客

價格敏感的顧客最容易改變購買行為，優待券屬於價格優惠的促銷活動，很自然成為爭取價格敏感顧客最有效方法。

(4) 爭取競爭者的顧客

促銷活動常有探囊取物的企圖，爭取競爭者的顧客前來惠顧則是廠商最普遍的願望，此時優待券常扮演最重要角色。

(5) 吸引不了非使用者

儘管優待券具有許多優點與促銷魅力，但是卻吸引不了產品非使用者青睞，這也證明了優待券不是萬靈丹的事實。要吸引產品非使用者的青睞，廠商必須另尋其他方法對症下藥才是明智做法。

10.3　競賽與抽獎

競賽與抽獎（Contests and Sweepstakes）是針對消費者促銷的有效方法，愈來愈普遍被廠商採用。主要是結合具有強烈吸引力的獎品，增加產品的銷售並強化品牌形象。競賽與抽獎雖然和優待券同樣屬於減價促銷的方法，但是卻具有優待券所沒有的吸引力與魅力。因為許多消費者都抱著「只要參加，希望無窮」的心態，認為有機會獲得大獎而趨之若鶩。廠商也認為競賽與抽獎促銷活動所提供的獎項，可以有效吸引許多消費者的注意力與興趣，進而達到增加銷售目標。

1. 競賽與抽獎的參加條件

競賽和抽獎不同。競賽是指消費者必須憑著個人的特殊技術或能力，參加公司所舉辦的促銷活動，可分為兩種情況：第一種無須購買公司的產品即可參加廠商所舉辦的競賽活動，經廠商評審為優勝者可以贏得獎項或獎金，也稱為開放式促銷。例如市民參加動物園所舉辦的貓熊寶寶命名活動，或消費者參加公司所舉辦的商標設計活動，競賽活動揭曉後優勝者由主辦單位頒贈獎品或獎金。第二種必須提供購買產品或服務的憑證才可以參加廠商所舉辦的競賽活動，經廠商評審為優勝者可以贏得獎項或獎金，也稱為封閉式促銷。例如消費者提供產品購買憑證並附上公司新產品命名相關資訊，才可以參加競賽活動。

抽獎無須憑藉個人技術與能力，但是必須提供產品購買憑證才可參加抽獎活動，純粹基於機會因素決定獲獎，被抽中的獲獎者由公司贈送獎品或獎金。例如黑松公司於2012年舉辦「黑松汽水與沙士歡樂送抽獎活動」，消費者只要購買黑松汽水與沙士寄回抽獎標誌（2枚貼紙），即可參加抽獎。中獎者第一獎由公司招待遊新加坡環球影城、第二獎贈送Nikon J1相機、第三獎贈送Apacer隨身碟。2014年舉辦「韋恩咖啡歡樂送抽獎活動」，消費者購買韋恩咖啡上網登錄發票，即可參加新加坡環球影城之旅抽獎活動。

競賽促銷活動通常都從參與的消費者中，經由公正而嚴謹的評選程序選出優勝者；抽獎促銷活動直接從參與的消費者中抽出中獎者，除了公正而嚴謹的程序外，通常都有政府稅捐主管單位代表、會計師、律師、消費者代表及其他公正人士見證，公信力十足備受推崇。

2. 抽獎比競賽更受歡迎

公司舉辦競賽與抽獎促銷活動，通常都提供高價值的獎品或獎金，因而吸引眾多消費者前來參加。同樣是促銷活動，抽獎比競賽更能吸引消費

者的興趣及參與，主要理由有五（註14）：

(1) 從消費者觀點言，消費者無須具備特殊技術或能力即可參加抽獎，因此更有吸引力。

(2) 消費者容易參加有機會獲大獎，更具有魅力。

(3) 從廠商立場言，消費者必須提供購買憑證才能參加抽獎，對提高銷售績效有直接貢獻，因此廣受包裝產品廠商喜愛。

(4) 和其他促銷活動比較，抽獎活動的成本相對低廉，促銷方式簡單容易執行，而且可以達成多種行銷目標。

(5) 可以加速配銷，鼓勵中間商增加存貨、激勵業務員推銷熱忱。

3. 競賽與抽獎的優點

競賽與抽獎促銷活動，最大的優點在於營造歡樂氣氛、參與門檻低、鼓勵消費者參與、獎項豐富中獎率高、過程嚴謹具公信力，消費者常趨之若鶩可刺激短期銷售。促銷成本相對低廉，確實是一種絕佳的促銷工具。此外，還具有下列優點（註15、註16、註17）：

(1) 無須特別核對參與資格，管理簡單、成本低廉。

(2) 選擇優勝者或抽選中獎者，過程公正、嚴謹。

(3) 促銷預算可以精準控制。

(4) 可以擴大、建立、強化產品及品牌形象。

(5) 可以達成吸引消費者閱讀廣告的目的。

(6) 鼓勵零售店擴大鋪貨及增加陳列排面的上策。

(7) 對需要調整策略的產品給予適切幫助。

(8) 可針對特定目標市場進行直接促銷。

(9) 可吸引消費者試用產品。

(10) 可以結合數種產品舉辦聯合促銷。

(11) 可以激發公司推銷人員的推銷熱忱。

⑿ 獎項結構有助於鼓勵中間商備足存貨，達成公司銷售目標。

⒀ 輔之以廣告、店頭陳列或其他促銷方法，效果更佳。

4. 競賽與抽獎的缺點

競賽與抽獎雖然持續受到廠商重視、廣受消費者青睞，但是這種促銷活動也存在著下列缺點（註18、註19）：

⑴ 建立消費者對產品或服務的權利少有貢獻可言。

⑵ 消費者的興趣聚焦於活動，而不是關心產品或品牌。

⑶ 只吸引志在獲獎特別嗜好的參與者，興趣缺缺消費者大有人在。

⑷ 只吸引試用者試用產品，並不會讓銷售業績大增。

⑸ 無法提高消費者的參與率及對產品的注意力。

⑹ 需要輔之以大量的媒體廣告，促銷成本高昂。

⑺ 沒有一套正確的前測方法，不易進行促銷前的效益評估。

⑻ 使用太頻繁或單獨使用時，促銷效果及吸引力會大打折扣。

5. 競賽與抽獎促銷教戰守則

競賽與抽獎促銷不但被廠商普遍採用，而且也廣受消費者喜愛。由於促銷效果非常良好，每年都有許多廠商採用。促銷活動本身也相當競爭，同樣是競賽與抽獎活動內容五花八門、誘因各異其趣，尤其是獎品及獎額的設計最受矚目，所以廠商在規劃時必須格外謹慎與用心。嚴守下列教戰守則，可以幫助廠商舉辦一場成功的競賽與抽獎促銷活動：

(1) 完整規劃，準備好了才開始

競賽與抽獎辦法必須通盤規劃，所有細節都必須一一到位。公司內部形成高度共識，一旦開始實施就是要獲得成功。

(2) 獎品獎項，要有強烈吸引力

無論是競賽與抽獎，獲獎者到底還是少數。公司在規劃獎品與獎項

時，除了選擇具有強烈吸引力的獎品之外必須把這些獎品公諸於世，因為這是促銷活動成功最具關鍵因素。

(3) 促銷預算，包括行政處理費

促銷活動要有足夠預算做後盾，競賽與抽獎促銷預算包括獎品、獎項、廣告、事前與事後處理及其他行政費用都必須編列預算。

(4) 遵守法令，先完成報備手續

舉辦促銷活動必須遵守政府相關法令規範，才不會節外生枝。依照我國〈營利事業所得稅查核準則〉規定，促銷費用當作廣告費報支必須事前向稅捐機關報備，相關手續必須完備後才實施。

(5) 公開公正，邀公正人士見證

無論是競賽活動的評審或是抽獎活動的抽獎，過程與結果都必須做到公開公正，並且邀請政府主管單位代表、會計師、律師、消費者代表及其他公正人士見證。中獎者領取或寄送獎品都必須留下詳實記錄，備供查考。

(6) 簡易可行，擴大參與創績效

競賽與抽獎活動的規劃與設計必須做到簡單、易懂、具有創意、引起興趣、降低門檻、容易參加、擴大銷售績效。

(7) 媒體配合，利用廣告造聲勢

促銷活動本身就是一種行銷造勢活動，再好的促銷計畫都需要有廣告配合宣傳。漂亮的造勢等於活動成功了一大半。

10.4　包裝促銷

包裝促銷（Special Packs）顧名思義是以產品包裝作為促銷工具的一種促銷方法。包裝促銷有多種說法，有稱為特殊包裝者、有稱為紅利包裝

者，至今尚無一致性說法，本書統稱為包裝促銷。包裝促銷既然是以包裝作為促銷工具，顯然是經過包裝處理的產品所獨享的促銷方法。利用包裝的特殊設計，提供給消費者某些額外利益，吸引消費者多量購買。

1. 銷貨附贈與包裝促銷的類型

包裝促銷是銷貨附贈的一種方式，廠商將贈品置於產品包裝內、包裝上或包裝旁，隨著產品銷售贈送給顧客。隨著促銷目之不同、各有不同的類型，最常見者有紅利包裝、包裝內、包裝上、包裝旁和再利用包裝，分述如下（註20）：

(1) 紅利包裝（Bonus Packs）

以低單價包裝產品採用的最多，通常都採用特殊包裝以便在相同價格水準下，甚至以更低廉價格提供給消費者比平常更多量的產品，所以稱為紅利包裝。紅利包裝促銷有多種方法，有以更大容量裝入相同產品者，例如奶粉、麥片、清潔劑或洗衣粉等；有將多單位產品包裝在一起的集合包裝（Multiple Packs），以特價銷售者，例如集合包裝飲料、啤酒、糖果、餅乾或牙膏等。這種促銷方法無論是用在酬謝現有顧客、占有或留住現有顧客或吸引新顧客，都非常有效。

(2) 包裝內（In-Packs）

廠商將額外提供給顧客的利益，裝入包裝內的一種促銷方法。所謂額外利益可能是和原來產品相同，也可能和原來產品不同。包裝內所裝入的額外產品，通常都是對目標顧客有高度吸引力的產品，也可能裝入廠商所要提供給顧客的新產品樣品。例如兒童食品、玩具等生產廠商為爭取兒童的歡心與驚喜，常在產品包裝盒內裝入額外贈品；其他包裝產品生產廠商也常將促銷贈品裝入包裝內，確實把贈品贈送給顧客。

(3) 包裝上（On-Packs）

有些贈品要裝入產品包裝盒內並不容易，廠商權宜之計是將贈品附在包裝盒上利用膠帶綑在一起。例如買大瓶裝牛奶、豆漿、果汁或醬油，附

贈小瓶裝同類產品或其他產品。廠商通常都會利用包裝上附贈贈品的機會推廣新產品，爭取消費者試用機會。

(4) 包裝旁（Near-Packs）

廠商常在現有產品旁置放所要贈送的產品，或陳列加價購買的產品。這些產品所附的贈品因為體積大、重量重，無法裝入原有包裝內或綑在原有包裝上，只好完整的陳列在主產品旁邊。家電產品廠商常將贈品置於產品旁邊，達到陳列與促銷雙重效果。例如東元電機公司舉辦「好禮四選一」促銷活動，贈品有電扇、電磁爐、保溫杯和晶鑽鍋。《中國時報》為酬謝訂戶長期訂閱舉辦「好禮相送」促銷活動，訂戶預付不同訂閱期間的訂報款即可獲得廚房用品，例如小烤箱、循環扇、美食鍋和不鏽鋼快煮壺四選一。這種促銷方法所陳列的贈品能見度很高非常吸引人，在零售店吸引人潮相當有效。若所提供的贈品屬於系列產品，可激起消費者收藏的興趣且促成反覆購買，對提高銷售績效大有助益。

(5) 再利用包裝（Reusable Containers）

廠商使用可讓顧客重複利用的特殊包裝，也是常見的一種包裝促銷方法。這種促銷方法強調包裝再利用、節省能源、替顧客省錢。在今日環保意識高漲之際，再利用包裝頗受歡迎。例如洗衣粉包裝再利用，廠商順勢推出價格比較便宜的補充包；大包裝飲料喝完後，寶特瓶可以當作水壺使用；醬菜吃完後玻璃容器可作為其他用途；便利商店鼓勵消費者自備咖啡杯，買咖啡可以享受折扣優惠。這種促銷方法對留住現有顧客、吸引新試用者都非常有效。

2. 銷貨附贈與包裝促銷的優點

包裝促銷利用主產品的包裝作為促銷工具。對廠商而言簡易可行具有環保概念，可以節省促銷成本；對消費者而言，經濟實惠、廣受歡迎。此外，尚有下列許多優點（註21、註22）：

(1) 直接將贈品贈送給顧客的絕佳方法。

(2) 贈品吸引力可以防衛競爭者的競爭。

(3) 有助於推廣新產品及現有產品。

(4) 紅利包裝可鼓勵消費者購買大容量包裝產品。

(5) 有助於塑造產品差異化。

(6) 可將贈品確實贈送給目標顧客。

(7) 選擇和主產品相關的贈品，可提高促銷的相乘效果。

(8) 贈品數量可以事先估計，容易控制促銷預算。

(9) 增加主產品在零售店陳列機會。

(10) 可以提高主產品使用率。

(11) 包裝再利用具有環保概念，節省社會資源。

(12) 可再利用的包裝，有助於以較低成本增加產品銷售。

3. 銷貨附贈與包裝促銷的缺點

包裝促銷牽涉到不同的做法，廠商基於成本考量通常只選擇其中一種做法，以致會有顧此失彼的缺失。此外，尚有下列缺點（註23）：

(1) 贈品若不受歡迎，將會失去促銷意義。

(2) 受限於贈品體積與重量，造成零售店陳列困擾。

(3) 包裝上附贈品規格不一，影響零售店陳列意願。

(4) 包裝若不牢固，可能影響主產品形象。

(5) 贈品分開陳列，會有被挪用或被偷竊風險。

(6) 贈品吸引力太強，可能被零售店占為己有。

(7) 廠商與零售店的關係若不融洽，陳列效果容易被打折扣。

4. 銷貨附贈與包裝促銷使用場合

包裝促銷普遍被廠商使用，尤其是產銷包裝產品的廠商更常採用。這

種促銷方法在吸引不同類別消費者時，效果各異其趣。廠商在規劃包裝促銷活動時，深入瞭解適合與不適合採用的場合，有助於指引將有限的促銷資源用在最有效地方（註24）。

(1) 留住公司既有忠誠顧客

現有顧客最容易受到具有附加價值促銷活動的影響，紅利包裝促銷讓顧客持有更多量產品，使他們暫時忽略競爭品牌的促銷活動。包裝促銷若屬同類產品讓消費者願意多量使用產品，也因為保有存量而改變購買時機。若促銷同一公司的不同產品，有助於促成交叉銷售效果。

(2) 誘導競爭者的忠誠顧客

競爭廠商的忠誠顧客不容易受到具有附加價值促銷活動的影響，消費者對特定產品若不感興趣，公司即使推出各種包裝促銷活動都難以打動其芳心。廠商要誘導競爭者的忠誠顧客需要有放長線釣大魚的準備，提供非常具有吸引力的額外誘因並有效吸引他們試用，才有機會進行下一步驟促銷。

(3) 吸引品牌游離的消費者

對品牌游離的消費者而言，包裝促銷所提供的額外利益具有強烈誘因。此時若能搭配提供所促銷產品的樣品，常會把試用過的樣品列入轉換品牌的喚引集合（Evoked Set）中達到趁虛而入效果。

(4) 刺激價格敏感的購買者

價格敏感者常趁著廠商舉辦促銷活動時購買便宜產品，他們不是對促銷產品特別有興趣，就是感覺價格非常便宜。針對這類價格敏感的消費者，提供額外誘因比包裝促銷更有效。味全公司為了要拉抬林鳳營鮮乳的買氣，推出「買兩大、送四小」的超促銷活動（買兩大瓶、送四小盒），吸引消費者惠顧。

(5) 影響從未使用的消費者

從來不使用某種產品的消費者很少會受到額外促銷誘因的影響，即使廠商提供他們沒有用過的大包裝產品也很難吸引他們改變心意，此時包裝

促銷就少有效果可言。此時廠商可提供具有非常吸引力或是平常不容易得到的誘因，才容易發揮影響力。

5. 銷貨附贈與包裝促銷教戰守則

如上所述包裝促銷有五種方法各有利弊，廠商很難同時採用。因此在規劃包裝促銷活動時，行銷長必須要有前瞻性思維專注於做策略性決策。下列教戰守則有助於廠商做最適促銷決策：

(1) 贈品價值，容易評估

拜科技進步之賜，許多類別的包裝產品同質性愈來愈高，價格水準也相當接近，加上消費者購買時普遍都有「物超所值」的期待，利用包裝促銷吸引消費者青睞成為行銷上非常重要的一環。尤其是所提供的贈品更受矚目，如家電產品、清潔用品以及個人衛生用品的促銷就是最好例子。廠商在選擇贈品時除了滿足消費者「物超所值」的期待之外，還需要選擇容易評估價值的贈品幫助消費者加速做購買決策。

(2) 贈品選擇，容易贈送

物超所值的贈品如何確實贈送給所要贈送的目標顧客，防止中途被攔截或挪用也是一大學問。並非所有的贈品都適合置入主產品包裝盒內，也不是所有的贈品都適合綑在主產品包裝上。因此在選擇贈品時，必須考慮具有吸引力、容易包裝、容易贈送的贈品。

(3) 促銷預算，審慎編列

促銷預算包括許多項目，有吸引力的贈品通常都比較昂貴。廠商在規劃促銷活動時必須詳細編列各項預算，作為執行與評估促銷效果依據。

(4) 促銷時效，合理期間

促銷活動期間並沒有一定規則，隨著產品特性之不同而各不相同。耐久財產品之促銷活動期間通常比非耐久財長，廠商在設計活動時需要拿捏得宜。

(5) 結合異業，降低成本

有些產品採用異業產品作為贈品更具有吸引力，例如家電廠商選擇廚房用品作為贈品經濟實用、廣受歡迎。此時結合異業的力量站在聯合廣告的觀點，不但可以發揮贈品魅力同時還可以降低促銷成本。

(6) 通路合作，爭取陳列

生產廠商所舉辦的促銷活動需要通路成員配合執行，產品在零售店陳列方式與位置影響包裝促銷活動成效至巨。維持和通路的融洽關係以爭取最佳陳列位置，可以有效提高包裝促銷活動效果。

10.5　免費樣品

免費樣品（Sampling）顧名思義是指產品樣品。廠商透過人員贈送、店頭贈送、銷貨附贈、郵寄和網路廣告等方式，提供免費產品樣品給顧客或潛在顧客試用的一種促銷方式。贈送免費樣品是促成消費者試用產品最有效的方法，尤其是新產品上市贈送免費樣品是最常被採用的促銷方法。消費者經過試用而成為反覆購買的顧客為數相當驚人，顯示促銷效果非常良好。試用後感到滿意而成為忠誠顧客者也不計其數，因此這種促銷方法令廠商群起效尤。

1. 免費樣品贈送方式

廠商贈送免費樣品不外兩種方式：第一是純粹贈送產品樣品，簡稱為送樣或派樣；第二是結合其他產品贈送，又稱為合作贈送。至於實際贈送則有下列八種方法（註25、註26、註27）：

(1) 直接郵寄

廠商將產品樣品直接郵寄給目標消費者或家庭主婦。

(2) 隨報贈送

產品樣品隨著報紙或雜誌分送給訂戶或購買者。

(3) 街頭贈送

廠商派員在車站、百貨公司、購物中心和重要交通據點附近，將產品樣品贈送給近似的潛在顧客。例如洗髮精、清潔劑或女性衛生用品生產廠商，派員在街頭贈送樣品。

(4) 店頭贈送

廠商利用在店頭展示場合，配合展示人員的演示與說明將產品樣品贈送給前來參觀的消費者。這種方法可以立刻瞭解消費者反應，順勢推銷促成購買。

(5) 挨家挨戶贈送

廠商根據事前取得的潛在顧客名單，派員挨家挨戶將樣品贈送給潛在顧客。這種方法因為事前取得贈送名單，因此可以確實將樣品贈送給有希望促成銷售的消費者。

(6) 利用包裝贈送

廠商將樣品置於主產品包裝內或包裝上，利用銷售主產品的機會將樣品免費贈送給現有顧客，這是爭取現有顧客試用新產品的有效方法。

(7) 免費樣品試用券

廠商利用媒體或網路廣告刊登免費樣品試用券，消費者持試用券到指定地點索取免費樣品。

(8) 消費者來店索取

廠商將免費樣品置於商店內，消費者親自到商店索取免費試用樣品。

2. 採用免費樣品的理由與時機

廠商贈送免費樣品因為以「免費」做訴求，因此無論是推廣新產品或是爭取非顧客試用現有產品都是非常有效的方法。廠商熱衷於採用這種促銷方法主要理由與時機如下（註28）：

(1) 確實鎖定目標消費者

針對不同的消費者採用不同的贈送方式，可以確實把免費樣品贈送給公司鎖定的消費者，達到試用及激起購買目的。

(2) 具有創造性的贈送法

利用各種具有創造性的方法將樣品贈送給目標消費者，其他促銷方法很難做到這種境界。

(3) 容易評估投資報酬率

任何促銷活動都需要講究促銷效果，免費樣品贈送方式有資料可查，可以確認贈送免費樣品的總成本、單位利潤、吸引的購買者和購買率等資訊，容易評估促銷活動的投資報酬率。

至於贈送免費樣品有三個最佳時機：(1)新產品或經過改良的產品，明顯優於競爭產品或比競爭產品具有獨特相對優勢時；(2)具有創新性的產品，不容易單獨採用廣告傳達創新概念時；(3)公司的促銷預算可以迅速激起大量消費者前來試用的場合。

3. 免費樣品的優點

如上所示廠商熱衷採用免費樣品促銷的理由，已經隱約透露這種促銷方法的主要優點。此外，還有下列優點（註29）：

⑴ 應用彈性大，目標對象的選擇性高。

⑵ 快速提供產品訊息，有助於在零售店激起立即購買行動。

⑶ 吸引消費者試用新產品或現有產品的成本相對低廉。

⑷ 吸引競爭者忠誠顧客轉換品牌的有效方法。

⑸ 深獲零售店的認同與歡迎，有助於提高進貨數量。

⑹ 可激勵零售店積極展示產品，達到店內廣告效果。

⑺ 有助於強化新產品及現有產品的通路配銷。

4. 免費樣品的缺點

　　廠商提供免費樣品促銷用意非常良好，畢竟這種促銷方法必須大量依賴零售店密切合作並務實配合執行。生產廠商與零售商若沒有建立融洽的關係，促銷效果將會被大打折扣。因此這種促銷方法有下列缺點（註30、註31）：

(1) 提供免費樣品供試用，就是一種成本昂貴的促銷策略。

(2) 促銷標的產品受到限制，只適用於促銷大眾化產品。

(3) 免費樣品容易被挪用，不容易如願送達目標顧客手上。

(4) 免費樣品若無法確實送達目標顧客，促銷效果勢必更低。

(5) 生產廠商對零售店的陳列少有控制力可言。

(6) 免費樣品若置於主產品包裝內或包裝上，主產品購買者不一定就是所要贈送的目標對象。

(7) 只在零售店內陳列，無法接觸到公司想要影響的潛在顧客。

(8) 免費樣品可能被消費者所誤用。

(9) 免費樣品若以郵寄方式寄送，常會有遺失或失竊風險。

5. 免費樣品促銷教戰守則

　　因為免費樣品成本高又容易造成浪費與失竊等問題，廠商在規劃促銷策略時必須格外審慎，並發展更有創造性的解決方法，將優點發揮到最高、將缺點降到最低。以下教戰守則可幫助廠商規劃良好的免費樣品促銷活動：

(1) 成本效益，銘記心頭

　　「免費」誘因大、促銷威力足，但是成本高昂所費不貲。公司在規劃促銷活動時，必須把促銷成本效益銘記在心。舉凡樣品單位容量或重量、包裝設計、樣品標示、預計贈送數量、贈送方式、活動期間、投入成本、如何執行和過程監控，都必須有嚴謹而完整設計。

(2) 商品選擇，考量需求

並非所有產品都適合舉辦免費樣品促銷活動，尤其是體積大、重量重的產品基於贈送方式及成本考量必須審慎選擇。免費樣品考量需要滿足三方面的需求：一方面迎合消費者興趣、二方面激起零售店陳列意願、三方面適合公司促銷作業，三管齊下缺一不可。

(3) 促銷時機，突破重圍

促銷時機是突破重圍的關鍵。免費樣品促銷標的產品以新產品最常見，至於促銷時機選擇新產品上市期間以爭取消費者認同、或選擇旺季期間志在乘勝追擊、或銷售出現遲緩之際試圖迎頭趕上，各有不同的盤算廠商必須要有明確抉擇。此外，現有產品進入新市場時提供免費樣品促銷也是良好構想。

(4) 鼓勵試用，誘導購買

贈送免費樣品供試用只是促銷手段，目的是要誘導試用過的消費者進一步採取購買行動。要達到這個目的首先必須勤做功課，最有效的辦法是把握機會當場促成；其次是適時追蹤詢問試用意見，趁機促成。切記送出免費樣品只是促銷的開端，不是促銷活動的結束。

(5) 媒體廣告，廣為宣傳

公司舉辦免費樣品促銷活動時投入大筆預算不能默默行事，必須做到像「母雞下蛋一個，驚動左鄰右舍」一樣，不宜像「鮭魚產卵數百萬，卻落得無人知曉」的窘境。贈送免費樣品也要透過媒體廣告廣為宣傳，一方面告知目標消費群誘導試用、一方面激勵零售店配合陳列、另一方面在市場上營造促銷聲勢。

(6) 建立關係，爭取合作

免費樣品有多種贈送方式，其中很大比例是透過零售店贈送。尤其是體積大、重量重的樣品，透過零售店贈送更是唯一辦法。此時和零售店建立良好關係爭取合作，成為促銷成功的關鍵因素。爭取合作有多層意義，例如願意進銷產品、陳列主產品及免費樣品、推薦公司的促銷活動、確實

贈送樣品、回饋促銷成果及市場情報。

10.6　特價優惠與降價促銷

特價優惠（Special Price）與降價優惠（Price-off Deal）同樣是屬於價格優惠的促銷方法，前者由廠商直接提供單一的特別優惠價格，後者由廠商調降現行價格，同時標示原來價格與調降後的價格，目的都是在吸引消費者立刻購買。

特價優惠又稱特賣優惠，是指廠商在某一促銷期間選定某一或某些產品或服務，提供特別優惠價格的一種促銷方法。促銷標的除了現有產品或服務之外，也擴及新產品或服務。例如航空公司慶祝開闢新航線，提供特價優惠活動。長榮航空公司慶祝Hello Kitty星空機直飛美國休士頓盛大啓航，推出早鳥優惠價只要36,399元。華信航空公司爲慶祝今年（2016）11月1日起新開闢高雄—馬公航線，除了選擇採用E190噴射客機天天往返高雄、澎湖吸引顧客之外，同時自11月1日至4日舉辦「0元搭乘」體驗促銷活動，提供832個座位讓民眾嘗鮮試乘。專賣廚房調理器具的朝日公司，推出週年慶全能鍋福袋組特價促銷活動限定88組，原價12,940元、特別價格只售7,499元。家電廠商在商展期間，舉辦特價優惠促銷活動。大飯店選擇在母親節前夕推出母親節特價活動，都是常見的特價優惠實例。

其他特價優惠實例尚有百貨公司常舉辦每日一物、限時搶購、福袋促銷和節慶特價優惠；超級市場舉辦限期特價優惠、最後期限優惠；遊樂區業者選擇特定節日推出特價優惠活動，例如兒童免費、身分證號碼有某一數字者半價優惠；家具、服飾業者推出的特價活動更是五花八門，例如租約到期特價優惠、跳樓大拍賣、老闆不在隨便賣、遷移大拍賣和結束營業大拍賣，不勝枚舉。

降價優惠或稱降價促銷（Cents-off），是指廠商選擇某一期間針對某項現有產品或服務採取降價行動，刺激消費者購買欲望的一種促銷活動。例如全國電子公司舉辦的「破盤價」促銷活動，讓消費者明顯感受到價格優惠；服飾廠商利用換季期間，推出「一件不留」降價促銷活動；廚具廠商選擇在母親節期間舉辦「感恩價」促銷活動；屈臣氏及便利商店經常選擇不同產品，舉辦購買同一產品第二件五折促銷活動；便利商店推出抗漲專區降價活動、買一送一促銷活動。

特價優惠與降價促銷雖然同屬價格優惠，廠商的操作手法各有不同，兩者比較如表10-2所示。

表10-2　特價優惠與降價促銷操作手法比較

	相同點	相異點
特價優惠	1.同屬價格誘因的促銷方法。 2.價格誘因由生產廠商提供。 3.直接優惠給消費者。 4.激勵消費者立刻購買。	1.促銷現有產品及新產品。 2.直接標示單一特別優惠價格。 3.優惠幅度不容易比較。
降價促銷	5.選擇特定時機或場合。 6.透過零售商配合執行。 7.生產廠商容易控制促銷成本。 8.促銷績效容易評估。 9.可和競爭產品比較價格優惠。 10.需要廣告配合造勢。	1.促銷現有產品。 2.同時標示原有價格與降價後價格。 3.優惠幅度容易比較。 4.容易造成零售商的困擾。

1. 特價優惠的優點

消費者是特價促銷的直接受惠者，尤其是對價格敏感的消費者而言，這是一種非常有效的促銷方法。儘管零售商不表歡迎，但是為了要滿足消費者期盼，生產廠商常將特價優惠列為針對消費者促銷的重要選項之一。特價優惠有許多優點，包括：

⑴ 在零售點提供差異化誘因，有助於激起消費者立刻購買行動。

(2) 單一特價容易溝通、容易作業,不致引起零售商抵制。

(3) 特價產品與定價具有很大彈性,而且是廠商可以掌控者。

(4) 廠商可以選擇在適當時間及地點舉辦特價優惠活動。

(5) 可以有效抵銷競爭者的促銷活動。

2. 特價優惠的缺點

以價格作為促銷工具雖然可以爭取短期銷售,但是也有許多負面影響,因為操作價格並不是最好的行銷策略。特價優惠的缺點包括:

(1) 消費者不相信有真正的優惠,尤其是優惠價格仍然高於競爭產品時。

(2) 定價是否屬實,容易引起公平交易委員會的關注。

(3) 若經常或長期舉辦特價促銷容易引起消費者質疑,甚至影響品牌形象。

(4) 生產廠商需要刻意準備特價產品,徒增銷售作業困擾。

(5) 對中間商沒有誘因,不容易徵得他們的合作與配合。

3. 降價促銷優點

降價優惠利用特別優惠價格作為促銷誘因,這些誘因通常由生產廠商提供而非削減零售商的利潤,以便使促銷活動獲得零售商的支持與合作。降價促銷大多直接在產品包裝上標示降價後的價格,有些廠商採取雙管齊下做法,同時標示正常售價與優惠價格讓消費者清楚看到優惠幅度,進而激起消費者立刻採取購買行動。

降價促銷的基本構想植基於經濟學上價格與需求量的關係,即當價格降低時消費者的需求量會增加,如圖10-1所示。廠商希望短期降低產品價格提高銷售數量,只要所增加的銷售量足可彌補降價的損失,促銷效果即算成功。

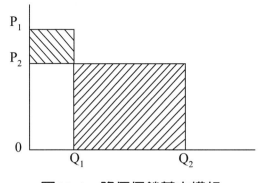

圖10-1　降價促銷基本構想

P₁：原來價格　　Q₁：原來銷售數量
P₂：促銷價格　　Q₂：促銷價格下的銷售數量

　　質言之，價格是行銷組合的要項之一但絕不是唯一要項，所以降價促銷的基本原理在於生產廠商提出一部分利潤和消費者分享，直接受惠者為消費者所以廣為消費者所歡迎。在現實生活中消費者選購產品時，在同質性愈來愈高的情形下價格常常成為影響購買決策的主要因素。廠商看準此一趨勢順勢推出降價促銷活動，投消費者之所好從中創造銷售績效。

　　降價促銷活動的優點包括（註32）：

⑴ 酬謝現有顧客，有助於吸引他們再次惠顧。

⑵ 提供價格誘因，可以有效吸引價格敏感的消費者。

⑶ 利用簡單的價格差異方法提供明顯的價值給消費者，可以迅速贏得青睞。

⑷ 誘導消費者比平常購買更多量產品增加其庫存量，防止轉換惠顧競爭者的產品。

⑸ 鼓勵試用後感到滿意的顧客反覆購買促銷產品，進而成為忠誠顧客。

⑹ 生產廠商主導，可以確保公司的促銷美意確實優惠給目標顧客。

⑺ 爭取產品在零售店獲有更大的陳列空間。

(8) 讓推銷員擁有爭取零售店支持的促銷誘因。

4. 降價促銷的缺點

儘管降價促銷活動廣受消費者歡迎，但是卻不受零售商青睞，以致生產廠商常會有「順了姑意，逆了嫂意」的窘境。因為這種促銷活動不僅會增加零售商的庫存量，同時也會造成他們定價上的困擾。尤其是當零售商同時持有降價產品與正常價格產品存貨時，更不歡迎生產廠商舉辦降價促銷。此外，消費者發現既然降價可行為何不早降價，因而採取抵制行動。促銷活動結束後廠商要調回原來價格時，消費者會不認同廠商的做法群起抵制，徒增廠商的困擾。雖然零售店不歡迎，但是降價促銷活動對消費者仍然有強烈的吸引力，所以生產廠商都熱衷於這種促銷方法。

降價促銷活動主要的缺點可整理如下（註33）：

(1) 降價促銷無法挽回逐漸下降的銷售趨勢。
(2) 主要以吸引現有顧客為主，無法吸引大量的新顧客。
(3) 吸引消費者試用的效果不如免費樣品、優待券、贈送贈品。
(4) 零售商不喜歡進銷標示有特價的產品。
(5) 實施降價促銷前後，都會在市場上造成困擾。
(6) 若沒有廣告支援，不容易形成促銷優勢。

5. 特價優惠與降價促銷教戰守則

以價格作為促銷工具無論是特價或降價，實施時機與優惠幅度很不容易拿捏，以致常造成降價不易、調回原來價格也有困難的情況。廠商在規劃以價格作為促銷工具時必須格外審慎，下列教戰守則可供參考：

(1) 關鍵決策在於要不要舉辦價格促銷活動，可以採用其他促銷活動嗎？
(2) 生產廠商內部可以取得共識，可以確保各單位的合作與協調嗎？
(3) 降價幅度與配合作業的成本，容易評估及溝通嗎？

(4) 如何化解中間商及消費者的抵制？

(5) 促銷利益可以彌補品牌形象所受到的影響嗎？

(6) 如何因應競爭者所採用的其他促銷活動？

(7) 如果決定要舉辦價格促銷活動，促銷活動有全盤規劃妥當嗎？

10.7 續購方案

　　續購方案（Continuity Promotion）旨在鼓勵消費者繼續惠顧的一種促銷方法，又稱忠誠方案（Loyalty Programs）或集點方案（Point Programs）。通常以降低產品售價、提供免費產品，或是在價格與服務不變的前提下，提供額外利益吸引顧客繼續惠顧。市場競爭非常激烈爭取新顧客不容易，即使要留住既有顧客也不是一件簡單的事。廠商為了確實留住既有顧客紛紛推出續購方案，一方面表示酬謝之意、一方面志在長期留住顧客，創造顧客終生價值。顧客關係原理明白告訴我們，公司和顧客建立良好的關係期間維繫得愈長久，公司從顧客身上所獲得的利益愈大，如圖10-2所示（註34）。

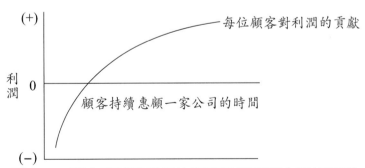

圖10-2　顧客忠誠度與每位顧客貢獻利潤之間的關係

資料來源：Hill, Jones and Schilling（2015, p. 127）

續購方案最有名的當屬航空公司所推出的累積航程方案。顧客搭乘同一家航空公司班機累積航程達到某一里程，可以獲得免費機票或艙位升等，廣受經常出差旅行的消費者所喜愛。百貨公司、大賣場所發行的積點卡，累積點數可以折抵貨款。餐廳、便利商店發給消費點券，集滿某一數額點券可以換取餐點或公仔。生產廠商為鼓勵顧客持續購買其產品競相舉辦持續惠顧方案，顧客購買產品所累積的點數可以換取該公司產品或禮品廣受消費者歡迎。續購方案讓顧客熟悉公司的產品、服務和作業流程進而成為愛用者，而顧客都有持續惠顧而滿意服務的傾向，此舉對留住既有顧客非常有效。

1. 續購方案普受歡迎的理由

續購方案普受消費者喜愛，無論是生產廠商或中間商、無論是製造業或服務業廠商也都從善如流，競相舉辦鼓勵顧客續購的促銷活動。廠商之所以熱衷於這種促銷活動，主要理由如下（註35）：

(1) 可發展良好關係

鼓勵顧客持續使用公司的產品或服務，除了增加公司的銷售之外，有助於建立及發展良好的顧客關係。

(2) 提高市場占有率

顧客是公司最寶貴的資產，留住既有顧客就是把握住生意機會，也是維持及提高市場占有率的重要方法。

(3) 建立顧客資料庫

可以趁機建立顧客資料庫保留有價值的顧客資訊，以便更瞭解顧客的需求、興趣和特性，進而辨識最有價值的顧客。

(4) 鎖定有價值顧客

利用資料探勘技術可以發展獨特促銷方案，鎖定最有潛力顧客以維持更密切關係並創造更輝煌績效。

(5) 發展差異化促銷

　　續購方案不斷精進，顧客基礎更趨穩定，有助於廠商發展產品與服務差異化的促銷方法。

2. 續購方案的類型

　　續購方案隨著提供廠商及呈現方式之不同而有不同的分類，生產廠商、零售商和服務業廠商提供方案各不相同，主要可分為四種類型。

(1) 生產廠商型

　　生產廠商所提供的續購方案，目的是要鼓勵顧客持續購買該公司的產品。至於提供方式有蒐集廠商所發出的點券累積達一定點數時，可以換取公司所指定的產品或贈品。例如包裝食品廠商為鼓勵顧客持續惠顧，在產品標籤上標示該公司的標記或點數，累積點數達一定數量可以換取公司產品。

(2) 產品包裝型

　　生產廠商在產品包裝上標示某一標記，顧客蒐集該標記達一定數量時可以換取公司所指定的產品或贈品。例如廠商利用產品包裝或在貨架上標示「第二件六折」、「加一元，多一件」等加價購促銷活動。

(3) 零售商型

　　零售商所舉辦的集點促銷活動，顧客惠顧商店並蒐集點券，點數達一定數量時可以換取商店所規劃的商品。零售商不在意顧客購買哪一家公司或哪一品牌的產品，通常以惠顧金額作為累積點數的基礎。例如百貨公司、大賣場、餐廳、便利商店和咖啡店為爭取顧客繼續惠顧，所舉辦的累積點數優惠活動。

(4) 服務業廠商型

　　服務業廠商所舉辦的忠誠方案所訂定之優惠規則，顧客惠顧公司所提供的服務累積達一定數量時，給予某些優惠或利益。例如航空公司所舉辦的累積航程、大飯店所推出的累積住宿次數、租車公司所設計的累積租車

次數，都是常見的續購方案。

拜資訊科技發達之賜，顧客在購買點（Point of Sale, POS）的消費資訊，諸如惠顧日期、時間、產品項目、購買次數和消費金額都有詳細的紀錄可查，助長了顧客忠誠方案普及的風潮。

3. 續購方案的優點

續購方案對供需雙方都有貢獻。從供給面而言，廠商無須擔憂顧客轉而惠顧競爭廠商的品牌或產品，可專注於產品與服務的精進並提高顧客滿意度。從需求面而言，顧客持續惠顧同一廠商的產品與服務，因為熟悉而放心加速購買決策，節省搜尋及購買時間。此外，還有下列的優點（註36）：

(1) 創造產品差異化形象

同級產品在同質性愈來愈高的情況下，舉辦續購促銷活動贏得顧客持續惠顧，可創造產品差異化形象。

(2) 成本效益可觀的手法

廠商投入在續購方案的成本相對低廉，而且是廠商可以控制。促銷活動彈性大，成本效益相當可觀。

(3) 設計簡單且容易執行

以原有產品與服務作為促銷誘因，促銷活動的設計與執行相對簡單，而且可以將優惠送達目標顧客手上。

(4) 占有顧客的庫存空間

顧客連續購買同一產品，手上握有一定庫存量暫時無須再購買，比較不會注意競爭者的促銷活動，確確實實成為忠誠顧客。

(5) 促銷組合的理想選項

廠商舉辦促銷活動通常都會考慮同時採用幾種促銷方法，持續購買促銷活動成本低並執行容易，常常是促銷組合的理想選項。

4. 續購方案的缺點

續購方案促銷邏輯清楚、活動設計與執行相對簡單，廣爲生產廠商及服務業廠商所採用。就是因爲簡單易行且競相舉辦的結果，常出現近似氾濫情形而互相抵銷促銷效果也就在所難免。此外，還有下列常見缺點（註37）：

(1) 長時間執行效果不彰

顧客購買產品後通常經過一段期間才會再購買，續購方案顯然需要比較長的時間才看得出促銷效果。促銷活動以短期爲原則，需要長時間執行的促銷活動常會出現效果不彰情形。

(2) 吸引新顧客相當有限

續購方案的設計以酬謝現有顧客爲主，吸引他們持續惠顧效果相當顯著，但是在吸引新顧客方面就顯得欲振乏力。促銷活動僅針對現有顧客無法擴大顧客基礎，勢必會留下不完美評價。

(3) 產品單獨陳列不容易

產品陳列是促銷活動成功的關鍵要素之一，續購方案以現有產品爲促銷標的。零售店會將促銷標的產品和原有產品並排陳列，要在店頭單獨陳列突顯促銷活動訊息並不容易。

(4) 並非所有產品都適合

有些產品本質上就不適合採用續購方案促銷，採用A產品促銷A產品的構想雖然很好，但是受到產品屬性限制，並非所有的產品都適合採用這種促銷方法。

(5) 無法趁機推廣新產品

續購方案促銷除了無法吸引新顧客之外，缺乏創造交叉銷售效果的機制，無法趁機推廣新產品也會留下美中不足遺憾。

5. 續購方案教戰守則

留住現有顧客是續購方案最大優點。廠商在設計續購方案時，也都不遺餘力在思索更好的方法以便創造最大效果。下列教戰守則可提供參考：

(1) 目標明確

續購方案目標務求具體明確，而且以單一目標為宜。一項促銷活動要同時達到多種目標會有力多必分效應，不僅不可能也是不合邏輯的想法。

(2) 購買憑證

續購方案的最佳設計最好是顧客不需要提供任何購買憑證，若需要提供則以最簡單為原則。續購方案是要吸引長期持續惠顧，不是要給顧客增添麻煩。

(3) 優惠幅度

提供給顧客的促銷誘因、幅度大小、優惠數量與促銷成本，以及活動期間所發生的相關費用，必須要有完整規劃與適當預算，和其他促銷活動一樣以符合成本效益為原則。

(4) 計畫內容

促銷活動計畫的內容必須詳實可行，有可行性才是好的計畫。此外，公司內部相關部門必須達成高度共識，並且取得配銷通路成員的合作，尤其是零售店的配合執行。

(5) 活動期間

促銷活動必須要有明確的執行期間，而且在開始執行之前要讓通路成員充分瞭解。因為他們是在市場第一線負責執行的尖兵，活動結束時給予緩衝時間更能贏得他們的配合。

(6) 務實執行

促銷活動常會陷入「知易行難」的窘境，原理大家都瞭解、方法大家都會，最大的問題就出在執行。促銷活動通常都需要投入龐大資源，規劃階段達成共識、執行階段落實執行乃是活動成功關鍵。

10.8 退費優待

退費優待（Refunds或Rebates）是指廠商將部分產品購買價格退還給購買者的一種促銷活動，通常是在消費者提出購買證明後給予退費優惠（註38）。消費者提出購買憑證的方式與時機可能是購買後寄回憑證，包裝產品生產廠商常用這種方式；也可能是購買當時馬上確認及時給予退費更有促銷效果，大型產品生產廠商最常採用這種方式。

從消費者的角度而言，購買產品後可以享受退費優惠消費者都會熱衷提供購買憑證。尤其是對退費金額大的產品，更是趨之若鶩。從廠商的立場言，退費優惠操作容易、手續簡便幾乎所有的產品都可以適用，所以廣為廠商所採用。例如標榜銷售蟬聯全球No.1的大金空調，舉辦「感恩回饋，現買現扣」促銷活動，最高回饋3,000元。

1. 退費優待的目的

廠商採用退費優惠促銷主要目的有四：

(1)吸引消費者試用新產品，藉助退費優惠誘因提高新產品被選購的機會，消費者認為退還部分貨款就是降低成本，而降低成本就是立即增加價值。

(2)吸引顧客反覆購買，有效留住現有顧客。

(3)提供短暫降價滿足顧客期待，因應市場競爭。

(4)鼓勵競爭者的顧客轉換品牌改用公司產品，利用退費促銷擴大顧客基礎。

例如家電廠商推出「以舊換新」促銷活動，舊家電換新產品可以折抵部分貨款，無論是原有品牌或競爭廠商品牌都歡迎。尤其是以競爭廠牌舊產品換購新產品直接搶奪競爭者的顧客，在市場競爭上是一種頗具殺傷力

的促銷活動。

廠商舉辦退費優待在下列場合最有效：

(1)廠商推出新產品希望快速滲入市場，退還高額貨款時。

(2)廠商現有產品定價高於競爭品牌，為了吸引消費者前來試用時。

(3)促銷高單價、高利潤產品，推出相對高額退款時。

(4)推廣消費速度快的產品時。

(5)促銷定價較低的產品時。

(6)吸引立即享受優惠的消費者時。

2. 退費優待的類型

退費優待普遍受到消費者歡迎，尤其是不為優待券所感動的消費者，以致廣為廠商所採用。廠商推出退費優待促銷活動，也視公司、產品和競爭等情況而有下列各種類型（註39）：

(1) 同一產品單次購買

同一產品顧客只要購買一次就享有退費優待，目的在於快速滿足消費者的欲望提高參與率。

(2) 同一產品多次購買

針對消費者經常購買的產品但是品牌忠誠度低的消費者，吸引他們轉而購買公司產品。

(3) 相關產品搭配銷售

產銷多種產品的公司將多種相關產品搭配銷售，消費者購買搭配產品給予退費優待。因為多種產品一起銷售節省配銷費用，一次銷售多種產品有助於提高廠商銷售績效。

(4) 結合異業產品優惠

搭配產品擴及異業相關產品滿足消費者一次購足需求，而且兩家公司聯合促銷具有互補行銷、壯大聲勢、分攤成本等效益。

3. 退費優待的優點

退費優待促銷活動操作簡便廠商控制彈性大,優惠美意直接提供給目標顧客。無論留住現有顧客或吸引新顧客青睞,都是有效方法。此外,還有其他優點如下(註40):

(1) 促銷成本低廉

退費優待以低廉代價激起立即購買欲,手續簡便容易執行、促銷成效良好且成本效益高。

(2) 建立品牌忠誠

退費優待以酬謝現有顧客為主,留住現有顧客並建立品牌忠誠度成效斐然。

(3) 塑造高價形象

以原有產品作為促銷標的顧客容易感受到產品價值,有助於塑造高價值促銷形象。

(4) 交叉促銷效果

退費優待可搭配促銷高單價產品或大包裝產品,達到交叉促銷的搭配效果。

(5) 突顯差異形象

退費優待產品在零售店顯眼的陳列,除了提高曝光率還可以突顯差異化效果。

(6) 吸引多量購買

廠商所提供的退費誘因夠大時可以吸引顧客多量購買,防止顧客轉而惠顧競爭者產品。

(7) 爭取陳列空間

退費優待產品的陳列攸關促銷成效,退費誘因可以順勢爭取零售店更大陳列空間以及更好陳列位置。

(8) 幫助推銷作業

公司推銷人員在向零售商推銷時因為有退費優待誘因做後盾，使推銷作業進行得更順利。

(9) 緩和競爭壓力

和其他促銷方法一樣誘因夠大的退費優待，在市場上形成一股優勢可以有效緩和競爭壓力。

(10) 增強促銷威力

結合異業產品進行搭配促銷，可以發揮互補作用相得益彰並增強促銷威力。

4. 退費優待的缺點

退費優待最為消費者所詬病的是促銷原有產品了無新意，失去推廣其他產品的大好機會。此外，退費誘因太大徒增公司促銷成本；促銷誘因若缺乏吸引力，更不容易引起消費者興趣。退費優待尚有下列的缺點（註41）：

(1) 顧客參與率偏低

退費優待促銷現有產品對現有顧客少有吸引力，現有顧客不會因為有退費優待而積極購買，以致參與率會有偏低現象。

(2) 被視為理所當然

廠商為酬謝現有顧客所設計的退費優待，被顧客視為長期惠顧理所當然的回報且不會被輕易取消，因而缺乏立即購買的衝動感。

(3) 無法吸引新顧客

退費優待在吸引新顧客試用方面顯得相當脆弱，尤其是吸引競爭者的忠誠顧客更是乏善可陳。

(4) 顧客善意的誤用

消費者購買後需要提供購買憑證常常發現以其他產品的標籤前來要求退費，這種善意的誤用徒增促銷活動困擾。

(5) 提供憑證不方便

提供購買憑證才能享受優惠對已購買的顧客而言非常不方便，這是參與率偏低的原因之一，例如憑證可能遺失或是可能過期。

(6) 促銷效果很有限

在現有顧客參與率偏低、吸引新顧客又不容易情形下，退費優待要創造立即促銷效果就顯得相當有限。

(7) 促銷成效難評估

促銷效果貴在新近增加的銷售量。退費優待以吸引現有顧客為主，即使銷售量有增加也很難評估到底吸引了多少新顧客。

(8) 零售商不表歡迎

零售商同時銷售多種品牌同類產品，公司促銷的產品毛利若低於競爭品牌又採用退費優惠促銷，會大大降低零售商進貨及陳列促銷產品意願。

5. 退費優待教戰守則

促銷活動變化多端招式五花八門，並非所有促銷手法都適合每一家公司，退費優待活動也不例外。要在競爭激烈、促銷活動頻傳的商場上舉辦退費優待突破重圍，謹記下列教戰守則可提高促銷效果：

(1) 審慎選擇促銷時機

時機一向都是促銷活動的重要決策，銷售上出現什麼問題、選擇什麼時機、採用什麼方法、如何解決這一連串問題，考驗著行銷長的促銷智慧。

(2) 促銷誘因拿捏得宜

促銷誘因太大影響公司利潤，誘因太小缺乏促銷吸引力，過與不及均非所宜。做此決策之前必須檢視競爭環境，在有利可圖的前提下舉辦促銷活動才符合促銷本質。因此退費誘因必須大到對顧客具有強烈吸引力，小到不損及公司利益。

(3) 顧客方便參與活動

顧客參與率是促銷活動成效的重要衡量指標，方便顧客參與就是提高促銷成效的不二法門。因此公司在設計退費優待活動時，必須優先考慮消除顧客參與的障礙以鼓勵顧客踴躍參與。

(4) 吸引競爭者的顧客

企業成長光靠現有顧客無法竟全功，何況現有顧客也有流失的時候。促銷活動積極意義是要增加新顧客，尤其是爭取競爭者的顧客前來惠顧；消極意義是要留住現有顧客，鞏固既有市場基礎。公司在規劃退費優惠促銷活動時必須要有前瞻思維不斷增加新顧客，公司才有發展機會。多吸引一位競爭者的顧客，就多強化一分顧客基礎。

(5) 爭取異業合作機會

現有產品要持續吸引現有顧客的興趣常會出現疲弱現象，退費優待促銷結合異業力量可以為促銷開創新局。一方面擴大產品組合範圍提供給顧客新的選擇，一方面結合異業力量共同炒熱市場、共享所創造的新商機。

10.9 回郵促銷

回郵促銷是指消費者購買產品後利用回郵寄回購買憑證，由廠商贈送贈品的一種促銷方式。回郵促銷對某些產品而言可吸引消費者注意引起購買行動效果非常顯著，廣為包裝產品廠商所採用。例如藥品生產廠商、包裝食品廠商鼓勵消費者寄回產品空盒或購買憑證，即可獲得廠商贈送的贈品。

1. 回郵促銷的目的與時機

回郵促銷的目的有二：一是酬謝顧客購買公司的產品與服務、二是吸

引新消費者試用公司的產品與服務。公司傳達促銷訊息的途徑，不外乎在產品包裝上標示促銷訊息以及透過媒體廣告，通常都會雙管齊下廣爲宣傳。

顧客只要寄回購買憑證即由公司贈送贈品，對廠商而言用來酬謝及留住現有顧客非常有效，在吸引消費者試用方面也有相當效果。對消費者而言購買後只需舉手之勞寄回憑證，即可獲得贈品何樂而不爲。某些產品非常適合採用這種促銷方法，有些廠商會選擇此法作爲單一促銷活動，某些階層的消費者對這種促銷活動特別感興趣，有些廠商選擇回郵促銷搭配其他促銷活動。

回郵促銷的時機以推廣新上市產品最常見，其次是爲現有產品或經過改良的產品舉辦新活動時，其三是公司舉辦新事件活動時也常用這種方法作爲消費者參加的基本要件。

2. 回郵促銷的優點

回郵促銷設計簡單手續簡便、促銷成本相對低廉，廣爲廠商所採用。此外，消費者常因爲好奇心與感覺好玩而參與，寄回憑證即可獲得贈品常有一種滿足感。回郵促銷的優點如下（註42）：

(1) 酬謝現有顧客

顧客寄回購買憑證不假他人之手即可獲得贈品，而且公司的促銷美意可以確實送給所要酬謝的目標顧客。

(2) 留住現有顧客

酬謝顧客就是留住現有顧客，不但可以鞏固顧客基礎且還可以防止現有顧客轉而購買競爭者產品。

(3) 吸引顧客注意

廠商無論是透過媒體廣告或利用產品包裝標示回郵促銷訊息，都可以有效吸引顧客注意，進而激起參與活動興趣。

(4) 激勵反覆購買

現有顧客反覆購買不僅可以確實留住顧客，同時也是增加銷售，這是維持市場占有率的絕佳方法。

(5) 鼓勵多量購買

回郵即可獲得贈品的誘因簡易可行、手續簡便、多買多送，可以鼓勵顧客多量購買增加顧客庫存量，減少購買競爭者產品念頭。

(6) 活動設計簡單

回郵促銷活動的原理單純，事前規劃與活動設計簡單執行容易。只需透過郵局或快遞公司即可將贈品送到顧客手上，普遍受到顧客喜愛。

(7) 提高進貨意願

促銷期間有媒體廣告與產品包裝標示壯大促銷聲勢，可以增加零售店大量進貨意願及提高促銷效果。

(8) 增加陳列機會

零售店常會搭促銷活動便車，除了大量進貨也紛紛趁機挪出最佳陳列位置並擴大陳列空間，增加產品在商店的能見度。

3. 回郵促銷的缺點

和其他促銷活動一樣回郵促銷也不是完美無缺，要求顧客購買產品後寄回憑證本身就有「擾民」味道，贈送的贈品誘因若沒有足夠吸引力常會被顧客歸類為「多此一舉」。此外，回郵促銷還有下列的缺點（註43）：

(1) 促銷效果不易評估

吸引現有顧客所增加的銷售量，到底是回郵促銷的效果、或是拜忠誠顧客反覆購買之賜、或是兩者的交叉效果，很難精準評估。

(2) 提供憑證程序繁雜

要求顧客寄回購買憑證多一道回郵手續，對某些顧客而言無異是造成困擾，促銷效果不如當場給予優惠來得有效。

(3) 缺乏立即促銷效果

顧客從寄回購買憑證到收到贈品需要有一定處理及寄送時間，這一段時間落差正好是缺乏立即促銷效果的主要原因。

(4) 刺激購買效果有限

促銷誘因帶有時間落差，對於想要即刻獲得贈品的顧客會失去立即的影響力，刺激立即購買效果有限。

(5) 事前測試窒礙難行

回郵促銷活動的設計雖然簡單，但是事前測試需要有顧客配合，測試顧客如何選擇、如何測試、何時測試往往窒礙難行。

4. 回郵促銷教戰守則

簡易可行的促銷活動經過審慎規劃並務實執行，常常可以發揮小兵立大功效果。回郵促銷簡易可行關鍵在於愼始的功夫，事前規劃階段多一分準備、活動細節多一分思考，可以大幅提高成功機會。下列教戰守則可以幫助提高促銷效果：

(1) 簡化參與手續，提高參與意願

簡化顧客參與活動的條件與手續，給顧客方便可以提高參加意願。愈多顧客參加活動表示愈多顧客購買公司產品，這是促銷效果最具體、最實在的證據。

(2) 快速郵寄贈品，取信於消費者

人們都希望立刻獲得激勵，人同此心、心同此理。時效是促銷活動成功的關鍵，簡化公司處理手續並快速而正確的寄送贈品，不僅可以滿足顧客的期望，同時也可以取信於消費者贏得良好口碑。

(3) 配合媒體廣告，激起參與興趣

簡單可行的回郵促銷需要廣為宣傳，讓更多人告訴更多人。一方面提高市場廣告量擴大促銷聲勢，一方面激起消費者參與的興趣，兩者兼備效果可期。

(4) 提高贈品價值，增加促銷誘因

促銷要求有效，選擇贈品是關鍵。回郵促銷所提供的贈品必須有一定價值才會有足夠吸引力，同時還要考慮贈品寄送的速度、方便性與安全性。

(5) 搭配其他方法，擴大促銷成效

某些產品先天上就適合舉辦回郵促銷，其他產品可能選擇回郵促銷搭配其他活動期望創造促銷的綜效，搭配方式端視產品特性與市場競爭情況而定。

10.10 促銷話術的妙用

促銷為廠商用來促進銷售的一種商業活動，常見的促銷招數五花八門，令消費者目不暇接。促銷目的如前所述，包括增加顧客購買數量與金額、吸引顧客購買更高檔產品、加速顧客下定購買決策以及提前購買公司產品，不一而足。

銷售導向時代，產品與服務供應無虞，競爭激烈，促銷與推銷成為廠商致勝的重要利器。儘管廠商的促銷活動層出不窮，然而消費者對促銷原理卻只知其一，不知其二，顯然存在著資訊不對稱現象。消費者只見促銷招式花樣百出，令人眼花撩亂，只知道可以順勢撿便宜，享受促銷優惠，對於促銷活動背後的原理與用意，不是一知半解，就是毫無所悉。

廠商鑽研且精通顧客心理學，熟諳消費者行為，每推出一招促銷活動，都會發展出一套對應的促銷話術，這些促銷活動及所搭配的話術，背後都隱藏有深層的原理與意義。消費者若洞悉廠商的策略與目的，可以胸有成竹的因應，進而做出最明智的抉擇。最常見的促銷話術包括下列各項：

1. 買二送一

　　價格促銷有多種呈現方式，買二送一屬於價格促銷活動的一種方式。「買二送一」和「打對折」有著異曲同工之效，但是促銷原理與結果卻大相逕庭。廠商若祭出「打對折」促銷，絕大多數消費者一次只會購買一件該項產品，廠商推出「買二送一」促銷，顧客都會趁機購買二件同款產品，享受優惠。同樣是半價促銷，前者一次只賣出一件產品，後者一次賣出二件產品，高下立判。

2. 奇數定價

　　奇數定價顧名思義是將產品售價定為99元，299元等等，和整數定價大異其趣。消費者對奇數定價的感覺有二：一是認為售價不到100元，不到300元，有享受到便宜的感覺；二是廠商計算得如此精細，應該已經是最優惠的價格，以致欣然接受。

3. 限量供應

　　限量供應是廠商宣告產品供應數量有限，於是常利用「機會不再」、「物以稀為貴」原理，激起消費者「欲購從速，以免向隅」心理。電臺、電視購物臺常用限量供應促銷方式，激起顧客加速購買行動，達到促銷目的。有些廠商更進一步操作地區限定版，只有在某地區才買得到該項產品，尤其是具有高度紀念價值的風景名勝地區，頗受消費者青睞，促銷效果也頻頻達陣。

4. 限時搶購

　　消費者通常都不願意急著購買非急用的產品，一方面基於沒有急需，不急著出手；一方面可以慢慢比較，期待下一檔次會更優惠，等候最佳時機、最優惠條件才購買。消費者抱持不急、慢慢比較的「慢郎中」心態，

卻急煞「急驚風」的廠商，於是推出限時搶購促銷活動。限時搶購設計某一時日或時段，廠商祭出優惠促銷活動，逾時不候，這一招對於激勵消費者提前購買，非常有效。

5. 選擇題話術

推銷話術中，最經典者莫過於將「是非題」改用「選擇題」發問，激起顧客從選擇題中選答，達到銷售目的。一般人遇到「要不要買」、「捧場一下好嗎」等是非題，基於防衛心理，都會直覺的回答「不」，而讓行銷人員很難接腔。機敏的行銷人員都會詢問：「小姐，您比較喜歡黑色皮包或紅色皮包」，「先生，您的飲料要先開芭樂汁或先開柳橙汁」，這類問法主張採用潛意識原理，激勵顧客從選擇題中做選擇，不但可以避免被「拒絕」的窘境，而且選擇題話術通常都可以創造良好結果。

促銷話術可以非常多元，非常活潑，就看廠商行銷人員的創意與臨場應變能力而定。促銷話術旨在應用顧客心理學知識，設計一套簡單的促銷說話技巧，巧妙的突破顧客心防，爭取消費者認同，達到促銷目的。

本章摘要

　　消費者人數比中間商家數或公司推銷員人數多很多，所形成的消費市場規模最龐大、也最複雜。此一市場雖然龐大，但是競相爭取此一市場的廠商眾多。在競爭的觀念下要在消費品市場建立可長可久的競爭優勢，針對消費者舉辦促銷活動成為廠商不可迴避的議題。

　　消費市場變化多端，針對消費者的促銷活動招式之多可以用「五花八門，層出不窮」來形容。學者從不同角度提出不同看法，從表10-1列舉部分學者的分類可知針對消費者的促銷方法不勝枚舉。本章以Schultz, Robinson and Petrison的分類為藍本，參照市場實際狀況介紹及討論目前企業採用得最普遍的八種基本促銷手法。促銷實務上常將這八種方法組合運用，以致出現許多促銷招式，加上廠商為求新求變、發揮創意、突破重圍，常以這八種基本方法為核心發展出更多促銷招式，使得促銷活動更豐富、內容更精彩。

　　本章利用比較長的篇幅深入討論針對消費者的八種基本促銷方法，逐一論述其意義、原理、採用理由、適用場合以及優點與缺點，並提出實務應用上的教戰守則期望對豐富促銷文獻有所貢獻、對實務應用有所啟示。

參考文獻

1. Belch, George E., and Michael A. Belch, *Advertising and Promotion: An Integrated Marketing Communications Perspective*, 10E Global Edition, pp. 539-541, 2015, McGraw-Hill Education.

2. Schultz, Don E., William A. Robinson and Lisa A. Petrison, *Sale Promotion Essentials: The 10 Basic Sales Promotion Techniques and How to Use Them*, 2nd Edition, 1993, NTC Publishing Group.

3. 莊麗卿譯，實用促銷手冊——輔助行銷的利器／基本技巧12招，Don E. Schultz and William A. Robinson合著，1992，遠流出版事業股份有限公司。

4. Kotler, Philip and Kevin Lane Keller, *Marketing Management*, Global Edition, 14th Edition, p. 543, 2012, Pearson Education Limited, England.

5. 同註1，頁530。

6. Shimp, Terence A., *Advertising Promotion: Supplemental Aspects of Integrated Marketing Communication*, 5th Edition, 2000, p. 558-596, The Dryden Press, USA.

7. 同註2，頁37-38。

8. 同註3，頁52-54。

9. 同註1，頁545-546。

10. 同註3，頁54-55。

11. 同註1，頁546。

12. 同註1，頁546-547。

13. 同註2，頁50-61。

14. 同註6，頁589-590。

15. 同註1，頁555。

16. 同註3，頁75-76。

17. 同註6，頁590。

18. 同註1，頁556。

19. 同註3，頁77-78。

20. 同註1，頁558。

21. 同註3，頁150-152。

22. 同註1，頁558-559。

23. 同註3，頁152-155。

24. 同註2，頁72-74。

25. 同註6，頁558-562。

26. 同註2，頁127-135。

27. 同註3，頁285-288。

28. 同註6，頁562-567。

29. 同註3，頁289-290。

30. 同註3，頁290-291。

31. 同註6，頁567-568。

32. 同註6，頁585-586。

33. 同註6，頁586。

34. Hill, Charles W. L., Gareth R. Jones and Melissa A. Schilling, *Strategic Management: An Integrated Approach*, 11th Edition, p.127, 2015, Cengage Learning Asia Pte Ltd, Singapore.

35. 同註1，頁560。

36. 同註3，頁113-114。

37. 同註3，頁114-115。

38. 同註1，頁556。

39. 同註2，頁89-93。

40. 同註3，頁216-218。

41. 同註3，頁218-220。

42. 同註3，頁172-174。

43. 同註3，頁174-175。

個 案 討 論
麥當勞

「超值全餐，百元有找」促銷活動

　　近年來由於國民所得提高，造成外食人口與外食機會大幅增加，逐漸形成一個龐大的外食市場。尤其是都市化程度愈來愈高飲食文化追求西洋化、休閒時間愈來愈多、婦女進入職場的比率愈來愈高外食機會也隨著愈來愈多，這些因素提高了外食市場的吸引力，也造成百家爭鳴、百花齊放現象。速食店在我國行業標準分類中屬於餐飲業之餐館業，凡是從事餐點服務的行業均屬之。

　　自1984年美國麥當勞被引進臺灣後，帶動了速食連鎖經營的風潮，速食連鎖經營已成為目前臺灣最熱門、最引人矚目的經營方式之一。隨著時代變遷與社會進步，國人飲食文化也有了明顯改變。過去在家吃三餐的習慣已逐漸被速食所取代，速食已成為現代消費者日常生活不可或缺的一部分。不論是稚齡兒童、青少年，抑或是分秒必爭的上班族皆喜愛速食餐飲。吃漢堡、享薯條、喝可口可樂，更是兒童與青少年的最愛。速食市場競爭非常激烈，廠商各顯神通致力於搶奪這塊市場大餅無所不用其極。然而為何有些廠商能

在眾多競爭者中獨占鰲頭，並獲得速食之王的封號，這是一個頗耐人尋味的問題。

　　速食市場的龍頭廠商非麥當勞莫屬。高高聳立在各地的黃金拱門標誌，是人們記憶最深刻的著名商標之一。麥當勞（McDonald's）是美國一家跨國連鎖快餐店，也是全球最大的連鎖餐廳。1955年創立於美國加州聖貝納迪諾，主要販售漢堡、薯條、炸雞、碳酸飲料、冰品、沙拉、水果和美式熱咖啡等快餐食品。麥當勞遍布全球六大洲119個國家，擁有約3萬2,000家分店是全球餐飲業知名度最高的廠商，在很多國家代表著美國文化。麥當勞為兒童舉辦慶生會贏得家長與兒童青睞，透過購買快樂兒童餐免費贈送玩具等促銷策略，對兒童族群具有高度吸引力。麥當勞以品質、服務、衛生和超值（Quality、Service、Cleanliness、Value）等核心價值，廣獲消費者喜愛。1984年1月28日在臺灣成立第一家麥當勞餐廳，本著求新求變的創業精神持續推出多種創新服務，為企業樹立新標竿。例如快速便利的「得來速」、「24小時營業」的餐廳、「挑戰60秒極限服務」、新型態「McCafé」與「為你現做」等服務。2010年起導入麥當勞亞太區全新設計風格，不只滿足顧客的味蕾，也將服務提升至感官美學享受，提供顧客美學風格、美感服務與美味多元的美學饗宴。

　　近年來西式速食業面臨前所未有的寒冬，使得西式速食連鎖產業競爭更趨激烈。有的業者趁此機會體檢門市經營績效、汰弱留強，整體西式速食產業的展店速度已出現緩和趨勢。例如震旦集團轉出儂特利的經營權、溫蒂漢堡退出臺灣市場等，都可以感受到市場競爭的慘烈狀況。這幾年速食餐廳感受到外送市場的成長驚人，快速建立機動機車部隊致力於搶攻外送市場。為了刺激消費者的買

氣麥當勞率先推出多種特惠行動，其他速食業者也緊跟在後紛紛以廣發特價優惠券的方式，希望讓消費者有物超所值的感覺達到刺激買氣目的。

　　麥當勞在2015年3月推出全天優惠，不分時段的「超值全餐，百元有找」促銷活動，希望讓消費者享受到物超所值的感覺達到刺激買氣目的。該促銷活動主打臺灣在地生產的高麗菜、豬肉等食材所製作的和風豬排堡、蜂蜜咖哩豬排堡為主餐，搭配薯條與清涼飲料不僅要讓消費者有吃得飽的需求，也要讓消費者有吃得好的感覺。供餐時間為上午10：30至凌晨4：00，百元有找的價格與產品品質對消費者頗具吸引力。廣告中演出以百元內為預算限制，讓兩位專家在街頭巷尾尋找百元內的套餐，最後則是找到麥當勞「超便宜與品質超棒」的超值全餐，「不只超值，更有品質」為其超值全餐做了最佳注解。

參考資料：

1. 黃冠霖、廖偉翔（2008），速食產業分析──【以麥當勞為個案】，國立虎尾科技大學工業工程與管理研究所，http://nfuba.nfu.edu.tw/ezfiles/31/1031/img/468/ind08.pdf

2. 維基百科（2015），麥當勞，http://zh.wikipedia.org/zh-tw/%E9%BA%A6%E5%BD%93%E5%8A%B3

3. 麥當勞官網（2015），企業發展，http://www.mcdonalds.com.tw/tw/ch/about_us/profile/story.html

思考問題

1. 促銷的目的是為了要增加總體營業額或來客數，麥當勞的促銷活動案例，你認為對新產品推薦、企業形象有何助益？

2. 請思考麥當勞促銷案中的特價促銷活動，主要消費族群為何？除了特價外，是否還有其他手法可吸引該族群？

3. 假設你是一家連鎖速食店總經理，店內正在執定類似麥當勞的促銷活動。由於促銷活動非常成功銷售大幅成長，導致已無特價商品可供販售。請問此時(1)你認為最優先要實施的三個應變行動為何？(2)針對顧客不滿意可實施的補救方案為何？

第11章

針對中間商的促銷

暖身個案

東元電機公司

珍惜經銷夥伴關係
積極激勵經銷夥伴的推銷動機與服務熱忱

TECO

　　我國家用電器產業發展至今已有五十餘年歷史，隨著經濟發展及國民所得提高，家電產品已由過去的奢侈品變成日常生活不可或缺的必需品。在整體市場已漸漸接近飽和的情形下，業者紛紛採取各種策略以穩固市場占有率。

　　過去臺灣家電業的通路以經銷商為大宗，隨著消費型態改變及連鎖通路崛起，廠商也開始逐步調整各種通路的鋪貨比重。國內家電業主要通路可分為傳統經銷商、倉儲大賣場（如家樂福、大潤發等）、連鎖量販店（如全國電子、泰一、燦坤等）等三大類，目前仍以傳統經銷通路的市場所占比例最高，約在60～70%之間。根據日本家電產品行銷通路調查，目前日本傳統家電經銷商的市場已逐漸被量販店取代，傳統家電經銷商與倉儲大賣場、連鎖量販店的市場占有率分別為4：6。由此可推知，未來臺灣倉儲大賣場、連鎖量販店的通路還有很大發展空間。

　　家電業屬於成熟且勞力密集的產業，由於國內土地與勞動成本居高不下且內需市場又趨飽和，因此在進入WTO後進口關稅降低，對進口家電

業者而言雖是一項利多，但對以內銷為主的家電廠商卻造成很大衝擊。目前國內家電廠商約有300多家，較具規模者有大同、東元、臺灣松下、聲寶、臺灣三洋、日立等，其銷售額約占國內家電市場七、八成左右，其他均屬於中小型企業。雖然我國有幾家家電大廠，但和其他國家如日本、美國、中國大陸相較規模尚小，生產量無法達到經濟規模。因此為求企業永續生存，業者除了朝提高產品功能、強化銷售通路、改善售後服務以及多角化轉投資等方向發展外，許多廠商在經營上也紛紛向外發展，包括與中國大陸或其他國際家電大廠建立策略聯盟增加產品零組件採購及銷售通路互用等合作關係，或成為國際家電業者的代工廠商以提高自身競爭能力。

在資訊、電子、通訊產業的蓬勃發展下，家庭網路市場逐漸受到重視。國內業者為了產業的永續發展，紛紛朝智慧型家電產品發展。雖然消費者對智慧型家電有興趣，目前廠商的生產也不成問題，但考慮到產品價格、市場接受度、通訊標準、相關保全及隱密性等因素，以致延緩上市時間。雖然智慧型家電已在2000年問世，大多數屬於示範機種且產品數量不多，主要是針對新建的網路社區進行消費者使用測試或透過上網訂購及在部分行銷據點銷售。預估未來當產品相互操控的標準確定後會有更多廠商進入市場，而且在消費者可以接受的情形下整個市場會有較顯著成長。

從產業結構上看，家電產業主要呈現以下幾個特點：(1)高度競爭的產業：廠商主要透過規模經濟努力擴大規模，降低生產成本。(2)高資本投入的產業：由於投資大，大家電的進入障礙高，小家電產業進入障礙較低。(3)市場疆界模糊：隨著全球經濟一體化進程的腳步加快，家電產業的競爭逐步打破國與國之間界限，許多廠商在全球進行生產部署全球市場戰略，競爭型態已由過去國內企業之間的競爭，演變為跨國集團之間的較勁。

東元電機股份有限公司（TECO）是臺灣的家電及第一大重電設備製造廠，1956年創立以生產、經銷馬達電動機起家，目前總部位於臺北市南港區。

東元電機目前是臺灣最大的重電設備生產廠商，馬達及電控等重電業務貢獻占比超過七成、家電占二成。東元也是臺灣高鐵公司與遠通電收的發起股東之一。東元電機所樹立「品質第一、交期第二、價格與獲利第三」的要求，造就今日享有「馬達王國」美譽。

　　東元電機目前事業版圖已橫跨全球五大洲、40餘國、百餘城市。從創業初期的馬達生產及行銷，至今已跨入重電、家電、資訊、通訊、電子及餐飲等多角化領域。

　　東元集團於2008年宣示「TECO GO ECO」企業宣言，挾著先進技術實力與完整生產線，開發高效節能馬達、風機、車電、家電等綠能相關產品，成功躋身為全球綠能產業領導品牌。

　　東元電機不遺餘力的建構綿密經銷網，珍惜忠誠不二的經銷夥伴，將各種產品行銷到顧客所需要的每一個角落締造輝煌績效。東元電機產品項目很多，根據不同產品、不同季節提供給經銷商不同標準的獎勵辦法，有效激發推銷動能與服務熱忱。包括(1)挑戰季目標獎勵：按照營業額分為幾個等級，核算達成目標的百分比。達成80%以上者，分別給予不同程度獎勵。(2)新冷氣機每月銷售獎勵：分為定頻與變頻兩大類，按照當月銷售臺數分別給予不同金額獎勵。(3)全產品年度獎勵：訂定電化產品年度挑戰目標與獎勵標準，每季結算一次獎勵達成目標的經銷商。

　　未來東元將滿載綠色動能並持續深耕核心事業，以智慧與節能產品作為積極發展方向為地球環保盡一份心力，並戮力於高科技事業之拓展、專注於國際新興市場之開拓，以建構一個宏觀且高品質的世界級品牌。

參考資料：

1. 傳統產業加值轉型推動計畫_聚落產業（2012），家電產業──家電設計研發聯盟結案報告，http://network.stars.org.tw/Blog/Post.aspx?PostId=809337e0-5bcb-4036-97cf-cb5ebc5426d5&AspxAutoDetectCookieSupport=1

2. 東元電機（2016），官網──認識東元，http://www.teco.com.tw/company01.asp

　　生產廠商所規劃的中間商包括批發商與零售商，生產廠商未規劃的中間商還包括有中盤商、小盤商，他們在行銷過程中扮演舉足輕重的角色。本章所論述的中間商係指生產廠商所刻意規劃的中間商，他們在行銷過程中協助執行許多通路功能，例如（註1）：

1. 蒐集行銷環境中潛在和現有顧客、競爭者、通路其他成員及具有影響力的資訊。
2. 發展和傳播有說服力的資訊來刺激消費者購買。
3. 在價格和其他方面達成協議，實現產品所有權移轉。
4. 向生產廠商下訂單，將產品推銷給下游顧客。
5. 在行銷通路各層級取得融資。
6. 承擔執行通路工作的風險。
7. 提供實體產品的儲存與運送。
8. 透過銀行的協助機制，提供買方優惠的付款方式。
9. 監督組織或個人之間所有權實際移轉狀況。

　　廠商所舉辦的促銷活動絕大部分需要透過中間商來執行，尤其是獲得零售商的合作與協助，更是不可或缺的一環。

　　廠商為獲得中間商的合作與協助、建立及維持良好的顧客關係，都會針對中間商舉辦各種促銷活動並提供某些促銷誘因，除了鼓勵他們多量進貨公司的產品之外，更重要的是協助執行公司的促銷活動。針對中間商的促銷活動又稱為交易促銷（Trade Sales Promotion），屬於推進策略（Push Strategy）的促銷方法，旨在將廠商的產品順著行銷通路方向逐層向前推銷給下游顧客及消費者。促銷招式與方法雖然不像針對消費者的促銷具有那麼多變性，但是同樣需要透過媒體廣告廣為周知，而且促銷效果不容忽

視，所以格外受到廠商重視。常見針對中間商的促銷方法整理如表11-1所示（註2、註3、註4、註5、註6）。本書以Schultz, Robinson and Petrison的分類爲藍本，從業界比較常用的方法切入討論針對中間商的各種促銷活動。

表11-1 針對中間商的促銷方法

Schultz, Robinson and Petrison	Schultz and Robinson	Kotler and Keller	Belch and Belch	Shimp
進貨折讓 價格折讓 免費產品 延緩付款 現金回饋 廣告與陳列折讓 買回折讓 交易優待券	零售店補貼 POP	折價優惠 進貨折讓 免費商品	競賽與激勵 交易折讓 店頭陳列 銷售訓練計畫 展覽 合作廣告	交易折讓 合作廣告與 　零售商支 　援計畫 銷售競賽與 　激勵 特案廣告 展覽

　　生產廠商熱衷於舉辦針對中間商的促銷活動，主要理由有三：第一，提高短期銷售量，達成利潤目標；第二，利用舉辦中間商促銷機會，增加品牌與產品的長期能見度；第三，占有中間商的倉儲空間，抗衡競爭者的競爭行動。生產廠商要爭取中間商的合作，必須瞭解影響中間商（尤其是零售商）獲利的主要因素。例如來往人潮、來客數及平均客單價、平均毛利率，同時也要瞭解中間商是否關注公司所舉辦的促銷活動？如何在眾多產品中選擇促銷標的產品？刺激零售商多量進銷公司產品所面臨的困難有多大？促銷公司一項產品需要投入多少預算？

11.2　針對中間商促銷的目標

　　良好的中間商促銷可以激發中間商照顧產品的熱忱，激起中間商對生產廠商的忠誠，進而看出大量訂貨與失去銷售機會之間的差異。生產廠商為了要大量推廣新產品或促銷品牌延伸的產品，需要適時且適切的激發中間商的熱忱與忠誠，以及引起中間商注意與興趣的促銷方法。

　　生產廠商的促銷預算中，大約有一半是用來激勵中間商，有效而快速的協助公司推廣既有產品與新產品。若沒有獲得中間商的支持與合作，則針對消費者的許多促銷活動不是無法推動，就是會落得失敗的下場。生產廠商提供給通路成員的促銷誘因，就是希望獲得他們支持與合作並共同為提高銷售績效而努力。

　　生產廠商針對中間商舉辦各種促銷活動，希望達成下列目標（註7）：

1. 推廣新產品或經過改良的產品。
2. 加速新包裝或新規格產品的配銷。
3. 增加零售商的庫存量，占有零售商的倉儲空間。
4. 維持或增加生產廠商產品在零售店的貨架空間與排面。
5. 取得產品在零售店貨架上陳列的機會。
6. 降低生產廠商的庫存量，提高產品周轉率。
7. 在零售商的廣告活動中，突顯產品獨特性。
8. 抗衡競爭者的競爭行動。
9. 盡可能銷售更多產品給最終消費者。

　　生產廠商為了達成上述目標，通常都會針對中間商舉辦各種促銷活動。例如提供財務誘因、選擇適當時機、降低中間商參與的門檻與成本、快速看到銷售成果和提高中間商銷售績效。

今日銷售掛帥時代通路權掌握在中間商手上，零售商自己主導他們要賣什麼產品，因此生產廠商都積極想和中間商建立良好關係。所謂良好關係不只是傳統的買賣關係，而是超越單純交易建立休戚與共的長期夥伴關係。生產廠商應用顧客關係管理（Customer Relationship Management, CRM）技術試圖和中間商建立夥伴關係，為提高共同利益而努力，促銷就是其中的一種方法。

11.3　進貨折讓

進貨折讓（Trade Allowance）是指生產廠商在某一期間內，除了原有的毛利之外，另外提供給中間商進貨金額某一百分比的成本減讓，通常都以累進數量計算。例如家電生產廠商提供給零售商的促銷誘因，當冷氣機的進貨數量達到某一目標數量時，除了原有毛利之外每一臺另給予2%的折讓，超過目標部分給予5%的折讓優惠。

生產廠商提供給中間商的進貨折讓，主要有六個目的（註8）：

1. 說服中間商進銷公司的產品，取得或維持零售商的配銷通路。
2. 刺激中間商比平常進貨更多數量產品，占有零售商的倉儲空間。
3. 占有零售店的陳列空間，鼓勵中間商推銷公司所推廣的產品。
4. 激勵中間商的推銷員配合推銷公司產品。
5. 獲得零售商的廣告支持。
6. 搭零售商的價格促銷便車。

尤其是今日通路掛帥的時代，「誰掌握通路，誰就是行銷贏家」的現象非常明顯，更需要和中間商建立及維持良好關係。

廠商都想掌握通路控制權，但是並非所有的生產廠商都有能力建立屬

於自己的行銷通路。在此情況下，生產廠商為了使產品在零售店吸引消費者的注意力，爭取中間商合作與支持就顯得特別重要。尤其是零售據點成為廠商行銷必爭之地，要爭取他們的合作與支持並提供進貨折讓及其他促銷優惠，成為生產廠商不可忽視的一環。

進貨折讓的幅度乍看之下並不起眼，但是在促銷活動期間內中間商的進貨數量通常都很龐大，每年進貨折讓總金額相當可觀，這是他們進銷生產廠商產品所獲得的額外利益。生產廠商提供進貨折讓的目的，不外乎爭取或維持在零售商銷售的機會，以及以較低的代價取得較佳的陳列位置或較大陳列空間。

廠商提供進貨折讓誘因提高中間商多量進貨意願，勢必會增加中間商存貨數量，此舉可以有效防止競爭廠商趁虛而入。進貨折讓直接由生產廠商提供給中間商，促銷原理與邏輯簡單、活動設計與執行容易，而且通路成員與競爭者不知詳情可以做到嚴格保密境界。進貨折讓雖然簡易可行，促銷效果還得看中間商是否買帳、是否用心向消費者推銷，至於最後結果也得看消費者實際購買行動而定。

11.4　價格折讓

進貨折讓是數量折扣的一種方式。價格折讓（Off-Invoice Allowance）是在某一期間內，中間商同意以某種方式推廣生產廠商的產品，由生產廠商所提供的價格減讓。例如食品生產廠商為鼓勵中間商多量進貨，在促銷期間內無論進貨多少產品除了原有的毛利之外，每一箱給予0.5%的價格折讓，此一折讓直接從發票所開列金額中扣除，讓中間商直接感受價格優惠。

生產廠商提供給中間商價格折讓，主要是基於快速、簡單的達成促銷

目的，而中間商也容易理解並願意配合、樂觀其成。此一促銷方案以集中激勵中間商為主，但是生產廠商都期望收到一魚兩吃效果，於是有些生產廠商極力說服中間商將此優惠延伸提供給消費者，創造促銷的漣漪效應，共同致力於提高促銷期間的銷售量。此時主要的構想是銷售量增加且生產廠商獲利隨著增加，中間商也可以獲得額外的價格折讓。銷售量若沒有起色，中間商就無法享受價格折讓。

價格折讓用意雖然良好，但是實際執行上常會出現許多問題。例如中間商誤用促銷美意，利用促銷期間大量囤積產品，促銷期間結束後繼續銷售藉機獲取更高利潤。大量進貨後產品銷售若轉弱，促銷期間結束後要求退貨造成產品計價困擾。此外，生產廠商所期望一魚兩吃的希望常會落得一場空，因為中間商認為價格折讓是他們應得的利益，要轉而和消費者分享光是道德勸說難以收到效果，生產廠商必須採用其他促銷方法。

11.5　銷貨附贈

銷貨附贈或稱為隨貨贈送、免費產品（Free Goods），是指中間商進貨達某一數量時或購買所促銷的某一特定規格產品時，生產廠商額外贈送某一數量的產品或贈品。例如飲料生產廠商為爭取中間商大量進貨，常在旺季期間舉辦隨貨贈送促銷活動。隨貨贈送的免費產品可有兩種選擇：第一種是贈送原來進貨的產品，通常都按照某一比率贈送趁機增加銷售量；第二種是給予其他產品，可以是公司所生產的其他產品，具有「肥水不落外人田」及「母雞帶小雞」效應；也可以是其他公司的產品採行異業合作，具有「互相增強，互蒙其利」的效果。兩種選擇各有利弊，這是公司在規劃促銷活動時必須審慎思考的重要決策。

生產廠商採用隨貨贈送免費產品，主要基於三個觀點：第一、公司贈

送免費產品只按成本計價，顯然是成本最低的一種促銷手法。而中間商的認知則是一般市價，會有某種程度的滿足感，因此具有低成本促銷效益。第二、鼓勵中間商在促銷期間大量進貨，一方面增加中間商的庫存量，防堵競爭廠商趁虛而入；一方面因為中間商進貨成本降低，可以順勢將部分優惠移轉給消費者收到延伸促銷效果。第三、將公司產品推銷到中間商，一方面使生產線全力運作充分供應市場所需；一方面將存貨移轉到中間商，減輕公司的庫存壓力、減少積壓資金。

我國〈營利事業所得稅法〉規定，廠商從事營業活動得報支交際費，進貨相關活動以營業額的2%為限、銷貨相關活動以營業額的3%為限，符合廣告要件的廣告費不在此限。廠商舉辦全國性隨貨贈送促銷活動，通常都需要投入龐大促銷預算，這筆預算若僅能以交際費報支，最多也只有5%恐不敷所需，所以廠商都會爭取以廣告費報支。依照我國〈營利事業所得稅查核準則〉規定，促銷費用要以廣告費報支廠商必須事前向國稅局申請，備妥相關文件及要件經現場查核符合相關規定者，由國稅局發文准予備查，年度結束後申報營利事業所得稅時准予扣除。

隨貨贈送是生產廠商激勵中間商的絕佳促銷活動，可以確實將促銷誘因送達中間商手上防堵競爭者侵蝕市場，特別是在旺季期間用來促銷暢銷產品非常有效。但是用在促銷銷售速度緩慢或滯銷產品時，就沒什麼效果可言了。因為中間商都不希望協助推廣銷售速度緩慢或不被看好的產品，更不願意大量囤積滯銷的產品。

11.6　延緩付款

延緩付款（Dating）是指中間商得以先向生產廠商購進某一數量的產品，經過某一段期間再行支付貨款的一種促銷活動。延緩支付貨款相當於

給予中間商貨款融資，目的是要鼓勵中間商先行大量進貨占滿他們的庫存空間。這種提供貨款融資的促銷活動，對激勵零售商提前進貨、先行銷售非常有效。

支付貨款天期長短，影響中間商進貨意願甚鉅。一般而言，愈強勢的公司或知名品牌給予中間商的貨款天期愈短，甚至付清貨款後再安排出貨；競爭愈激烈的產業給予中間商的貨款天期愈長，甚至有採取寄賣方式，賣多少產品收多少貨款。例如台糖公司銷售砂糖、臺灣菸酒公司銷售菸酒產品都採取現金交易，沒有延緩付款的機制。大多數公司都選擇在顧客的信用額度內先行出貨，經過一段期間後（通常都是一個月）才結帳並收取貨款。至於貨款天期長短隨著產業別及交易習慣各不相同，有長達六個月或更長者。

生產廠商樂於提供延緩付款優惠，主要是融資貨款所花費的成本相當低廉，而且可以將產品逐步推向市場，節省公司的倉儲空間與儲存成本。季節性產品生產廠商鼓勵中間商大量進貨，可以確保旺季期間不致有缺貨之虞，同時也有助於安排生產排程是一種一舉數得的促銷活動。中間商歡迎向貨款天期較長的廠商進貨，因為享受無息的貨款融資可減輕財務負擔並增加現金流量，可以將資金用於更需要的地方。

延緩付款最大的問題莫過於呆帳的風險，遇到中間商的信用出了問題時，生產廠商必須承擔收不到貨款的風險。生產廠商為防止此一風險，通常都會根據中間商過去交易情形以及當年度預計進貨數量，設定某一信用額度，甚至要求經銷商提供抵押。在設定的信用額度內給予貨款融資，可降低風險。

11.7　現金回饋

　　現金回饋（Cash Rebate）或稱為現金補貼，是指中間商協助生產廠商完成某些行銷任務時，生產廠商給予現金折扣或補貼的一種促銷活動，這是最簡單的促銷方式。至於所完成的任務，有單純儲存多量產品者、有擴大零售店陳列空間者、有增加產品陳列排面者、有進銷生產廠商所有產品項目者，不一而足。

　　零售商完成所約定的額外任務經雙方確認無疑後，即由生產廠商給予現金折扣，作為零售商協助執行促銷活動的報酬。雙方雖然以所約定的任務績效作為回饋基礎，有時零售商會要求先行付款，生產廠商在權衡任務重要性以及別無其他替代方案的情況下，也得答應零售商的要求。此時常會造成生產廠商的困擾，尤其是需要支付龐大金額給零售商時，更會造成生產廠商的不便。

　　現金回饋的主要優點在於視績效付款，也就是零售商完成所約定任務經雙方確認績效水準後才付款，可讓生產廠商建立制度確保先做事再付款政策。至於付款時機有逐件付款者、有按季計算者、有一年核算一次者，甚至也有按一年進貨數量給予某一百分比的折扣者，端視雙方議定條件而定。

11.8　銷售競賽與獎勵

　　中間商的配合意願與努力程度影響生產廠商的促銷成效至巨，即使是針對消費者的促銷活動，絕大部分都需要依賴中間商的合作與配合執行。生產廠商有鑑於此，都會針對中間商舉辦多元化促銷活動。例如達成年度

銷售目標者，發給銷售獎金；針對各項銷售競賽優勝者，給予獎牌獎勵。

銷售競賽與獎勵（Contests and Incentives）是指生產廠商為鼓勵中間商創造更佳銷售績效，所設計的一種促銷方法（註9）。所謂中間商包括生產廠商所設計的營業所、經銷商，以及分布各地的零售商。至於銷售競賽通常都以達成公司所設定的銷售目標為基礎，最常見者有達成年度銷售目標者、有達成各季銷售目標者，也有達成其他單項競賽項目作為獎勵基礎者。獎勵時機則視競賽別而定，達成季別銷售目標者每季公開發給獎金、達成年度銷售目標者利用銷售年會場合公開表揚並發給獎金。

例如黑松公司及許多家電廠商每年都舉辦經銷商銷售競賽，競賽項目包括年度銷售目標、季別銷售目標、新產品銷售競賽、重點產品推銷競賽、新客戶開發競賽、市場維護競賽和顧客滿意度競賽等，不一而足。競賽優勝者在每年的經銷商年會上隆重公開表揚及頒發獎金與獎牌，頗受經銷商歡迎，對激勵經銷商的向心力與推銷意願貢獻卓著。

許多廠商熱衷於舉辦零售商銷售競賽，零售商超越某一銷售目標門檻者免費招待出國旅遊，目標門檻通常以累積方式計算。超越門檻愈高者，招待名額愈多。這種銷售競賽對零售商非常具有吸引力，他們認為努力推銷產品既有利潤可賺，又可以接受招待免費出國旅遊一舉兩得。對生產廠商而言，促銷成本低廉、活動簡易可行，而且可以和零售商建立良好關係一舉數得。

有些廠商把銷售競賽對象延伸到經銷商及零售商的推銷人員，主要觀點認為這些推銷人員在公司的配銷鏈中扮演重要角色。因為他們最瞭解市場狀況和顧客接觸最頻繁，人數比生產廠商的銷售人員更多。中間商的推銷人員雖然不是生產廠商的員工，但是他們對銷售績效的貢獻不容忽視，有效鼓勵他們推銷生產廠商的產品，猶如在市場上擁有許多推銷精兵參與行銷作戰。生產廠商舉辦零售商推銷人員銷售競賽，通常在徵得零售商同意後直接把獎金或獎品提供給優勝的當事人，激勵效果非常顯著且普遍受到零售商推銷人員喜愛。

針對中間商推銷人員舉辦銷售競賽與獎勵雖然受到中間商支持，但是可能會造成中間商推銷人員與管理當局的衝突，因為有些中間商希望掌握推銷人員與推銷作業的控制權，不希望推銷人員為了爭取生產廠商的獎勵而專心為特定生產廠商效勞，也不希望他們的推銷人員過度努力推銷對顧客沒有最大利益的產品。

11.9　廣告與陳列折讓

　　廣告與陳列折讓（Advertising and Display Allowance）是指零售商的廣告中，刊登有生產廠商的產品或在貨架上特別陳列生產廠商的產品，按照雙方約定由生產廠商支付給零售商的一種報酬。前者稱為合作廣告（Cooperative Advertising），例如百貨公司、大賣場以及便利商店，在DM中刊登生產廠商的產品廣告，由生產廠商補貼廣告費。後者稱為上架費，零售商挪出特定貨架空間與排面供生產廠商陳列其產品，由生產廠商支付一定數額的陳列費，例如百貨公司、超級市場、大賣場和便利商店常有這種機制，產品陳列可以提高產品在零售店的能見度，生產廠商願意補貼部分費用，主要是兼具有廣告效果。

1. 採用理由

　　廣告與陳列折讓廣被採用，主要理由有五：

（1）加速消費者的購買決策

　　消費者不常購買的產品出現在零售商的廣告上，可以引起消費者注意並加速消費者的購買決策。

（2）獲得零售商的支持

　　合作廣告使生產廠商與零售商建立良好關係，可以提高零售商的購買

數量並支持產品陳列。

(3) 地方性廣告成本低

生產廠商可以用比較低廉的成本，透過地方性廣告媒體接觸到地方廣大的消費者。

(4) 地方性廣告效果良好

有些產品的銷售具有地方性，透過零售商在地方性媒體刊登廣告，可以非常精準的接觸到目標消費者。

(5) 增加選購機會

產品只有陳列在零售店的貨架上，才有被消費者選購的機會。

2. 協議要點

廣告與陳列折讓通常都在生產廠商與中間商達成協議的情況下進行，協議要點包括：

(1) 特定期間

按照協議所約定的特定、具體期間內。

(2) 額外支付

基於「做事付款」的原則，由生產廠商額外支付的款項。

(3) 支付條件

依協議內容及範圍，做多少事、付多少錢。

(4) 效果導向

生產廠商付款希望看到具體效益，滿足廣告數量與品質才付款。

(5) 貼補性質

零售商執行及先行付款，再由生產廠商支付補貼款。

3. 合作方式

常見的合作廣告有三種方式：

(1) 水平式合作廣告（Horizontal Cooperative Advertising）

多家零售商或其他組織為了推廣他們的產品與服務共同刊登的廣告，通常以零售商為主，但有時也有生產廠商參與其中。

(2) 垂直式合作廣告（Vertical Cooperative Advertising）

零售商刊登生產廠商產品的廣告，或增加生產廠商產品在店頭的曝光率，由生產廠商負擔部分廣告費，通常以補貼某一百分比為原則。

(3) 供應廠商支持的合作廣告（Ingredient-sponsored Cooperative Advertising）

原料供應廠商所刊登的廣告，旨在幫助最終產品的行銷。基本構想認為最終產品銷售良好，供應廠商的原料與內容物也蒙受其利（註10）。

廣告與陳列折讓容易設計，執行上以協議規範為準並不複雜。一般而言，生產廠商在認定廣告與陳列折讓時，廣告上需要有促銷生產廠商產品的版面，或媒體曝光時間的事實證據。產品陳列則僅確認產品在店頭陳列及展示情形並拍照存證，至於銷售績效如何通常沒有列入評估。

11.10　交易優待券

生產廠商為鼓勵中間商大量進貨，偶爾也針對中間商（尤其是零售商）舉辦交易優待券或刮刮樂促銷活動。生產廠商將優待券或刮刮樂彩券置於產品大包裝內，通常以「箱」或「打」為單位，除了鼓勵零售商大量進貨之外，同時也激勵零售商積極向消費者推銷。零售商進貨習慣上都以「箱」、「打」或其他較大單位為基準，交易優待券促銷對象自然以中間商（零售商）為主。但是也有部分消費者整箱購買者，此時交易優待券就轉而成為透過零售商的促銷工具，鼓勵消費者多量購買，具有一石兩鳥的

促銷效果。

生產廠商規劃交易優待券促銷活動相當容易，主要構想認為每箱產品附有優待券或刮刮樂彩券，可以提高零售商大量進貨意願，達到占有零售商倉儲空間、增加銷售量的目的。零售商認為進貨享有促銷的額外利益，又可以輾轉激勵多量購買的消費者，留住現有顧客一舉兩得。

優待券或刮刮樂彩券所贈送的贈品，可有很大的操作空間。可以大到選擇汽車、機車、電腦或家電產品或選擇家庭日常用品，也可以兌換公司產品，端視公司產品特性與促銷目的而定。一般而言，針對零售商所舉辦的促銷活動，贈品的選擇和針對消費者應有所不同，因為零售商購買量大高價值的贈品對他們才有吸引力。例如維他露公司曾經針對零售商舉辦刮刮樂促銷活動，最高贈品選用汽車，為期五個月的促銷期間每一個月送出一部汽車，在飲料市場造成大轟動，零售商競相走告促銷效果令人刮目相看。

這種促銷活動對零售店進貨意願非常具有吸引力，尤其是零售商反應熱烈且生產廠商促銷成本低，此時的促銷效果最可觀。反之，零售商持有促銷產品的成本低、消費者的反應又趨平淡，促銷效果就顯得乏善可陳，此時所售出額外數量只不過是向未來先借用罷了。因為零售店所進貨產品必須繼續賣到未來好長的一段時間，引發「寅吃卯糧」效應對提高整體銷售貢獻不大。

交易優待券所促銷產品與時機選擇，影響促銷效果甚鉅。一般而言，暢銷產品促銷效果要比新上市的產品更顯著，選擇在旺季期間促銷要比淡季期間更有效。促銷期間不宜太長、同一種促銷方法採用次數也不宜太頻繁，以免出現促銷疲乏現象、失去刺激效果。廠商在規劃促銷活動時，必須審慎思考。

生產廠商在規劃交易促銷活動時，常會面臨某些挑戰：

1. 不容易控制零售商的行動

除了商品力之外，生產廠商少有權力要求零售商確實按照計畫執行，以確保零售商都能做出符合生產廠商期望的行動，尤其是在零售商掌握通路權的時代，更無法控制零售商作為。例如落實按照建議售價銷售產品，以及按照公司規劃確實轉送贈品。

2. 促銷前後進貨問題

有些零售商在促銷活動開始之前即大量進貨，促銷活動開始時他們會認為這些產品沒有享受到促銷利益以致不願意積極配合推廣，造成銷售落後的局面；有些零售商在促銷期間大量進貨，大幅超越市場需求量，促銷活動結束後仍然囤積多量存貨，在銷售不易的情形下常會轉而向生產廠商要求退貨造成困擾。

3. 越區銷售的困擾

有些零售商會為了消化其庫存量常有越區銷售行為，將促銷期間以優惠價格進貨的產品銷售到其他地區，這種行為稱為越區銷售或流貨（Diverting），和平行輸入或水貨概念很像。越區銷售通常會伴隨著削價競爭，不僅破壞價格水準同時也使銷售秩序為之混亂，這是生產廠商最不願樂見的現象。試想產品要賣到人生地不熟的地區，在別無他技的情形下就只有削價競爭一途，自我削價競爭、自亂陣腳、拚得無利可圖，讓競爭對手漁翁得利這是商場最大禁忌。

11.11　針對中間商促銷教戰守則

　　針對中間商的促銷雖然會有缺乏效率的場合，但是在配銷成本方面創造了相當可觀的附加價值卻是不爭的事實。促銷活動不一定都能使公司獲得經濟利益，有時甚至造成市場上價格混亂。所以公司在規劃促銷活動時必須審慎思考，尤其是針對中間商的促銷。下列教戰守則可以提供廠商參考（註11）：

1. 提高有效顧客回應率（Efficient Consumer Response, ECR）

　　重視廠商在零售店的促銷效果與降低成本的重要指標。包括：

(1) 提高產品鋪貨效率

提高產品由生產廠商的工廠移動到零售商貨架的速度。

(2) 降低配銷成本

使配銷系統的存貨成本降到最低限度。

(3) 改善產品研發

迎合消費者對新產品的需求，而不只是推出市場上已經有的模仿產品。

2. 重視產品類別管理（Category Management）

　　生產廠商生產許多品牌的產品形成不同產品線，這些產品在零售商店互相競爭，也在和競爭者的產品與替代品競爭。生產廠商和零售商的興趣與需求常出現不同調現象，前者所關心的是自己產品的銷售以及個別品牌的獲利情形，後者並不在意推廣哪一家廠商或品牌產品，他們最感興趣的是所有產品的整體獲利率。生產廠商為了要吸引中間商特別關照品牌與產品，必須重視產品類別管理，除了檢視產品類別、目標消費者、產品規劃、執行策略和評估促銷效果之外，在設計促銷活動時還必須確認所規劃

的促銷活動迎合中間商的需求與期望。

3. 防止落入每日低價促銷（Everyday Low Pricing, EDLP）的犧牲者

配合零售商舉辦每日低價促銷活動，容易陷入無效率、無效果促銷的窘境，造成浪費促銷費用的現象，因此許多生產廠商紛紛重新評估配合的必要性。生產廠商尤其是名牌產品生產廠商，都不願意其產品被當作促銷贈品，更不願意暢銷產品被當作低價產品促銷，俗稱「帶路貨」或「犧牲打」產品，不僅破壞品牌形象更會影響日後銷售。生產廠商的定價策略雖然具有變化性，但是在配銷系統中單純提供作為每日低價的產品，淪為中間商削價競爭的犧牲者恐非生產廠商所樂見。

4. 視促銷效果提供補助（Pay-for-Performance Programs）

針對中間商所舉辦的促銷活動常會出現一種現象，只是把未來的銷售提前實現罷了，對增加整體銷售量幫助有限。因此生產廠商紛紛採用按促銷效果提供補助的促銷方式，也就是零售商完成生產廠商所期望的促銷功能時，給予某一定金額或銷售百分比的獎勵或補助。這種促銷活動旨在酬謝零售商用心支持及推銷生產廠商產品，而不只是購買這些產品而已。這種理想通常需要時間考驗，只有時間才能證明零售商是否務實執行這種促銷活動。

5. 落實共同行銷理念（Co-marketing）

共同行銷又稱合作行銷（Cooperative Marketing），也稱為特定客戶行銷（Account-specific Marketing），是指生產廠商與中間商之間的合作行銷。產銷之間本來就有互相依存的關係，「合則兩利，分則兩敗」的現象非常明顯。合作可以創造雙贏局面使雙方利益達到最大化，分歧勢必會落得兩敗俱傷下場。生產廠商與中間商各有所司，前者致力於生產，供應

中間商所需要的產品，專精於促銷策略的規劃與方法的設計，刺激中間商與消費者的購買欲望。至於策略與計畫的執行需要後者密切配合，而中間商擁有銷售據點，在向消費者推銷方面占有優勢地位。生產廠商的促銷策略正確，加上中間商的戰術配合得宜，兩者建立天衣無縫的合作關係、上下一心才是促銷成功的最大後盾。共同行銷有兩層意義，第一是生產廠商舉辦全國性促銷活動時，需要和遍布全國的批發商與零售商合作，將促銷的美意輾轉提供給廣大消費者；第二是生產廠商針對特定地區市場舉辦促銷活動時，必須和當地特定零售商合作，務實將促銷優惠傳達給特定消費者。無論是哪一層意義或關係，最重要的是落實共同行銷理念創造雙贏局面。

6. 視批發商為公司營業單位的延伸

批發商有多種類型，營業所為公司營業單位的延伸自不成問題。其他類型批發商屬於獨立法人，雖然和公司分屬獨立的事業單位，但是休戚與共密不可分，必須視為公司營業單位的延伸，除了給予促銷誘因激勵他們推銷公司的產品之外，最重要的是關心其經營，輔導其建立管理制度。就組織規模、管理能力、產業經驗、產品知識、競爭狀況、推銷技巧、人員管理與訓練、銷售分析、財務規劃和倉儲管理等，公司都有豐富的經驗與實績。這些經驗必須透過某種機制移轉給批發商（營業所與經銷商），進而發揚光大變成有價值的知識，這才是公司和批發商良好關係的鐵證。黑松公司為落實此一理念，很早就成立專責單位致力於經銷商輔導，將經銷商視同公司營業單位的延伸，不僅建立有綿密的經銷網絡，更可貴的是擁有忠誠的經銷團隊。在國內外名牌齊聚、競爭激烈的市場上屢創佳績、屹立不搖，經銷商輔導功不可沒。

 **本章摘要**

　　中間商在行銷通路上占有舉足輕重地位，完成行銷通路許多功能，在「誰掌握通路，誰就是競爭贏家」的情況下，中間商愈突顯其重要性。實務應用上常將公司和中間商的關係，比喻為螃蟹的身體和腳的關係，公司猶如螃蟹的身體，中間商就像螃蟹的腳，再強的身體都必須有強勁的腳力才能活動，光有強勁的腳力沒有健康的身體還是無用武之地。針對消費者的促銷活動，需要靠中間商配合與支持的地方很多，因此公司都會針對中間商舉辦各種促銷活動，一方面酬謝他們的努力，一方面激發他們的向心力。

　　針對中間商的促銷招式很多，本章介紹時下最常被採用的八種基本方法，這些基本方法的延伸與變化可以延伸出更多方法。本章論述各種方法的原理、實務應用概況以及其優點與缺點，最後從實務應用觀點提出針對中間商促銷教戰守則，幫助公司規劃成功的促銷活動，強調將中間商（經銷商）視為公司營業單位之延伸的重要性。

 參考文獻

1. Kotler, Philip and Kevin Lane Keller, *Marketing Management*, Global Edition, 14th Edition, p. 441, 2012, Pearson Education Limited, England.

2. Schultz, Don E., William A. Robinson and Lisa A. Petrison, *Sale Promotion Essentials: The 10 Basic Sales Promotion Techniques and How to Use Them*, 2nd Edition, pp.155-175, 1993, NTC Publishing Group.

3. 莊麗卿譯，實用促銷手冊——輔助行銷的利器，基本技巧12招，Don E. Schultz and William A. Robinson合著，頁251-279、頁307-324，1992，遠流出版事業股份有限公司。

4. 同註1，頁543。

5. Belch, George E., and Michael A. Belch, *Advertising and Promotion: An Integrated Marketing Communications Perspective*, 10E Global Edition, p. 530, 2015, McGraw-Hill Education.

6. Shimp, Terence A., *Advertising Promotion: Supplemental Aspects of Integrated Marketing Communication*, 5th Edition, p. 533, 2000, The Dryden Press, USA.

7. 同註6，頁532。

8. 同註1，頁542。

9. 同註5，頁564。

10. 同註5，頁568-569。

11. 同註6，頁539-544。

第 11 章
針對中間商的促銷

個案討論
寶島鐘錶公司

寶島鐘錶【及時愛·即時樂】買錶滿3,000元現刮抽獎券！張張有獎促銷活動

　　儘管臺灣鐘錶內銷市場不小，但因國人普遍偏愛進口名牌，以致每個人手腕上所戴的手錶10只中有7只是進口貨。為迎合消費者的崇洋心理，臺灣製造的手錶常輾轉透過海外轉投資公司在國外註冊其品牌，在瑞士裝配後回銷臺灣掛上「SWISS MADE」標誌國人才看得上眼。無論是來自瑞士、日本等世界名錶，除了錶的心臟之外，舉凡錶面、錶殼、錶帶等手錶零件都有臺灣廠商的貢獻，這也是臺灣鐘錶業生存的重要基石。無論時鐘或手錶，臺灣業者大多是OEM代工廠商再外銷至世界各地。

　　臺灣早期就已相當知名的寶島鐘錶公司以經營鐘錶連鎖店通路起家，也是臺灣第一家鐘錶通路廠商代表。早在50年代時期，位於北門郵局對面的寶島鐘錶公司開業，對於臺灣鐘錶業而言具有開疆

闢土的歷史意義。

寶島鐘錶公司創立於1956年，創辦人陳國富先生秉持「為您服務、不亦樂乎」的宗旨，以「優質團隊、追求卓越」為企業願景。在「誠實服務」的企業經營理念下，寶島鐘錶公司提供價格合理、品質優良的產品及專業服務技術，積極服務臺灣各地消費者。推動連鎖經營、廣布銷售服務網，實踐「一家買錶，全省門市維修服務」的理想，力行「買錶行家、修錶專家」的信念，為其產品盡最大保障責任，深獲廣大消費者的支持與信賴。

寶島鐘錶已經發展成為集團企業體，目前擁有112家連鎖店，是臺灣規模最大的鐘錶銷售公司，也是全世界華人所經營最大的鐘錶連鎖商。寶島鐘錶用時間為所有民眾刻劃出一圈圈的同心圓，多年來日復一日不斷提供專業服務，讓「服務」成為根深柢固的核心理念。本著「誠實服務」的經營理念，以提供顧客一個安心、信賴與滿意的消費環境，為提升鐘錶業商店品質而努力不懈。寶島鐘錶榮獲臺灣第一家通過ISO9001國際品質認證，也獲得經濟部商業司優良商店GSP（Good Service Practice）認證的殊榮。

寶島鐘錶有別於其他鐘錶零售業，在知識經濟時代領先業界，成為專業的鐘錶行銷公司。該公司有如此卓越的成就，可以歸納出以下幾點原因：(1)洞悉消費市場：在產品區隔的市場中，運用長期累積的消費趨勢、市場知識及精確行銷研究，有效執行行銷計畫；(2)結合一流品牌：符合各類顧客需求的各式鐘錶產品，目前陳列多達一百多種世界知名品牌手錶；(3)掌握行銷通路：擁有便利的門市與維修通路、絕佳的店面設計及選點計畫、遍布全臺灣各市鎮的連鎖銷售店，提供各式高級精品與時尚流行之機械錶、珠寶錶等各式錶飾，每一家門市都有多位維修技師在現場為顧客服務；(4)自許消

費顧問：為顧客提供專業服務且不斷的挑戰自己，訓練優良的銷售人員和分級考試驗證合格的修理技師，提供技高一籌的顧客售前與售後滿意服務。

　　寶島鐘錶各家連鎖分店大多是由資深員工以內部創業模式來經營，經過公司長期培訓和實務的歷練員工的向心力及凝聚力都特別的強烈，再加上彼此之間都有一定的默契和共識，形成寶島鐘錶最大的品牌資產，更是企業的一大特色。在實踐企業經營理念方面，寶島鐘錶以市場為導向、以顧客為核心、以競爭為手段和以行銷為策略，朝向趨勢化、分眾化以及知識經濟化發展，實施市場區隔化、產品差異化、商品個性化與服務優質化等策略，充分展現專業鐘錶店的精緻品味與卓越風貌。從專業銷售服務的訓練、門市的遴選及教育訓練以及維修技術的分級考試與服務提升，全面落實顧客滿意。

　　寶島鐘錶在2015/1/1~3/31舉辦了【及時愛‧即時樂】買錶滿3,000元現刮抽獎券，張張有獎的促銷活動。消費者只要購買任一錶款結帳金額滿新臺幣3,000元，即贈送一張可以現刮的抽獎券，獎項包括名錶獎、精品獎、品牌獎、抵用金、修錶金和披薩券等獎品，獎品總價值超過新臺幣2,000萬元。鐘錶與人們生活息息相關，寶島的品質與服務早有口碑，此次促銷活動參加門檻不高採用刮刮樂方式，讓顧客親自刮且張張有獎，馬上刮、馬上揭曉刺激感十足。獎項多，對想要買錶的消費者具有很高吸引力。

參考資料：

1. 寶島鐘錶官網（2015），最新消息，http://www.formosatimes.com.tw/news_in.php?n_id=198

2. 李昀（2005），鐘錶產業透視，http://www.cnfi.org.tw/kmportal/front/bin/ptdetail.phtml?Part=8

思考問題

1. 類似寶島鐘錶這種類型的服務業，請問有無中間商？若有，請問其型態為何？

2. 試以本章學習到對中間商的促銷方法，增加套用於寶島鐘錶抽獎券促銷案中，擬定可執行於寶島鐘錶加盟店的獎勵方案。

3. 寶島鐘錶的抽獎券張張皆有獎，單筆消費每3,000元贈送一張，至多可領五張。你認為此一促銷限制對顧客滿意度及寶島鐘錶門市促銷管理有何影響？

第12章

針對推銷員的促銷

暖身個案

信義房屋公司

「人有進步，企業才有發展」
信義房屋重視員工訓練與激勵

　　民國90年以前臺灣的房仲業接受屋主委託，都是採用專任約（委託期限內屋主不能自行出售或再委由第三人出售），因為當時仲介公司家數不像今日那麼多且資訊也不發達，只要仲介公司接到專任委託通常都有機會成交。隨著時代改變愈來愈多的屋主選擇給多家仲介公司同時銷售，這就是目前盛行的一般約，也就是屋主可以同時委託好幾家仲介公司銷售房屋，也可以自行銷售。成功售出房屋的仲介公司，才有權利向屋主收取服務費。

　　以往賣方委託的產權調查必須到地政事務所調閱謄本資料，後來地政單位實施電腦化作業，所有的謄本皆可透過網際網路調閱提高效率且節省時間，營造屋主與仲介公司雙贏局面。

　　到民國80年代，樓面式仲介公司逐漸式微。在商圈發達的地方，店頭式房屋仲介公司林立，壓縮樓面式仲介公司的生存空間從業人員也開始有

所改變。民國70年代到80年代初期，絕大部分的從業人員都是剛退伍或剛畢業的年輕世代，少有中年從業人員參與其事。隨著各大仲介公司的需求人力大增，一些轉業或二度就業人員表現優異者比比皆是，目前加盟店人員在40歲以上者也不在少數。年輕人及中年人各有他們熟悉的商圈與人脈，未婚的年輕人比較有時間與充沛的體力可以全力投入工作，然而大都還未有購屋的經驗。因此在操作高總價物件上經驗比較不足，但是憑藉著勤能補拙的信念，有些年輕人經營高總價客戶也常令人刮目相看。中年人歷練較佳經驗豐富，經營高總價之物件比較嫻熟、推銷話術比較純熟、推銷功夫比較精進，銷售績效名列前茅成為房仲菁英。

信義房屋仲介股份有限公司為臺灣房屋仲介公司的佼佼者，由創辦人周俊吉先生在1981年成立。當時政府尚未核准仲介公司營業，因此以「信義代書事務所」提供房屋買賣仲介服務，到1987年成立「信義房屋仲介股份有限公司」經營得法且制度健全，促成買賣雙方達成交易獲得信賴、業績亮麗。1999年股票上櫃，2001年股票上市。

房仲業的許多制度都是信義房屋率先推出，例如「不動產說明書」、「成屋履約保證制度」等。2010年更推出「iPhone看屋APP」，引領房仲業進入行動科技新世代。2011年推出「凶宅安心保障服務」，2013年信義居家服務中心通過ISO9001認證，為消費者把關的「廠商嚴選」。

信義房屋深信「人有進步，企業才有發展」的信念，以及「育才、留才、用才」的道理。因此非常重視員工的教育訓練與績效激勵，除了提供產業專業知識基本教育給予經營與推銷技巧訓練之外，為了穩定人事、降低流動率，設有各種獎勵辦法致力於留任績優員工。這些獎勵辦法在穩定經營、激發動機、提高士氣、挑戰更高績效等方面發揮了高度效果，也是信義房屋長年表現卓越、屢創佳績一直穩坐房仲業龍頭寶座的最佳利器。例如(1)留任獎勵中設有成家教育基金，根據年度業績不同等級給予不同金額的成家教育基金，讓員工得以無後顧之憂的安心工作。(2)激勵傑出店長訂有獎勵海外旅遊辦法，按照年度績效分為不同等級。設有明確的績

效指標，每一等級給予不同點數的獎勵，讓傑出店長在忙碌之餘得以放鬆心情到國外旅遊度假。(3)獎勵績優業務同仁訂有一套標準，根據年度績效、每季績效設有不同等級。每一等級給予不同點數的獎勵，讓績優業務同仁得以榮耀的享受國外旅遊紓解心身並準備再衝刺。

　　此外，有鑑於臺灣生育率節節下降，信義房屋為鼓勵同仁生育在2013年推出育嬰津貼，信義房屋同仁只要生第二胎就發給12萬元獎金。信義房屋為提升臺灣國家形象重振企業倫理，於2012年與政治大學合作成立「信義書院」推動企業倫理教育不遺餘力。

參考資料：

1. 維基百科（2016），信義房屋，https://zh.wikipedia.org/zh-tw/%E4%BF%A1%E7%BE%A9%E6%88%BF%E5%B1%8B

2. 陳俊雄（2015），臺灣房仲業直營與加盟經營型態之分析──以信義房屋及住商不動產為例，逢甲大學經營管理碩士在職專班碩士論文。

12.1 前言

　　推銷員（Salesman）是指在市場第一線扮演推銷尖兵，負責執行和銷售業務相關人員的統稱。推銷員的名稱隨著產業與習慣稱呼之不同，各有不同的名稱，常見的稱呼有業務員、銷售員或售貨員不一而足。英文「Selling」是由「Sell」和「ing」組合而成，具有動態性的意義，本書為論述之方便統一稱為推銷員。在整個行銷系統中，推銷員人數最多且分布最廣，包括生產廠商的推銷員、批發商的推銷員、零售商的推銷員，他們雖然分屬不同的組織，但是工作內容及目標一致，都是為了向顧客推銷公司的產品或服務。

　　推銷員和顧客接觸的頻率最頻繁、最瞭解顧客的需求與欲望，同時也最清楚市場競爭狀況是名符其實的市場尖兵。他們在市場上占有舉足輕重的地位，工作內容有很寬廣的自主空間、工作時間有很大的彈性、工作地點廣大甚至包括國內外，經常出差在外且生活多彩多姿，收入和個人績效息息相關成為人們嚮往的良好工作，也是人們羨慕的對象並常常是企業挖角的目標對象。因為工作特性與時間彈性的關係，推銷員的個人意志與定力若不夠堅強常會受到許多負面評價，例如生活散漫無定、擅耍嘴皮、承諾得多且實踐得少，甚至挪用公款等。推銷員的培養不易需要適時給予適切的激勵，給予適當的工作誘因引導發揮潛能。在滿足個人需求之同時，也能達成公司所賦予目標。

　　廠商的促銷活動需要靠推銷員落實執行，因此都會針對推銷員舉辦各種不同的促銷活動以激勵他們的工作動機。無論是生產廠商或中間商，都希望推銷員專注於推銷公司的品牌與產品，尤其是生產廠商對中間商的推銷員雖然少有控制力可言，但是仍然不遺餘力的提出各種激勵措施來爭取推銷員的向心力。

有關針對推銷員的促銷活動很多作者將之歸類在推銷活動中，在討論促銷活動時論述得比較少。本書認為推銷員的工作既然如此重要，針對他們的激勵措施有深入剖析的必要，因此闢一專章逐一討論。

12.2　推銷的重要性

推銷（Selling）最簡單的定義就是將適當的產品或服務，推介給適當對象的過程。更精確的說法是在分析顧客的需求與欲望，協助他們發現如何購買特定產品、服務和構想，使這些需求或欲望獲得最大滿足的一種過程（註1）。由此可知，推銷的主要焦點集中在顧客的需求與欲望，而不是推銷產品或服務特質。

人員推銷（Personal Selling）屬於推廣組合中的一個要素，靠推銷員的能力與魅力將適當的產品與服務推介給適當的顧客。看似簡單的推銷工作其實過程相當複雜，面對變化多端的環境需要隨機應變，例如要拜訪的顧客分布在哪裡、他們是些什麼樣的顧客、他們的需求與欲望是什麼、如何接近他們、如何向他們介紹產品與服務、如何因應各不相同的反對意見、如何促成交易、如何完成交貨、如何收取貨款、如何履行售後服務等，這一連串的工作都充滿變化性與挑戰性，每天所遇到的狀況都不一樣、每一位顧客的需求與欲望也都各不相同，甚至公司的目標與規定也經常在改變，推銷員確實是在多變的環境尋求機會、施展抱負的銷售達人。

隨著公司規模與業務特性、產業習慣稱呼之不同，推銷員有不同的稱呼。專責服務大客戶的公司將推銷員稱為高級專戶經理（Senior Account Manager）、高科技公司的銷售需要有工程背景將推銷員稱為銷售工程師（Sales Engineer）、廣告公司負責和客戶接觸的業務人員稱為客戶協調員（Account Executive, AE）、銀行幫助顧客理財的專業人員稱為理財專

員、證券公司幫助顧客下單買賣股票者稱爲營業員、人壽保險公司的服務人員稱爲壽險顧問、汽車公司負責銷售汽車的人稱爲業務員、百貨公司及其他大多數公司直接稱爲銷售員。儘管推銷員的稱呼各不相同，他們的工作內容都是在向顧客推銷公司的產品與服務。

俗語說：「只要生產最好的產品，財源自然就會滾滾而來」，這種說法不僅今天不可能成立，未來也永遠無法實現。加拿大散文作家Stephen Leacock曾說：「沒有推銷，我們就無法銷售任何東西；如果無法銷售東西，我們也就無法生產任何東西。因爲我們若生產而無法銷售出去的話，就和售出產品而無法生產一樣糟糕」（註2）。無論產品有多優良、有多實用，在潛在顧客產生興趣之前必須先讓他們知道該項產品的存在與價值，要達到此一目的除了公司致力於廣告、公開報導和促銷等活動之外，接下來就要靠人員推銷了。

行銷觀念演進到銷售觀念時代之後，廠商紛紛發現除了產品數量充分供應（生產觀念時代）、提供品質良好的產品（產品觀念時代），還需要有人推銷與介紹（銷售觀念時代）產品才容易銷售。今天行銷觀念雖然銜接上述三個觀念，儘管歷經行銷觀念時代演進到社會行銷觀念時代，人員推銷不曾減其重要性。隨著競爭環境的嚴峻考驗，推銷員的魅力更是有增無減。

12.3 推銷活動的貢獻

各行各業都有推銷員在市場各個角落爲顧客服務，沒有推銷員消費者很難比較產品特性的優劣；沒有推銷員的協助消費者勢必會延緩購買決策，不僅浪費時間與精力，同時也會錯失立即滿足的機會。今天我們享受富裕與方便的經濟生活，各行各業廠商的偉大貢獻自不待言，爲廠商擔任

推銷工作的推銷員也值得翹大拇指讚揚。綜觀推銷員的工作，對社會、顧客、企業以及對推銷員都有極其卓著貢獻（註3）。

1. 對社會的貢獻

整體經濟發展屬於政府的政策與目標，企業家配合有效應用技術與人力提高產值與價值，這些產值與價值就要靠遍布各地的推銷員運用各種推銷技術，推銷給適合且有需要的顧客，否則再高的產值停留在廠商的倉庫仍然無濟於事。推銷員努力創造需要與刺激需要，已經成為具有生產性的經濟制度下不可或缺的一股力量。具有專業性與創造性的推銷人員都會相信他們所推銷的產品與所服務的公司，同時也是真正有興趣以合理價格與必要的服務把優良的產品推銷給顧客的人。

2. 對顧客的貢獻

推銷員對所服務的公司之經營、產品種類與特性、用途與使用方法、比競爭者優越的地方、限制條件以及售後服務等都瞭若指掌，所以能夠向顧客推介及提供服務。例如汽車推銷員對新車的性能、結構、特點、安全、省油、保養與價格都非常清楚。保險公司推銷員對保單內容、投保要件、理賠範圍、法令規定、節稅方法，以及如何為顧客爭取到最大利益都有很深入的瞭解，因此可以視顧客的需要量身設計符合顧客需要的保單。任何一個行業的推銷員都是該行業的推銷專家，專精於推銷產品與服務給顧客，對解決顧客的問題有很大的貢獻。

3. 對企業的貢獻

推銷員最重要的責任就是創造收益，也就是要將公司的產品與服務推介給有需求且合適的顧客，並且從中獲取利潤。因此推銷員所服務的公司及其顧客都蒙受推銷活動的利益，公司之所以能夠創造利潤主要得力於生產作業、行銷管理、人力資源、研究發展和財務管理等功能配合得宜，這

些功能中真正為公司賺進收益者首推行銷功能，而行銷功能中又以扮演市場尖兵的推銷員之工作最出色。此外，企業從推銷員所做的許多推銷活動中，也獲得許多額外利益。例如協助公司保持永不落伍、在競爭中持續保持領先、蒐集市場資訊，以及顧客需求變化等相關情報，都是奠定公司競爭優勢的重要基礎。

4. 對推銷員的貢獻

推銷活動對推銷員最大的貢獻就是自我肯定，開創自己的前途且創造自己的收入。絕大多數公司給予推銷員的報酬都採用底薪加獎金制度，有些公司甚至只有獎金，這種獎酬制度的設計旨在鼓勵推銷員自我啟發、自主管理，創造自己所需要與期望的收入。簡言之，推銷員的收入和自己所付出的努力成正比，這就是「要怎麼收穫，先怎麼栽」的道理。推銷員收入唯一受到的限制是自己的工作能力、熱忱、習慣與意願，在各行各業經濟景氣普遍低迷的情況下，推銷員的工作與收入是少數令人羨慕的對象之一。此外，推銷員因為能力出眾、表現卓越而備受肯定，被拔擢進入高階層管理者的事例屢見不鮮，甚至被其他公司挖角進入經營團隊核心者也層出不窮。

12.4　推銷員的激勵與考核

推銷管理中最困難的工作之一，就是如何激勵推銷員發揮最大的潛力。人們各有差異推銷員也不例外，每一位推銷員的需求各不相同，要激勵他們發揮潛能並不是一件容易的事。從馬斯洛需要層級（Maslow's Hierarchy of Needs）的觀點可知，生理、安全與歸屬的需要容易獲得滿足，自尊與自我實現的需要不容易獲得滿足。對一位推銷員有效的激勵方法，

對其他推銷員不見得有效。有些推銷員可用經濟因素激勵之，有些推銷員採用個人認同與肯定激勵最有效。再從赫茲伯格（Frederick Herzberg）的二因子激勵理論（Two-factor Theory of Motivation）可知，保健因子是最基本的項目，缺乏這些因子人們會覺得不滿足，但給予這些因子也不一定會滿足，激勵因子是真正具有激勵效果的項目。公司光給保健因子不見得具有激勵效果，保健因子與激勵因子交互使用才會有真正的激勵效果。

公司為了要激勵推銷員都會採用不同的方法，其中最常見者莫過於升任主管、加薪、主管召見鼓勵、安排出國觀摩、提拔擔任推銷講師、個別激勵獎金以及高額獎勵佣金等。其他激勵方法包括待遇水準、參與目標設定、進階訓練與發展計畫、參加銷售會議、團體激勵獎金、商品陳列及銷售競賽等不一而足。

激勵與考核有著密切的關係，以考核結果作為激勵的依據可以發揮獎優汰劣的效果。常用來考核推銷員工作績效的項目，包括推銷成果、顧客關係、工作知識、人際關係和人格特質等（註4）。

推銷成果可以再細分為許多量化指標，例如銷售數量與金額、毛利率、新顧客開發數、推銷訪問次數和市場占有率等。顧客關係包括現有顧客數、解決顧客問題的技巧、成功為顧客服務與提供協助的能力。

工作知識與能力包括推銷員尋找準顧客的能力、克服反對意見的能力、推銷說明與演示的有效性，以及產品特性、市場、顧客與競爭情報等知識。人際關係包括瞭解工作條件、和其他部門相處的能力、認識及分析問題的能力，以及和公司管理當局有效溝通的能力。人格特質包括推銷員儀容的適切性、判斷力、熱忱度、獨立性、想像力、語言溝通技巧和積極進取的工作態度等。

正式考核通常區分為平時考核與年度考核，前者又稱為不定期考核，其實推銷員每天都在接受考核；後者又稱為定期考核，通常都在年度結束後做一次總考核。最重要的是，要將考核結果誠懇的告知推銷員，甚至舉行考績會談由主管親自接見每一位推銷員，感謝他們為推銷工作所付出的

努力讚賞與嘉許推銷績效的優異表現，同時具體指出需要改進或加強的地方，誠懇的提供改進意見鼓勵再接再厲、再創佳績。

推銷員考核有三個重要目的：第一、作為多項管理決策的重要依據，例如薪酬調整、獎金發給、升遷、留任和調任參考。第二、幫助推銷員進行職涯發展瞭解績效表現不佳的原因，進而提供訓練幫助提高績效。第三、引導推銷員的行動與行為符合公司的目標與期望，有效執行公司策略（註5）。推銷員的考核必須公正、嚴謹務實執行，避免造成趨中偏誤（Error of Central Tendency）：集中於中間值，分不出績效優劣；嚴格偏誤（Strictness Error）：太過嚴苛形成推銷員普遍表現不佳的失真現象；寬大偏誤（Leniency Error）：太過寬鬆造成推銷員表現優異的假象，因為考核結果是要作為激勵、報酬與升遷的準據。

12.5　推銷員的報酬

薪酬制度是激勵推銷員最基本的方法，也是最重要的工具。推銷管理就是要發展並執行一套實用的薪酬制度，激勵推銷員維持高昂的工作士氣挑戰艱難的目標並創造高額收入。薪酬制度是一種正式與非正式的報酬機制，明確界定推銷員所必須達到的績效目標以及如何評價、如何給予報酬的一套制度（註6）。正式而且以績效為基礎的薪酬制度可以有效激勵推銷員的工作熱忱，尤其是在激發推銷員高水準的績效表現時非常有效。因為推銷員們瞭解報酬和績效水準相關連，都會付出更多努力爭取更高報酬，而當推銷員獲得更高報酬時公司的銷售績效與獲利更可觀。

一套良好的薪酬制度，必須足以達成下列目標（註7）：

1. 以明確的措施鼓勵推銷員發揮最高能力，加強推銷與相關的工作

職責並獎勵特殊成果。

2. 使所完成的工作和報酬水準之間，有一公平的關連關係。讓推銷員們充分瞭解這種公平關係，這是非常重要的事。

3. 吸引並留住優秀推銷員，給予適當的支持與經濟上的安全性，以達到充分的穩定性。

4. 提供管理當局彈性維持成本與銷售之最佳平衡方法。

5. 清楚、容易瞭解、易於管理，使執行與行政管理費用減到最低的限度。

推銷員的工作性質和公司一般員工有著明顯的不同，給予報酬的方式也有很大的差異。即使同樣是擔任推銷工作，推銷員薪酬的核計也有許多不同的方法，最常被採用者有下列三種：

1. 單純薪資法

這是最簡單的方法，按月支付一定金額的薪酬與推銷績效無關。這種方法的優點是公司薪酬設計簡單且管理容易，財務管理單純；推銷員預知每月可以領到多少薪水，可以量入為出。最大的缺點是缺乏激勵作用，對額外努力或特別優越表現的推銷員沒有任何鼓勵作用。

2. 單純佣金法

這是不支付底薪的一種薪酬制度，單純根據事先確定支付期間或每一個案績效的某一百分比支付佣金，許多旅行社的導遊人員都採取單純佣金制。這種方法最大的優點是推銷報酬和工作成果產生直接關係，可以發揮最大激勵效果，公司的薪資費用具有彈性；主要缺點是推銷員缺乏經濟安全與最低生活保障，容易造成推銷員流失。

3. 薪資加佣金法

給予推銷員某一數額的底薪、安定其基本的經濟生活，其餘則視推銷績效給予佣金或獎金，這是目前被使用得最普遍的方法。汽車公司、房屋仲介公司、保險公司、百貨公司，以及其他產業的廠商都採用這種薪酬制度。這種方法具有上述方法的優點而沒有上述方法的缺點，被認為是最符合人性管理又兼具激勵效果的方法。

12.6　推銷研習會

大規模公司都會定期或不定期舉辦推銷研習會，召集公司的推銷員與會。有時也邀請中間商的推銷員參加，受邀參加的中間商推銷員認為這是一種肯定與榮譽，通常都會更樂意推銷公司的產品與服務，日後甚至成為公司的推銷團隊成員。推銷研習會主要有兩個目的：第一、發表新產品、新活動和新計畫方案作充分說明並達成共識；第二、公開激勵及表揚績優推銷員激發見賢思齊效應。推銷研習會常被推銷員視為年度推銷盛會，公司當局都會審慎規劃視為企業重要的公關活動，邀請媒體記者參加並且視為針對推銷員的一種重要促銷活動。

推銷員參加推銷研習會可瞭解公司的新產品、新活動和新計畫方案，有助於增進工作知識、瞭解公司的行銷方向與推銷策略，也有助於配合執行、提升推銷能力，提供給顧客更完美服務。

　　日本品管專家石川馨曾說：「要做好品質工作有三個要件：第一是訓練、第二是訓練、第三還是訓練」，足見訓練的重要性。推銷工作人人都會做，但是要確實做好推銷工作不見得人人都能勝任，因為優秀的推銷員並非天生而是訓練出來的。所以推銷員要做好推銷工作，接受推銷技術訓練是不可或缺的要件。

　　推銷技術訓練並非單純聆聽演講可以竟全功，必須適時輔之以「實做」與「演練」才能學到真功夫。推銷訓練光聆聽演講或閱讀是不夠的，猶如看書學游泳一般無論是蛙式、蝶式、自由式或仰式，都可以從書上讀到要領與訣竅，但是一下水就完全不同了。推銷訓練必須靠「實作」與「演練」才能體會其中的精髓與奧妙，而且必須不斷的演練抱著「只有開始的時刻，沒有結束的時候」的心情與精神，優秀的推銷員都是這樣訓練出來的。

　　受過良好訓練的推銷員具有強烈的工作動機，通常都可以提高推銷生產力願意長期留在公司服務，容易和顧客維持良好的關係。市場與競爭環境不斷在變化推銷員的訓練也必須與時俱進，不斷提高人員素質與推銷技術，才能使公司立於不敗之地。

　　推銷員訓練計畫隨著產業、公司與目的之不同，各異其趣。推銷員訓練無非想要達成兩項目標：其一是傳授產品知識，其二是訓練推銷技術。為了達成這兩項目標，推銷員訓練內容通常包括公司的歷史沿革、目標、策略與組織、公司的產品、服務與優勢，以及顧客購買行為、市場與競爭情報和推銷技術與演練。推銷員的培訓不易，市場環境及顧客需求與期望隨時在改變，公司產品與服務經常推陳出新，因此推銷員訓練必須經常舉辦，視為一種常態性工作。壽險公司的推銷員（壽險顧問）、銀行業的理財專員、汽車業的推銷員經常需要接受再教育，目的就是要學習與產品有

關的最新知識、演練推銷新技術。

　　訓練可根據場所與訓練內容之不同，區分為兩種型態：第一種是在工作場所實施的在職訓練（On-the-job Training, OJT）、第二種是集中在適當地點舉辦的離開工作場所的訓練（Off-the-job Training, Off-JT）。前者以就近教導及演練技術為主，後者以集中講授知識性課程為主，推銷員訓練也可以採用這兩種方式之一或同時採用這兩種方式。推銷員訓練舉辦方式隨著公司規模與需要各有不同，主要有下列幾種方式（註8）：

1. 在公司舉辦企業內新進人員訓練。
2. 公司或事業部所舉辦的推銷訓練。
3. 推銷員從經驗中自我學習的在職訓練方法。
4. 和有經驗的推銷員同行，從觀察中學習推銷方法。
5. 選派參加顧問公司所舉辦的專業推銷訓練。
6. 選派到大學選修推銷訓練相關課程。

　　行銷長所遇到的推銷訓練問題不在於該不該舉辦推銷員訓練，而是要舉辦什麼方式的推銷員訓練。此外，推銷員訓練不宜被視為標榜新奇的活動、也不是敷衍塞責、更不是消化預算的活動，應視為是一種持續性、經常性和重視效果的活動。黑松公司每年在進入飲料銷售旺季前，在全省各地分區舉辦推銷員訓練，邀請各經銷商經理率領推銷員及其他員工參加，由公司相關單位主管及優秀經銷商經理擔任講師，訓練課程包括介紹公司重點策略、新產品知識與特性、希望推銷員配合事項，以及推銷方法、經驗交流等，充分發揮及時強化推銷效果備受推崇。

　　推銷員在市場第一線擔任推銷尖兵，他們的工作動機與企圖心會嚴重影響公司的銷售績效，不能任其自我摸索甚至意志消沉而演變成自我放棄。所以公司都會針對推銷員舉辦推銷競賽，適時給予適當的激勵。廣義的推銷員包括公司的推銷員與中間商的推銷員，這些推銷尖兵分布在市場各個角落為推銷公司的產品與服務而效力，和公司有著休戚與共的關係應該給予優惠激勵。

　　汽車銷售公司、房屋仲介公司、保險公司以及傳銷公司訂定有激勵辦法，經常舉辦推銷競賽。推銷員們為發揮個人能力每天都保持最佳狀態，戰戰兢兢且全力以赴來爭取最高榮譽，公司也因此而屢創佳績。

　　常用來激勵推銷員的方法很多，隨著產業特性、公司文化、產品性質、公司喜好和競爭狀況等各不相同。常見的激勵方式包括下列各項（註9）：

1. 金錢的激勵

　　基於「重賞之下，必有勇夫」的信念，以及人們對金錢永不嫌少的觀念，以金錢作為激勵因子這是最普遍被採用的方法，也是最直接、最有效的誘因。獎勵辦法若設定得合理推銷員們為了獲得更豐厚的收入，都會使出渾身解數想盡辦法挑戰目標、挑戰自我，並且早出晚歸勤勉拜訪以建立關係，務實實踐推銷為自己的荷包而努力、為公司的銷售業績而奮鬥。

　　尤其是推銷員的薪酬採用單純佣金制度者，更會全力以赴爭取高收入並創造高績效。採用底薪加佣金制度者，推銷員為獲得更多收入也會設法達成目標以提高銷售績效。公司在訂定激勵辦法時，必須考慮激勵誘因與目標達成的相關性。目標訂得太高以致達不到，推銷員勢必會放棄，這無異是把市場拱手讓人；目標訂得太低不需付出努力就有獎勵，不僅失去激

勵的意義也徒增公司的負擔，過與不及均非所宜。最理想的辦法是將目標訂得合理而適中，所謂合理而適中是指有可能達成又具有挑戰性，誘導推銷員積極挑戰合理的目標，公司則給予合理的報酬。

2. 責任的激勵

從前述二因子激勵理論可知，金錢對某些人並不是最好的激勵因子。對這些人而言，成就、認同、工作、承擔責任、進步與成長，將是更有效的激勵因子。推銷員常掛在嘴邊的「責任額」就是最典型的責任。從公司的立場而言，責任額就是「目標」，推銷員最高興的事就是達成銷售目標，其實達成銷售目標也是公司夢寐以求的事。

讓推銷員有參與目標設定的機會，除了是一種責任與肯定之外，還可以收到讓推銷員們「知其然，亦知其所以然」的效果。鼓勵他們勇於承擔責任、樂於挑戰目標，這也是目標設定的精髓所在。

良好目標需要符合四個要件：有可能達成、具有挑戰性、可具體衡量與有明確期間。無論是哪一階層的推銷員都必須有務實而良好的目標，有可能達成的目標才會激發工作動機與熱忱，使工作更有意義與價值；具有挑戰性的目標才能有效引發進步與發展的動力，使個人充滿信心與活力；可以具體衡量的目標才會凝聚焦點，才知道要做些什麼及做到什麼程度，才不會模糊焦點或各說各話；有明確的執行期間才會喚起時間價值的概念，養成按時達陣的好習慣，進而破除「過一天，算一天」的惰性心態。

評估績效也是一門學問，重點是在尋求務實可行的改進方法，而不是要為沒有達成目標找冠冕堂皇的理由。不只是在檢討有無達成目標，而是要深入探索未能達成目標的真正原因，並且提出務實而可行的改進對策，作為知識管理及下次設定目標的參考，絕對不是單純下修目標了事。即使績效超越當初所設定的目標水準，也要務實檢討為何超越目標，到底是外界環境使然，或是個人確實有超水準的演出，或只是當時設定的目標偏低。檢討結果都是下次設定目標時的重要參考資訊，盲目加碼絕對不是最

好的辦法。

目標不僅是評估績效的重要基準，也是激勵推銷員的一股動力與來源，行銷長必須深諳激勵原理。評估績效就是公開激勵士氣的良好時機，無論是口頭或書面鼓勵，通常都會收到意想不到的激勵效果。受到激勵的推銷員工作滿意度比較高，通常都會加倍努力樂意挑戰更艱難的目標，勇於再創更輝煌的績效。

服務業廠商非常重視推銷員的激勵，通常都訂定有整套獎勵方法，鼓勵勇於挑戰並爭取佳績。達成目標或超越目標設有多種獎勵，例如國內旅遊、國外旅遊、登報廣告、安排記者專訪、安排到國外接受頒獎表揚等不一而足。

3. 績效的激勵

推銷績效是指推銷員工作結果的綜合表現，除了達成銷售目標之外，尚有許多重要項目包括市場照顧、服務熱忱、新顧客開發、應收帳款催收、避免呆帳損失、配合公司政策和回饋競爭情報等。根據績效表現給予適當獎勵，也是激勵推銷員的良好方法。

推銷績效通常都經由考核認定，目的是要配合推銷員薪酬制度及升遷辦法達到獎優汰劣的目的。有關推銷員的績效考核與激勵關係，已在推銷員的激勵與考核中討論不再贅述。

12.9 推銷手冊

推銷手冊是公司特別為推銷員編寫的一份教戰手冊，有時也稱為「推銷員的聖經」，提供推銷員們臨場的指引及常見問題的回答要領。推銷手冊通常包括公司背景及產品項目、重要目標與策略、產品製造過程、產品

特性與用途、價格資訊、推銷要領和協助顧客獲得公司所能提供最大利益的建議等，這些資訊帶有高度機密性僅提供給推銷員使用，不適合展示給顧客，更不宜流入競爭廠商推銷員手中（註10）。

除了公司統一提供的資料以外，優秀的推銷員都會勤做功課，視個人、顧客及推銷作業的需要，準備其他相關資料放進推銷手冊中。例如汽車銷售公司的業務員、房屋仲介公司的銷售員、保險公司的推銷員和銀行理財專員，經常蒐集及提供政府最新法令、市場最新消息、顧客最想知道及最有利的資料，以便在推銷說明時做最精彩的演出。

12.10　推銷資料夾

推銷資料夾的功能與推銷手冊相類似，只是比較簡單及方便增減資料罷了，目的是要產生聚焦作用並吸引顧客對推銷說明的注意力。資料夾通常都是活頁式設計有如簡便的卷宗，推銷員可以自由存放照片、圖片、圖表、剪報資料、推薦函、廣告計畫日程表以及其他圖文資料。

推銷資料夾裡面所存放的資料除了提供給推銷員使用之外，更重要的是要展示給顧客看，甚至抽出部分資料送給顧客參考。一則證明推銷員所言有所本，都有明確而具體的根據與參考來源；二則使推銷說明過程進行得更順暢，以便做一場更完整、清晰、有內容與有效果的推銷演示。

12.11　產品模型

產品模型是指真實產品的縮小版，主要是用來演示產品操作及使用方

法，因為具有實體性可供顧客試著操作，可以有效吸引顧客的注意力進而對產品產生興趣，同時也可以使整個推銷說明顯得更清晰、更生動和更有趣。尤其是體積大、重量重的工業用品，以模型替代原型產品是一個絕佳構想，有時甚至是唯一的好辦法。

隨著科技的進步與應用軟體的普及，產品模型有逐漸被立體圖片及影片取代的趨勢。推銷員只要攜帶一臺平板電腦事先鍵入所要介紹的產品模型與相關資料，就可以進行一場生動而精彩的推銷演示。

12.12 公司刊物

公司內部刊物是公司定期出版，提供給內部員工閱讀的刊物。黑松公司特別針對經銷商出版一份《經銷通訊》月刊，報導公司行銷活動、經銷商動態等相關消息，免費提供給經銷商同仁閱讀。公司刊物雖然簡單，但是在傳遞訊息、溝通觀念、經驗交流和抒發情感等方面，有著小兵立大功的效果。

公司刊物所報導的內容，包括最新行銷活動、新產品資訊、銷售競賽活動、獲獎及獎勵消息、促銷活動細節、公司人事動態、推銷新知與經驗交流，以及經銷商員工最感興趣的其他事項。

12.13 推銷函與公告

許多公司利用不同形式的溝通媒介和推銷員溝通，推銷函與公告就是常被採用的方法。推銷函與公告是公司正式發給推銷員的信函與公告，通

常只發給公司的推銷員。如果適當運用的話，推銷函與公告可以為推銷員提供具有建設的意見與建議，在強化推銷技術、落實推銷作業等方面非常有幫助。

推銷函與公告雖然只是一份和推銷有關的文件，可以讓推銷員們感受到公司管理當局對他們的重視，以及感激他們的優越表現，常常扮演鼓舞推銷士氣、激勵挑戰動機的重要角色。

12.14　針對推銷員促銷的教戰守則

從工作中獲得愉快與滿足的推銷員，都是獲得有效激勵的推銷員。下列教戰守則可以幫助公司及行銷長，針對推銷員研擬更有效的促銷活動（註11）：

1. 承認及瞭解推銷員的個別差異與需求。
2. 協助推銷員提供完整而有意義的推銷訓練。
3. 規勸推銷員時要閉門進行，讚美及表揚推銷員要迅速且公開進行。
4. 誠懇的關照每一位推銷員，因為他們都是公司的推銷精兵。
5. 不要害怕和推銷員分擔責任，此舉有助於推銷員的進步與成長。
6. 重視及強調推銷團隊所創卓越績效的積極意義。
7. 以「己所欲，施於人」的方式，領導推銷團隊向目標挑戰。
8. 不要害怕推銷員提出怨言，怨言有助於解除他們情緒的不安與焦慮。
9. 永遠以尊重與尊敬的心情對待每一位推銷員。
10. 多做有建設性的讚賞，不做毫無意義的批評。

11. 提供具有激勵性的報酬。

12. 提拔優秀推銷員，讓他們擔任推銷員訓練的講師。

13. 在正常且合理的基礎上，讓優秀推銷員擔任不同的任務或活動。

14. 安排團隊推銷觀摩機會。

15. 簡化書面作業與手續，讓推銷員專心從事推銷相關工作。

16. 確信推銷員都充分瞭解迅速撰寫及提出報告的必要性。

17. 在訓練與休閒兩相宜的地方，定期舉辦調節身心與推銷訓練活動。

18. 心存感激，幫助推銷員解決個人問題。

 **本章摘要**

　　再好的產品與服務都需要靠行銷來推廣，行銷推廣過程中需要有許多推銷員的參與。推銷員在市場上為推銷公司產品而努力，針對推銷員舉辦促銷活動不僅有其必要性，更是不可或缺的工作。

　　推銷員是訓練出來的，從招募、訓練、推銷、報酬、激勵以及升遷，一直到針對他們所舉辦的促銷活動都是公司及行銷長責無旁貸的責任。本章討論推銷員的管理與激勵，從管理與促銷的觀點切入探討其中的原理與應用，介紹當前被採用得最普遍的方法。最後提出教戰守則，呼籲重視推銷員的養成與訓練，為推銷尖兵打氣再創公司銷售績效高峰。

 參考文獻

1. 林隆儀譯，Stan Kossen著，創造性的推銷實務，第三版，頁5，1987，清華管理科學圖書中心。

2. 同註1，頁10。

3. 同註1，頁15-20。

4. 林隆儀翻譯，Robert Y. Allen, Robert F. Spohn and I. Herbert Wilson合著，動態推銷術，頁535，1987，清華管理科學圖書中心。

5. 吳秉恩審校，黃志良、黃家齊、溫金豐、廖文志、韓志翔著，人力資源管理：理論與實務，第三版，頁312-313，2013，華泰文化事業股份有限公司。

6. Griffin, Ricky W., *Fundamentals of Management*, 4th Edition, p. 340, 2006, Houghton Mifflin Company, Boston, New York, USA.

7. 同註1，頁523-524。

8. 同註1，頁576。

9. 同註1，頁580-586。

10. 林隆儀譯，Richard E. Stanley著，促銷戰略與管理，第五版，頁478，1989，清華管理科學圖書中心。

11. 同註1，頁586-587。

個案討論

7-ELEVEN

7-11「大小朋友一起來」促銷活動

　　便利商店又稱為CVS（從英文Convenience Store縮寫而來）或小型超市緣起於美國，通常指規模較小、產品種類多元，以販賣民生相關物資或食物為主的商店，包括加油站附設的複合式商店，通常位於交通便捷的地點。便利商店的開始應是在1930年，美國南方公司在美國達拉斯（Dallas）開設了27家圖騰商店。1946年將營業時間延長為從早上7點至晚上11點，並將商店命名為7-ELEVEN。

　　連鎖便利商店與人們的生活息息相關，為因應國人生活型態改變以及臺灣產業結構轉變，便利商店崛起於零售市場，遍及全國各城市鄉鎮，形成一股新潮流漸漸取代早期的「柑仔店」。傳統的雜貨店強調與顧客建立長期人際關係，連鎖便利商店則訴求「服務」與「便利」，目標顧客群鎖定對價格敏感度較低的消費者，經營主張「商品結構齊全、品質保證新鮮、清潔衛生澈底、親切快速服務」贏得青睞。除了傳統現場銷售業務外，臺灣便利商店不斷推陳出新增加各種服務項目，特別重視行銷策略，例如代收服務、售票服務、網路購物服務、鮮食及年菜配送等各種創新服務，充分發揮物流、金流、商流的通路特性創造附加價值，彰顯同中求異的競爭優勢。許多便利商店內也設有自動櫃員機、影印機及傳真機，有些位於風景區外圍及重要公路旁的便利商店，還提供顧客臨時停車位

及洗手間，把提供方便的本質發揮得淋漓盡致。

　　1927年創立於美國德州達拉斯的7-ELEVEN名為南方公司（The Southland Corporation），主要業務是零售冰品、牛奶與雞蛋。到了1946年推出當時便利服務的「創舉」，將營業時間延長為從早上7點到晚上11點，於是誕生了「7-ELEVEN」這個傳奇性的名字。7-ELEVEN從特許經營起家，是全球最大的便利商店連鎖公司。2005年11月日本7&I控股公司收購美國的7-ELEVEN公司，為旗下全資的子公司，全球擁有約46,000家門市，分布於日本、美國、加拿大、香港、中國大陸、澳門、臺灣、新加坡、泰國、馬來西亞、菲律賓和韓國等地。

　　1978年統一企業集資成立統一超商，將整齊、開闊、明亮的7-ELEVEN引進臺灣，掀起臺灣零售通路的革命。走過艱辛的草創初期，統一超商堅持了七年終於轉虧為盈。在積極展店和創新行銷下，一直穩居臺灣零售業的領導地位。

　　2000年4月20日在全國媒體的見證下，7-ELEVEN總裁Mr. Jim Keyes和統一企業創辦人高清愿先生簽訂永久授權契約，這項在國際間不尋常的簽約儀式，代表了美國7-ELEVEN對統一超商完全的信賴，更認同統一超商的經營實力，也對7-ELEVEN在臺灣的永續經營多了一份保障。統一超商是統一公司的關係企業，以加盟連鎖的方式經營臺灣的7-ELEVEN。目前為臺灣規模最大的便利商店業者，至2014年擁有超過5,000家門市。

　　便利商店屬於通路商，促銷的標的產品和生產廠商有很大的差別，絕大部分屬於上游廠商的產品，而且都屬於低單價的便利品。所以促銷活動的操作都走多元化路線，同時舉辦多系列促銷活動，每一系列各有多項產品，促銷誘因以贈送同一產品、第二件享受折

扣方式為主。統一超商在2015年3月18日至4月14日舉辦「大小朋友一起來，指定人氣品牌糖果或餅乾，買大送小」促銷活動，促銷標的產品包括：

- 買M&M's 35元任2件（牛奶／花生／黃金鳳梨口味巧克力）
  - 送迷你M&M's巧克力1罐
  - M&M's牛奶巧克力
  - M&M's花生巧克力
  - M&M's巧克力黃金鳳梨口味
  - M&M's迷你巧克力（管狀）

- 買2個大雷神送黑雷神1個
  - 大雷神BIG牛奶巧克力
  - 黑雷神牛奶巧克力

- 買士力架任1件（30元商品）送士力架迷你巧克力1盒（2入裝）
  - 士力架花生巧克力
  - 士力架杏仁果巧克力
  - 士力架迷你巧克力2入裝
  ※不含士力架迷你巧克力輕巧包

- 買彩虹糖袋裝30元任1袋　送三角包1包
  - 彩虹糖酸甜水果口味
  - 彩虹糖混合水果口味
  - Skittles彩虹迷你果汁糖
  ★彩虹迷你果汁糖不加入歡樂找糖趣2件八五折活動

※不含彩虹糖混合水果口味家庭號

- 買49元或59元　奧利奧餅乾任1件
  - 送奧利奧（香草／巧克力）隨手包1個
  - 奧利奧奶油椰香夾心餅乾
  - 奧利奧原味夾心餅乾──香草口味夾心
  - 奧利奧巧克力夾心三明治餅乾
  - 迷你奧利奧──香草（杯）
  - 迷你奧利奧──巧克力（杯）
  - 奧利奧香草三明治隨手包
  - 奧利奧巧克力三明治隨手包

　　低單價產品或同系列產品的促銷活動設計相對簡單，促銷辦法直接標示在產品上或產品陳列架上，透過訓練有素的商店服務人員的推介，消費者不僅容易接觸到而且購買時無須提供任何憑證或手續立即享受優惠，讓消費者有獲得實質優惠的感覺，尤其是天天都要惠顧便利商店，促銷效果特別顯著。

參考資料：

1. 林繼正、姜竹音（2008），連鎖便利商店產業分析，《稻江學報》，第三卷第一期，頁30-45。

2. 維基百科（2015），便利商店，http://zh.wikipedia.org/zh-tw/%E4%BE%BF%E5%88%A9%E5%95%86%E5%BA%97

3. 維基百科（2015），7-11，http://zh.wikipedia.org/wiki/7-ELEVEn

4. 7-11官網（2015），歷史沿革，http://www.7-11.com.tw/company/history.asp

5. 7-11官網（2015），主題活動，http://www.7-11.com.tw/special/index.asp?item=Event_E010

思考問題

1. 請問由顧客投票的本月最佳店員選拔，是否符合激勵推銷員的要件？如果是的話，屬於哪一種方式的激勵？

2. 假設你剛成立一家新的24小時營業，全數直營的便利商店系統，身為總經理的你對於店員的報酬你會傾向採用薪資法？佣金法？或薪資加佣金法？考慮的因素為何？

3. 個案中買大送小促銷活動，是否為一項具有趣味創意且易於執行的方案？請以類似買大送小的創意手法，提出在量販店內適合被執行的促銷商品。

第五篇　績效評估篇

第13章

促銷成效的評估

暖身個案

華碩電腦公司

ASUS──ZenFone 3 百萬溫泉季 亞洲名泉泡湯行

2014年全球智慧型手機市場競爭可用「慘烈」兩個字來形容，除了蘋果持續稱霸高階智慧機外，非蘋陣營相互過招、板塊重新洗牌。全球最大市場中國大陸跨入4G新里程，以及新興市場的需求攀升等因素，順勢帶動中國大陸本土品牌崛起，其中最成功的案例莫過於喊話五年內要稱霸世界的小米。高CP值成為各家國際大廠絞盡腦汁的新指標，除了蘋果預料可望在高階站穩一席之地之外，小米的高CP值設計和聯想、華為、中興、酷派等其他中國大廠的鯨吞蠶食，已經威脅到非蘋陣營的市占率。因此除了蘋果和中國本土高CP值雄踞兩方外，其餘非蘋大廠如何殺出重圍可謂精彩可期。

2014年大多數國際一線品牌旗艦機種皆選在第三季iPhone 6推出前上市，以避免與iPhone 6短兵相接。且在蘋果銷售高峰的第四季，選擇將產品線重心擺在高CP值機種，成功與iPhone 6/6 Plus做出區隔，顯然非蘋陣營已經找到和蘋果「和平相處」的一套模式，結果似乎也顯示非蘋陣營的策略是成功。iPhone 6的銷售量一飛沖天，倘若當時非蘋旗艦機選擇的是

「硬碰硬」，恐只有吃悶虧的份。

展望未來全球智慧型手機出貨量可望持續成長，分析師預估2015年全球智慧型手機出貨量上看14億支、年成長13.7%，且中國的4G高CP值智慧型手機將是2015年的主流。至於iPhone的高需求，也使Apple可以獲得70%高階智慧型手機的獲利。

蘋果iPhone 6/6 Plus的高需求大幅搶下智慧機高階市場的占有率，使得以往以高階旗艦機打天下的三星、Sony、宏達電等非蘋品牌陷入苦戰。三星在中國大陸和新興市場大打價格戰力拚中國品牌，宏達電在去年以Desire成功打響中階名號，今年再接再厲計畫將打入5,000元以下的4G智慧手機。至於Sony則選擇走不一樣的路，在2014年智慧型手機出貨不如預期且下修出貨量後，改選擇主攻高階市場，將其延伸到穿戴裝置及連結家電、遊戲機等，企圖以品牌的多產品線當作武器做出市場區隔。2015年除了蘋果和中國本土高CP值雄踞兩方外，其餘非蘋大廠的競爭依舊戰況激烈、難分軒輊。2016年8月三星（Samsung）的Note 7系列發生一連串的手機爆炸事件，也導致手機品牌大廠版圖將重新大洗牌。

華碩電腦股份有限公司創立於1989年，為全球最大的主機板製造商，並躋身全球前三大消費性筆記型電腦品牌。華碩始終對品質與創新全力以赴，不斷為消費者及企業用戶提供嶄新的科技解決方案。2012年獲得全球專業媒體與評鑑機構共4,168個獎項的肯定。2011年華碩開啟追尋無與倫比的全球任務，將精彩創新的品牌精神提升至更高層次。同年推出市場上叫好又叫座的變形平板，備受國內外專業人士激賞。10月再推超極緻輕薄筆電ZENBOOK，除了將技術傾注於外型與輕薄的表現之外，更刻劃出智慧型筆電隨開即用、綠色高效的新時代價值。2012年發表結合手機、平板、小筆電等跨界功能的PadFone震撼市場，奠定華碩精彩研發創新實力的地位。現在更積極布局未來的行動雲端時代，將為世界創造無限可能。在著重創新與品質之餘，華碩亦投注心力於社會公益、教育文化及綠色環保等方面，並在歐、美、日及臺灣本地等國際環保標章上領先取得多項肯

定與認證，以設計體貼人性、感動人心的3C科技產品為初衷，持續為消費者帶來無與倫比的體驗價值。

華碩在2016年10月1日至11月14日舉辦了定名為「ZenFone 3百萬溫泉季，亞洲名泉泡湯行」的促銷活動，只要於活動期間至全國各地中華電信／神腦數位門市購買ZenFone 3系列手機（ZenFone 3/ ZenFone 3 Deluxe/ ZenFone 3 Ultra），並到神腦活動官網完成登錄，就有機會抽中日本北海道泡湯之旅、日月潭雲品溫泉酒店住宿券或北投加賀屋泡湯券等大獎！

活動地區及門市：

本活動限臺灣地區（含臺澎金馬）之中華電信服務中心（含增設服務中心）、中華電信神腦國際營業櫃檯，及中華電信神腦數位特約門市。

活動時間及方式：

抽獎資格登錄：

1. 方式：本活動期間內於活動門市憑所購買華碩ZenFone 3系列手機

（ZenFone 3/ZenFone 3 Deluxe/ ZenFone 3 Ultra，不限資費購機或空機）之機器商品序號（IMEI碼），及發票或銷貨憑證交易序號至本活動官網抽獎平臺完成登錄，網址：http://web.senao.com.tw/activity/201610/asus/。

2. 活動期間：自民國（下同）105年10月1日起至105年10月31日各活動門市營業時間結束止。

3. 登錄期間：自民國（下同）105年10月1日起至105年11月14日當日23：59止。

抽獎期間及方式：

1. 本活動將於105年12月第二週進行抽獎，中獎者名單將於抽獎後一週內公布於本活動官網。

2. 抽獎次數共計一次，並按活動獎項組數分別抽出與前述組數相同之正、備取中獎者（例如：日本北海道雙人泡湯之旅，分別抽出正取4名、備取4名）。每名正取中獎者可獲得獎項乙組。

3. 活動獎項：百萬溫泉季係指本活動全部獎項價值。

兌換券寄發及使用：

1. 寄發：神腦以電話、簡訊或email通知中獎者後一週內，中獎者須將兌獎文件填寫完整，並提供身分證正反面影本予神腦，經神腦確認上述資料無誤後10日內，按兌獎文件上之地址寄送獎項。

2. 使用方式：日本北海道雙人泡湯之旅得獎者應於106年03月31日前，持兌換券正本與本活動合作廠商東南旅行社（電話：02-2567-8111#2575）辦理兌換，其餘獎項請參見兌換券使用說明。

獎項	名額		價值（約）/組	使用期限	逾期使用
	每名/組	共計/組			
日本北海道雙人泡湯之旅	1	4	新臺幣80,000元	106年03月31日	1.除北海道之旅請中獎者洽詢東南旅行社外，其餘請洽詢酒店、湯屋業者。 2.若中獎者所選擇服務或房型，超過兌換券票面金額，須請消費者自行貼補差額，若有剩餘將不找補。
日月潭雲品溫泉酒店（雙人住宿券）	1	30	新臺幣15,950元	107年11月30日	
北投加賀屋雙人泡湯券（聽泉系列湯屋）	1	100	新臺幣2,800元	107年6月30日	

參考資料：

1. 王逸芯（2015），〈產業分析〉智慧手機大鬥法，201年精采可期，http://www.chinatimes.com/realtimenews/20150126002139-260410

2. 華碩官網（2016），首頁-關於華碩，https://www.asus.com/tw/About_ASUS/Origin-of-the-Name-ASUS

3. 華碩官網（2016），熱門活動，https://www.asus.com/tw/event/info/activity_ZF3_CHT_SP/

　　促銷計畫擬妥後，需要檢視是否面面俱到、是否具有可行性、是否可以達成目標。促銷活動進行中需要檢討是否確實按計畫執行，審視競爭環境，採取必要的修正行動並審慎控制預算。執行期間結束後，必須做一番總檢討，檢討目標達成情形、評估促銷成果與銷售績效。

　　促銷成效的控制與評估是一種PDCA循環的過程，亦即計畫（Plan）、執行（Do）、檢討（Check）和採取行動（Action）不斷循環的過程，具有持續改善、精益求精的意義。任何管理工作事前都需要先有策略性思考，再依序設定所要達成的目標及發展可行的策略。設計可以執行策略的組織架構、選派適當人選、研訂詳細的執行計畫、編列營業及財務預算，然後按照既定規劃執行。根據執行結果評估績效，此一過程已在本書第5章促銷活動的策略規劃中討論。

　　徒法不足以自行，完美的促銷計畫並不保證可以達成目標。因為計畫與執行之間存在著許多變數，這些變數中有些是廠商可以控制者、有些是廠商無法控制者。可以控制的變數出現落差時當然要及時修正，防止陷入「差之毫釐、失之千里」的深淵。無法控制的變數出現對達成目標有不利的現象時，廠商必須研擬因應對策使影響程度降到最低，才不致陷入「束手無策」的窘境，以及「以不變應萬變」的不合理現象。

　　促銷計畫執行後必須緊接著評估績效，檢討是否達成促銷目標。此時會出現三種情況：第一種是如期達成目標、第二種是沒有達成目標、第三種是超越目標。達成目標讓行銷長可以鬆一口氣，沒有達成目標當然要深入檢討找出真正的原因，超越目標也要檢討為何超越目標。績效評估最重要的是回饋檢討結果，作為下次舉辦促銷活動的參考，此乃「前事不忘，後事之師」的道理，現代管理稱為知識管理（Knowledge Management,

KM）。

　　本章介紹促銷成效控制的意義、目的與重要性，以及評估促銷成效的方法，爲整個促銷活動程序畫下完美的句點。

13.2　控制與評估的意義

　　績效（Performance）是指組織的業務執行成果，亦即組織實際產出水準。控制（Control）泛指針對組織活動的管制，使績效的某些目標能夠維持在可接受的限制水準內（註1）。組織任何活動執行過程中，有效的控制系統可以將實際達成水準和預期目標進行比較，這就是控制的本質。由此可知，缺乏有效控制程序的組織不可能達成目標，即使達成目標也不知道達成目標了，更不可能知道爲何達成目標。

　　評估（Evaluation）或稱爲評鑑（Appraisal）是指評量某一組織或活動的效率與效能，並且以特定標準（如目標水準）來進行其價值判斷（註2）。由此可知同樣是在比較績效水準，評估進一步判斷價值高低比控制更深入一層，更符合企業求眞與務實的精神。企業在評估或判斷價值高低時，必須兼顧兩個不可或缺的重要指標，亦即效率與效能。效率（Efficiency）是指企業應用資源的能力，通常採用公式：效率＝產出水準／投入資源，以產出水準與投入資源的比值來判斷，比值愈高表示效率愈高、比值愈低表示效率愈低，所強調的是把事情做得正確無誤（Do the things right）。效能（Effectiveness）是在評估企業高效率的產出是否有助於達成經營目標，若有助於達成目標表示有效能的應用資源，效能所要求的是把對的事情做得正確無誤（Do the right thing right）。企業所要求的是有效率的應用資源而且指向所要達成的目標，強調經營績效是由效能與效率兩者組合而成。傑出的企業都進一步做到第一次就採用正確的方

法，在最適當的地點選派最適合的人選，把對的事情做得正確無誤（Do the right thing right at first time, with right method, at right place and by right people）。

PDCA循環在績效評估中具有重要意義，四項要素循環不停的轉動具有動態性，代表無止境改善的意思。一個循環告一段落後不是就此停擺，必須抱持精益求精的精神挑戰更高標準，再進行下一個循環。如此循環不停，直到達到零缺點（Zero Defect, ZD）的境界為止。循環發展方向由左下角向右上角延伸，如圖13-1所示。這就是持續改善（Continuous Improvement）的真諦，也是日本人所稱「改善」（KAIZEN）的精髓。

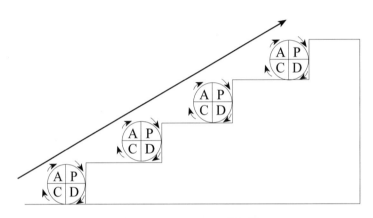

圖13-1　PDCA循環圖

13.3　控制的目的

企業經營過程中，各項業務的執行需要控制的理由如上所述。舉凡經營過程中所投入時間、人力、物力和財力等資源都需要納入控制，希望達成下列四個目的，如圖13-2所示（註3）。

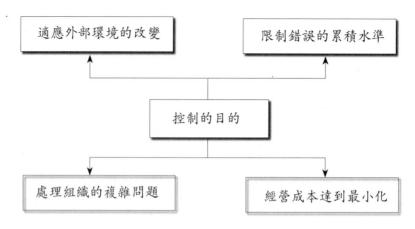

圖13-2　控制的目的

資料來源：Ricky W. Griffin, *Fundamentals of Management*, p. 465.

1. 適應外部環境的改變

　　誠如聯邦快遞（FedEx）的廣告所言，「貨物運送途中有很多意想不到的事會發生」。經營環境不斷在改變且競爭局勢持續在升高，消費者要求的水準有增無減，企業對這些外部環境雖然毫無控制力可言，但是絕對不能束手無策、任其自生自滅，而是必須要有預測發生的機率、要有偵測發生變化的能力。最重要的是根據預測與偵測的結果擬定因應對策，在變局中發揮「適者生存」的本能。

　　促銷活動執行過程中市場環境不斷在改變，其中有兩股力量的改變特別明顯：一是消費者對促銷活動的反應、二是競爭廠商的回應，隨時瞭解及掌握這兩股力量的變化，才能做出適當因應。所以控制的第一個目的，就是要瞭解及適應外部環境改變。

2. 限制錯誤的累積水準

　　企業在激烈競爭過程中常會遇到勢均力敵的競爭對手，因而出現「犯錯愈少的公司，愈有機會成為競爭贏家」的現象。企業經營是一門高難度

的學問，也是一種高度複雜的管理技術，以致經營過程中常會發生偏差或錯誤，此時若不及時糾正，就會釀成「積小錯、成大錯」的現象。小錯易防、大錯難改，甚至演變成不可收拾的局面，所以限制錯誤累積水準成為企業經理人每天都必須關注的例行工作。

促銷計畫再完美都需要有一套控制機制，監視活動進行情形並及時修正小錯誤，防止釀成大錯。關注績效水準，確認這些水準是否落在可接受的限制水準內，這就是控制的第二個目的。

3. 處理組織的複雜問題

企業隨著經營規模的擴大，競爭愈來愈激烈、業務愈來愈複雜，乃是必然的現象。複雜化常常是問題的根源，容易造成管理失衡的現象，處處出現熵效應而不自知，於是無效率、無績效、浪費頻傳、各自為政、偏離目標以及官僚成本高漲等，一連串的問題接踵而至。企業任用經理人就是要解決這些問題，企業規模無分大小、管理功能無產業之別、地域無分國內外，都必須具備解決問題的能力。不同類型的問題各有不同的處理方法，小規模公司需要應用科學方法解決問題、大規模及業務複雜的公司更需要有嚴密而精進的系統來控制公司的各項經營活動。

公司所舉辦的促銷活動，有針對消費者、針對中間商，也有針對推銷員，而且每年都要舉辦好幾場屬於多元而複雜的行銷活動。為了防止及處理脫序現象必須要有一套控制機制，適時而正確的處理這些複雜問題。

4. 經營成本達到最小化

控制旨在減少不必要的浪費、創造期望的成果、提高每單位投入的產出量，使經營成本達到最小化。有效的控制可使企業以最小成本達到最大產出，使經營績效達到最高峰，這就牽涉到資源與能耐的使用。一般認為提高經營績效有兩個途徑：第一是在投入成本不變的情況下，產出高績效；第二是在產出不變的情況下，減少投入的成本。能耐愈佳的企業認為

必須做到雙管齊下，也就是在投入成本最低的情況下，同時創造最大的產出水準。

　　無論哪一種促銷活動都需要投入龐大的資源，基於企業資源有限的信念，促銷資源必須務實的用在刀口上不能有絲毫的浪費；也就是要以最少預算、發揮最大促銷效果，要做到這種境界必須要有一套良好的控制機制，因為浪費促銷資源就是給競爭者贏得競爭的機會。

13.4　控制程序的步驟

　　無論組織規模大小、無論組織的控制系統屬於哪一種類型、也無論屬於組織哪一層級的控制，控制的程序可以區分為四個基本步驟，如圖13-3所示（註4）。

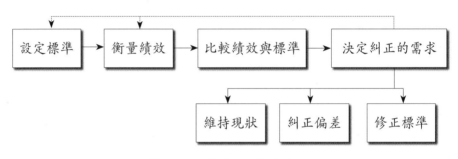

圖13-3　控制程序的步驟

資料來源： Ricky W. Griffin, *Fundamentals of Management*, p. 469.

1. 設定標準

　　控制程序的第一個步驟是要設定標準，以此標準作為日後與實際績效比較的指標。公司所建立的標準必須和組織的目標相呼應，例如在某一促

銷期間內投入促銷預算,希望使促銷標的產品的銷售量比去年提高15%,此一指標就是所設定的績效標準,而且必須和行銷目標、經營目標相呼應,所謂相呼應就是有助於達成行銷目標及經營目標。績效標準的設定如本書第6章所討論,良好的目標必須要具備一致性、明確期間、可以衡量以及可以達成等特性。

2. 衡量績效

衡量績效是指實際測量活動執行結果的成效,這是一種持續性的工作,組織必須不斷的衡量績效以便檢視績效水準,進而確認策略的有效性。例如上述例子,某一促銷期間促銷標的產品的銷售量,衡量結果比去年提高10%,這就是衡量結果的績效。衡量績效的方法有很多,有量化方法也有質化方法,無論採用哪一種方法衡量方法必須具有效度,也就是確實測量到所要測量的指標,而且這個指標必須要有意義否則就失去衡量的價值了。

3. 比較績效與標準

第三個步驟是將實際衡量的績效和所設定的標準進行比較,目的是要確認執行的結果是否達成目標。比較結果會有三種情況:第一種情況是實際績效和所設定的標準相吻合,也就是達成目標。第二種情況是實際績效低於所設定的標準,也就是沒有達成目標。第三種情況是實際績效高於所設定的標準,也就是超越標準。例如上述例子將實際衡量結果10%和所設定的標準15%進行比較,顯然是沒有達成目標。至於比較結果的處置,則是下一步驟所要討論的內容。

4. 決定糾正的需求

第四個步驟是根據績效與標準比較結果的三種情況,決定糾正的需求,此時也有和上述結果相對應的三種情況:第一是達成目標,經檢討結果績

效達到滿意水準，一切都在掌握之中沒有發現重大缺失，決定維持現狀。第二是執行過程中發現有些偏差以致未達成目標，此時當然要立即針對問題採取必要的糾正行動，防止「積小錯、成大錯」。第三是發現當時所設定的標準有偏低現象，以致有超越目標的機會；深入檢討當時爲何設定低標準的目標，並且決定修正標準，也就是下次設定目標時酌予提高標準。例如上述例子，沒有達成目標要審慎檢討和標準5%的落差原因務求改進。

　　控制的對象項目除了上述促銷成效之外，還包括促銷期間、促銷預算、促銷產品與促銷地區等，每一個項目都必須一一檢討。特別是在執行過程中發現有修正的必要時，必須及時採取修正行動以免錯失糾正的最佳時機，而造成一錯再錯的遺憾。至於促銷成效評估時機，稍後再行討論。

13.5　促銷成效衡量方法

　　衡量及評估促銷成效主要有四個理由，包括：(1)避免發生錯誤；(2)從可行替代方案中選擇最佳方案；(3)處理不同的意見；(4)增進促銷知識與提高效益。促銷效果有許多衡量方法，例如MarketSource公司在評估免費樣品的促銷效果時先設定一個損益平衡率，將送出免費樣品數量除以獲利金額，計算其損益平衡率。促銷結果若大於損益平衡率，表示免費樣品促銷獲得成功。Schnuck公司與Von公司利用掃描資料，事前測試促銷活動的有效性（註5）。

　　衡量促銷成效的其他方法，包括利用掃描資料進行事前測試，以及測試品牌與商店轉換率、替代方案法、價格折扣、產品陳列法、評估促銷活動詢問率、優待券兌換率和抽獎活動參與率等（註6）。

　　衡量促銷成效有許多不同的指標與方法，最常見的衡量指標包括銷售淨額法、市場占有率法和成本比率法（註7）。

1. 銷售淨額法

從損益表的結構可知，銷售淨額是銷售毛額減去銷貨退回與折讓後的餘額，這是衡量公司經營績效的重要方法。採用銷售淨額衡量促銷成效屬於公司內部次級資料之應用，不但計算簡單容易比較，而且可以避免銷售多種產品的複雜計算，以及不同產業交易習慣與不同交易單位的困擾。

銷售淨額法可以將本年度的銷售淨額和衡量的年度別、季別和月分別的銷售淨額互相比較，同時也可以按照區域別、產品別和顧客別的銷售淨額互相比較。銷售淨額資料雖然容易取得、容易比較，但是只觀察單一銷售指標可能潛藏許多不合理的現象與風險。例如銷售雖有增加但是市場占有率卻逐漸下滑，可能是產業市場規模擴大公司的銷售卻沒有隨著增長，為了彌補這些缺失通常都會配合採用其他方法。

2. 市場占有率法

這是彌補銷售淨額法的一種替代方法。市場占有率以公司銷售額占該產業總銷售額的比率衡量之，可以兼顧公司銷售額及產業總銷售額，這是衡量促銷成效比較客觀的一種方法。

公司常以產品別與地區別來衡量市場占有率，以便更精確的瞭解各細分市場的占有率。銷售淨額法與市場占有率法只能顯示整體促銷計畫的效益，無法呈現促銷組合中每一要項的促銷效益，這是美中不足之處。

3. 成本比率法

成本比率法又稱費用比率法，只要將公司所投入的促銷費用除以總銷售額所計算出來的商數就可以用來評估促銷成效；商數愈低，表示成效愈佳。成本比率法在評估公司經營績效時非常有用，把促銷費用轉換成百分比應用範圍更廣泛，不僅可以用來和自己及競爭者相比較，也可以和不同產業的公司進行比較。

13.6 　促銷成效評估時機

　　公司可能一年舉辦多項促銷活動，每一項促銷活動都不是持續一整年。儘管促銷活動都訂定有明確的期間，但是促銷活動是否有效、是否可以達成目標，不能等到期間結束後再來檢討。因為活動期間結束後大勢底定，即使有改善空間與糾正機會都已經為時已晚空留遺憾。

　　促銷成效評估可以根據促銷活動期間前後順序，細分為事前、事中、事後三個階段，分別進行評估。

1. 事前評估

　　「工欲善其事，必先利其器」，促銷計畫是促銷活動最基本的利器，即使研擬計畫之前已經做過周全的考慮，計畫擬定之後先不要急著馬上實施。多花一些心思與時間利用檢核表（Check List）技術，進行事前評估，再次確認有助於減少失誤與提高促銷效果。根據檢核表上所列出的項目，包括所要促銷標的產品、活動期間、促銷預算、預期效益、相關單位的理解與配合，以及競爭環境的掌握逐一核對、逐一確認，此一小小動作有著決定性意義。

2. 事中評估

　　促銷活動開始執行後就會陸續呈現具體數據，隨著數據的累積促銷成效逐漸明朗化。執行過程中需要嚴密檢視，例如整體銷售量、優待券使用率、抽獎活動參與率、零售店補助效益、新產品陳列與推銷士氣提升等。市場具有高度動態性且時刻都在變化，有完整的計畫並不表示可以高枕無憂，也不表示就可以達成目標。企業運作常有「計畫跟不上變化」的說法，就是在提醒促銷活動執行期間常會遇到許多意想不到的變化，這些變化中有些是公司可以控制者、有些是企業無法控制者。可控制者當然要及

時行動，在第一時間予以修正；無法控制者也要立刻提出因應對策，不能束手無策而任其惡化下去。

3. 事後評估

促銷活動執行過程中需要評估，活動期間結束後成效底定更需要做一次總檢討。事後評估的重點在於分析促銷成效，檢討促銷目標達成程度，包括目標的適切性、策略的契合度和落實執行程度，舉凡銷售量成長率、新顧客增加戶數、促銷成本效益、中間商訂貨成長率，以及推銷員個人目標達成率等都是重點評估項目。這些成效都已經有具體數據可查，因此可據以和原來所設定的目標進行比較，進行精確而有意義的成效評估。事後評估具有「前事不忘，後事之師」的功效，檢討結果必須提出一份促銷成果報告，其中所列出的改進事項可作爲下次舉辦促銷活動的重要參考。

13.7　促銷成效評估制度

促銷成效評估和企業其他成效評估一樣，都是管理功能很重要的一環，也是一種例行性作業。促銷評估不只是在評估促銷成效，更重要的是在評估計畫的關鍵因素，進而掌握成功的機會。評估促銷成效既然是日常重要作業之一，因此必須建立一套嚴謹的制度，使評估作業有一定規範可循。

審愼思考下列五大問題，有助於建立嚴謹而可行的促銷成效評估制度（註8）：

1. 整體構想具有可行性嗎？

每一構想都必須評估所要達成的目標，達成不同目標需要有不同的策

略。例如若想吸引消費者試用新產品，可以考慮提供免費樣品或優待券；若想要激勵現有顧客持續惠顧，可以採用累積航程與累積點數等忠誠計畫。

2. 促銷構想對目標市場具有吸引力嗎？

不同的促銷對象，對公司所提供的促銷誘因各有不同的看法。價格敏感度高的消費者，對降價促銷、銷貨附贈最感興趣；喜歡嘗試機會中獎的消費者，對競賽與抽獎活動最感興趣，但是對兒童及成年人可能少有誘因可言。目標市場是由興趣相近的消費者所組成，公司在研擬促銷計畫時不可忘記此一事實。

3. 促銷構想具有獨特性嗎？

競爭者可輕易如法炮製嗎？促銷活動是行銷戰爭中很重要的一招，講究創新性與獨特性，想出競爭者沒想到的方法、想出最能打動消費者的方法，往往可以創造非凡的促銷效果。無論是中間商或消費者，能否接觸到促銷活動訊息完全取決於促銷計畫的獨特性。正如廣告創意一樣，促銷創意是促銷活動成功最重要的因素。

4. 促銷活動可以清楚呈現嗎？

可以引起目標市場的注意、理解、回應嗎？公司在研擬促銷計畫時，必須牢記一項事實，大多數消費者都不願意花費太多時間與精神去評估促銷活動是否有效。熟諳本書第3章所介紹的AIDA模式，讓促銷對象迅速、清楚的瞭解公司提供什麼誘因，引起興趣、容易參與、樂意參與，這是促銷活動成功的關鍵。

5. 促銷計畫的成本效益為何？

審慎評估促銷活動是否可以在所規劃的預算範圍內，以最低成本發揮

最大效益，達成預期促銷目標。明智的促銷活動企劃人員，都會考慮促銷成本替代方案，並且澈底瞭解促銷活動的成本效益。

13.8　促銷的風險

廠商所面對的促銷對象各不相同，公司針對不同促銷對象所要達成的目標各異其趣，因此需要採用不同的促銷方法，不同的促銷方法各有其優點與缺點，已在本書第四篇詳細討論。無論是針對消費者、中間商或推銷員，促銷活動並非完美無缺更不是萬靈丹，其中都伴隨著某些風險，公司在企劃促銷方案時必須審慎思考與評估。從整體觀點言，促銷活動可能有下列的風險（註9）：

1. 容易養成價格導向的消費習慣

大多數促銷活動都依賴某種價格誘因或贈品，因此公司常會冒著被貶為低價品牌的風險，除了價格低廉以外沒有實質價值與利益，在市場上形成這種印象，對廠商會是一種不利的影響。廣告訊息若標榜品牌的價值與利益，和促銷活動中強調的價格誘因背道而馳，傳達給市場的將會是模糊訊息。

2. 形成寅吃卯糧現象，幫助有限

市場的胃納量有一定限度，促銷活動只是激起消費者提前購買。促銷期間所增加的銷售量，只不過是先向未來借用罷了。這種寅吃卯糧的現象雖然有助於降低庫存及增加短期現金流量，但是對整體經營的貢獻幫助有限。

3. 造成疏離感，與顧客漸行漸遠

過分依賴促銷活動贏得忠誠顧客的公司，一旦這些活動有所改變，顧客會覺得公司不再需要他們了，於是忠誠度會逐漸減退，容易造成顧客的疏離感，以致會有和顧客漸行漸遠的風險。

4. 費時費錢，促銷成本效益有限

任何一項促銷活動的規劃，從創意發想到計畫底定都需要投入一段相當長的時間，而且活動所投入的預算也都相當龐大，確實是一種費時費錢的工程。促銷成效良好當然值得欣慰，促銷效果不彰的案例也時有所聞。所有的促銷活動都無法保證能夠創造高成本效益的成效，以致會造成促銷成本效益有限的風險。

5. 法令限制多，揮灑空間受限制

隨著促銷活動愈來愈普遍被採用，政府的法令規範也愈來愈嚴格，希望營造一個公平競爭的經營環境，社會期待也愈來愈殷切，期望提供給消費者一個童叟無欺的競爭環境，因此〈公平交易法〉、稅務法規都有相關規範。近年來更出現許多道德規範與社會觀感，要求廠商誠實舉辦促銷活動的聲浪愈來愈高。在法令規範與社會期待的雙重要求下，促銷活動可以自由揮灑的空間愈來愈受到限制。

 本章摘要

和其他經營活動一樣必須本著PDCA精神，不斷檢討、精益求精，促銷活動執行過程中需要有適當的控制機制，檢視執行情形是否都在掌握之中。執行結果必須評估成效，作為下次舉辦促銷活動的重要參考。

本章討論促銷活動控制的意義、目的和步驟、成效衡量方法、評估時機，以及建立評估制度的重要性。這些都是審視促銷活動成效不可或缺的工作，有些工作在計畫階段就必須同時考慮稱為事前控制，例如目標設定、控制機制的建立；有些是執行過程中必須隨時檢視，稱為事中控制；有些是活動結束後立即進行檢討，稱為事後控制。促銷活動常被比喻為行銷威力最強競爭武器，武器的威力雖然很強但是後座力也不小。本章提出促銷活動潛藏著五種風險，旨在提醒凡事三思而後行，誠如兵法所云「多算勝，少算不勝」，多一分思考不僅多一分勝算，同時也少一分風險。

 ## 參考文獻

1. Griffin, Ricky W., *Fundamentals of Management*, 4th Edition, p. 464, 2006, Houghton Mifflin Company, Boston, New York, USA.

2. 陳澤義、陳啓斌著，企業診斷與績效評估：平衡計分卡之運用，頁150，2006，華泰文化事業股份有限公司。

3. 同註1，頁465。

4. 同註1，頁469。

5. Belch, George E., and Michael A. Belch, *Advertising and Promotion: An Integrated Marketing Communications Perspective*, 10E Global Edition, pp. 636-637, 2015, McGraw-Hill Education.

6. 同註5，頁637。

7. 林隆儀譯，Richard E. Stanley著，促銷戰略與管理，第五版，頁563-565，1989，清華管理科學圖書中心。

8. Shimp, Terence A., *Advertising Promotion: Supplemental Aspects of Integrated Marketing Communication,* 5th Edition, pp. 596-597, 2000, The Dryden Press, USA.

9. Semenik, Richard J., *Promotion & Integrated Marketing Communications*, pp. 408-409, 2002, South-Western, Canada.

個 案 討 論

福特汽車公司

 福特汽車善用節慶氛圍與加碼抽獎促銷

2014年恰好延續自1994、2004年這兩大臺灣車壇銷售高峰後的下一個十年換車潮，加上全球經濟景氣漸漸復甦，匯率與油價雙雙大跌的利多因素，使得2014年12月車市創造破紀錄的4.18萬輛亮麗銷售成績，改寫近年同期新高，帶動2014年全年車市衝上42.38萬輛佳績，創造了自2006年以來的新紀錄。除國產車之外，2014年臺灣進口車銷售市占率飆上32%，創下近十三年新高成為推升去年車市成長的另一道主力；雙B等六大豪華進口車品牌，在2014年臺灣銷售業績也都改寫歷史新高。從上述兩個事例來看，2014年堪稱是國內車市大放異彩的一年。

2014年臺灣乘用車銷售前10名的排行榜中，豐田（TOYOTA）還是穩居龍頭地位，但是福特（FORD）在安全與科技應用上不斷地自我要求與創新之下，福特Focus（含進口ST鋼砲）以12,479輛的掛牌數進入銷售前十大排行榜中，令人刮目相看。

2014年臺灣乘用車銷售前十大排行榜

排名	品牌車款	銷售數量（輛）
1	豐田Corolla Altis	44,753
2	豐田RAV4	16,714
3	豐田Wish	15,486
4	日產Sentra	13,331
5	豐田Yaris	13,156
6	日產Tiida掀背車	12,868
7	豐田Vios	12,719
8	福特Focus（含進口ST鋼砲）	12,479
9	本田CR-V	12,478
10	豐田Camry	10,910

　　1903年福特汽車成立之初，只是美國底特律的一間小工廠，但憑藉著傑出的設計和優越的製造能力，1915年生產量突破了百萬輛，成為全球汽車主要生產廠商之一。現在福特汽車更是銷售遍及全球200個國家，生產工廠分布在26個國家，成為全球第二大汽車製造商。有鑑於臺灣市場的驚人潛力，福特汽車早在1970年代就極力爭取在臺灣發展機會。在經過多次實地評估之後，位於中壢的六和汽車公司成為合作的最佳夥伴。1972年11月20日六和汽車與福特集團在美國密西根州福特總部簽署合資協定，並於同年12月1日成立福特六和汽車股份有限公司，在臺灣產製福特汽車，從此國人開始可以買到在國內生產的福特品牌汽車。

　　為了延續2014年車市銷售暢旺情形，福特汽車在2015年農曆過年節慶來臨前舉辦一檔促銷活動。此次促銷活動定名為「福特新

春好禮多重送，好康加碼天天抽獎」，活動內容為在2015年農曆過年前只要消費者入主福特全車系中任一車款，完成領牌作業即可天天參加抽獎。單日未抽中者還可累計抽獎，愈早入主中獎機率愈高。中獎者可以即刻啟程，前進關島擁抱無敵海景。此一促銷活動符合國人「過年開新車」、「新春迎好運」的習慣，加上頗具吸引力的多重促銷誘因，激起「買車趁現在」的心理廣受好評。

福特此次的促銷活動除了天天抽獎，享受新臺幣20,000元關島旅遊基金之外，農曆過年前入主Ford Focus、Fiesta、EcoSport與Mondeo柴油款等車型，還可享受零頭款或零利率，擁有五年八大系統不限里程延長保固，並超值加贈價值新臺幣7,200元的胎外式iTPMS藍牙智慧型胎壓偵測器（含工資）；1.6L車型「Ford Focus四門汽油運動型、五門汽油時尚型」，加贈竊盜險；Ford EcoSport都會時尚型再送價值新臺幣7,900元原廠豪華後備胎蓋（以上不適用Focus四門汽油舒適型和Fiesta 1.0升運動型）。掌握新春行銷機會，加碼促銷頗受年輕人喜愛。

參考資料：

1. 中時電子報（2015），車市狂飆，去年銷九年新高，http://www.chinatimes.com/newspapers/20150106000025-260202

2. 自由電子報（2015），深入分析！2014臺灣新車銷售排行榜，http://auto.ltn.com.tw/news.php?no=1517&t=2

3. 福特汽車官網（2015），認識福特光榮傳統，http://www.ford.com.tw/experience/about/taiwan/2

4. 點子生活（SAY DIGI）（2015），福特新春好禮多重送，好康加碼天天抽獎NT$20,000元關島旅遊基金，http://www.saydigi.com/2015/02/ford-new-mustang.html?mobile=on

思考問題

1. 參考促銷個案中所列銷售排行榜，以及福特新春好禮多重送活動的促銷期間，你認為福特汽車促銷活動成效評量標準為何？以何種促銷成效衡量的方法來評估成效較適合？

2. 家用房車對一般消費者而言，屬於高價及高涉入的商品。請說明在福特汽車的促銷個案中，提供了哪些與價格及產品涉入相關的購車誘因？

3. 假設個案中的促銷經過了PDCA的循環改善，而由你接手擬定下一波的促銷方案，請問你和小組成員在制定新促銷方案前最優先要進行的工作是什麼？

第14章

促銷的發展趨勢

暖身個案

全家便利商店

FamilyMart——搭捷運　百項鮮食　省10元

FamilyMart

　　便利商店簡稱CVS（從英文convenience store縮寫而來），緣起於美國公路旁邊加油站附設的小商店。1980年代東亞都市化後，在人口密集地區特別流行，隨後逐漸擴散到許多國家的都市。便利商店通常指規模較小，但貨物種類多元、販售民生相關物資或即食食品的商店，其中也包含加油站商店，通常位於交通較便捷之處以民生服務取勝，有時被當作小型超市。一般而言，便利商店服務的商圈大小約為3,000人，商品品項在3,000項左右。根據日本MCR協會的定義和人們的印象中，廣義的便利商店通常符合下列條件：

➤ 營業面積：在60至200平方公尺之間，大於200平方公尺則屬於超市。臺灣、香港和韓國也有便利商店營業面積不到60平方公尺，車站內甚至有不到20平方公尺的便利商店。

➤ 針對時效性的商品結構：例如食品（含飲料）常占銷售品項的50%以上，同時也販售微波速食食品。臺灣最近這幾年已經開始出現複合式便利商店，提供桌椅供顧客用餐或販售新鮮麵包、水果等非常廣泛的品項。

➤ 產品別比率均衡：任何一類商品不可超過全店營業額之50%，否則即屬於「專賣店」，這是在小商店管理上不易達成平衡的要素。

➤ 營業時間長：長時間營業的輪班制，通常為24小時營業全年無休，以提供最即時的服務。但部分位於學校、醫院、機關、車站內的便利商店，營業時間則隨所屬機構而各異其趣，例如位於學校內的便利商店寒暑假期間不提供服務。

➤ 簡便、多元的銷售方式：因應顧客短暫的消費時間，大多數商品採取零散的自助式開架式陳列，以各種小包裝為主方便路過的上班族等顧客選購。家庭包比較少見，打折優惠也常快速調整。

➤ 待客之道：以親切、愉快、迅速以及高效率服務為主，與大賣場結帳的流水線自助櫃檯大不相同。顧客流量極大，店內卻始終乾淨明亮。

➤ 新潮的管理信念：追求商品周轉率、坪效，加強報表及POS等精細管理，壓縮倉儲存量也是便利商店經營的要點，因此需要具備高度的流行與新鮮感，才能吸引顧客多次光顧。

臺灣全家便利商店（簡稱全家）是日本FamilyMart在海外地區的第一個據點。全家集團是臺灣一個橫跨便利商店、物流、餐飲、票券、資訊、虛擬金融、鮮食廠、麵包廠的多元化企業集團。旗下企業有子公司全台物流股份有限公司、日翊文化股份有限公司，負責旗下各店的物流配送服務。

全家便利商店由日本FamilyMart與臺灣禾豐企業集團合資成立，自日本FamilyMart取得授權，將便利商店經營管理技術引進臺灣市場。後來禾豐企業集團將該公司股權轉讓予中華開發工業銀行及泰山企業集團等相關企業。

全家便利商店成立於1988年8月18日，該公司在臺中山區成立總部，當時資本額是新臺幣2億元，成立時就以發展加盟店為主要經營方針。

1988年底第一家店館前店於臺北火車站商圈開幕（館前店已經於2007年12月底結束營業），歷經六年的努力於1994年達到損益平衡。至1997年為期十年的創業期間，該公司在臺灣本島共計開設500家門市，主要集中在臺灣西部的大都會區。爾後進入快速成長期，公司全力加快展店的速度，以每三年500家店的速度擴展規模。在2002年2月25日股票上櫃（櫃買中心：5903）成為股票上櫃企業，當時資本額為17億。2007年8月23日，行政院公平交易委員會審核通過與福客多便利商店的法人加盟合併案。至2016年9月22日止，總計全臺共有3,029家門市。目前其市場占有率已經排名全臺第二大便利商店，僅次於統一超商的7-ELEVEN。

　　全家便利商店在2016年10月26日至11月22日和臺北捷運公司結盟，舉辦持悠遊卡「搭捷運，百項鮮食省10元」促銷活動。持悠遊卡搭臺北捷運的顧客，1小時內憑該卡購買指定商品，單品現折10元。指定商品包括米飯主食、咖啡（飲品）、麵包、三明治、漢堡、飯糰、壽司手卷等，便捷的服務結合便利的商品替顧客省錢，受到廣大消費者喜愛。

參考資料：

1. 維基百科（2016），便利商店，https://zh.wikipedia.org/zh-tw/%E4%BE%BF%E5%88%A9%E5%95%86%E5%BA%97

2. 維基百科（2016），全家便利商店，https://zh.wikipedia.org/wiki/%E5%85%A8%E5%AE%B6%E4%BE%BF%E5%88%A9%E5%95%86%E5%BA%97

3. 全家便利商店官網（2016），最新活動，http://www.family.com.tw/marketing/event.aspx

　　拜科技進步之賜，傳統資訊、聲音和影像等類比訊號得以數位化，因而掀起一股數位革命（Digital Revolution）。自從數位科技取代傳統的類比技術後，世界變得非常不一樣。企業經營產生革命性的變革，人們的生活也隨著產生大幅度的改變。其中與人們日常生活息息相關者，如智慧型手機上市，結合電腦、網路、傳輸、儲存、下載、照相與通訊等多種功能，縮短了人與人之間的距離；數位照相技術興起，傳統照相底片頓時成為過時產品；數位電視出現，消費者可以收看一百多臺電視節目，傳統類比電視馬上乏人問津；數位科技應用在汽車產業，出現了過去難以令人相信的新功能，如定速駕駛、防盜裝置、偵測與前車的距離、精準的偵測停車作業和遇到障礙物自動停車裝置等；其他家電產品數位化，澈底顛覆傳統思維，紛紛被冠以「智慧型」產品封號。

　　善於活用嶄新的數位觀念及進步的技術與方法，使得企業經營活動更趨合理化，成本降低、浪費減少、獲利更豐厚，促銷方式也隨著不斷推陳出新，消費者參與廠商的促銷活動更科學、更容易、更快速和更方便，但是也使競爭更趨激烈，經營者所面對的環境更趨複雜。科技發達帶給消費者更舒適、便利的生活，生活品質隨之提高，使人們更有時間、更有知識的享受生活，但是也產生過度依賴科技產品的後遺症，生活快樂指數不見得成比例的提高。

　　本章討論隨著科技進步，促銷活動在觀念上、實際操作上所產生的變革以及發展趨勢。

14.2 行銷發展趨勢

　　市場的本質具有高度動態性，每天都不一樣；行銷是廠商競相爭取市場之各種活動的總稱，也隨著市場的變化經常有嶄新的理論與原理出現。誠如本書第1章所討論，由生產觀念、產品觀念、銷售觀念和行銷觀念一直到社會行銷觀念，每一個階段都有革命性的大突破，影響行銷活動既深且遠，未來仍將持續有更新的觀念出現。

　　誠如本書第4章所討論由於市場區隔觀念的改變，企業在面對經營環境劇變及競爭壓力日增的情形下，無區隔市場幾乎不可能存在。光靠提供單一產品試圖滿足廣大市場需求，已是可遇不可求的事，代之而起的是更加細分的矩陣式區隔時代。加上社會脈動中某些力量的改變，帶動新消費趨勢，因而產生許多新商機同時也帶來新的挑戰，這些新商機與新挑戰，包括下列各項（註1）：

1. 網路資訊科技：網路技術發達，使廠商得以執行更精準的生產、更具目標性的溝通、更適切的定價策略。
2. 全球化：使企業更容易進入國際市場，進行全球化行銷。
3. 解除管制：解除法令管制，增加產業成長機會、鼓勵良性競爭，成為企業經營新趨勢。
4. 民營化：國營事業紛紛轉為民營化，提高企業經營效率。
5. 競爭加劇：市場開放造成更激烈的競爭，促銷成本提高、獲利減少。
6. 產業聚合：相關產業聚集創造了新商機，產業疆界愈來愈模糊。
7. 零售業轉型：店面零售商面臨競爭壓力，紛紛尋求轉型機會。
8. 消除中間商：直效行銷盛行，中間商的角色愈來愈淡化，甚至成為多餘的中間機構。

9. 消費者購買力增強：網路行銷盛行購買更方便，消費者購買力增強。

10. 消費資訊豐富：網際網路方便搜尋相關資訊，消費者容易取得消費資訊。

11. 增加消費者參與：廠商樂於和消費者互動，增加消費者參與的機會。

12. 消費者抵制：消費者容易抵制不受歡迎的產品與行銷活動。

　　從SWOT分析的觀點而言，產業環境及市場競爭局勢改變，可能帶給某些廠商嚴重的威脅，對其他公司可能是發展的好機會。廠商在分析內外部環境後必須掌握有利點，進一步做下列策略抉擇：第一、將公司的優勢結合發展機會，做有效果又有效率的發揮；第二、避開外部環境可能造成的威脅，不做沒有把握的挑戰；第三、隱藏公司的弱點，尤其是不能暴露給競爭者。

　　眼明手快的廠商都會順勢迎合社會及消費脈動，發展下列新能力幫助公司牢牢掌握發展機會，適切處理及回應上述的挑戰（註2）：

1. 將網路視為一個效力強大的資訊及銷售與促銷管道。

2. 廣泛蒐集市場、顧客、準顧客和競爭者，更全面性、更豐富的資訊。

3. 利用社交媒體傳達公司的品牌訊息。

4. 促進及加速與顧客的外部溝通。

5. 傳遞廣告訊息、優待券、樣品及相關資訊，給有需要或有意願接收這些訊息的顧客。

6. 透過行動行銷手法，接觸移動中的消費者。

7. 針對個別需要，產銷具有差異化的產品。

8. 在採購作業、僱用、訓練、內部與外部溝通等方面力求改進。

9. 利用內部網路作為私人之間的網路，促進及加速與員工的內部溝

通。

10. 利用熟練的網際網路技術，提高公司的成本效益。

　　科技與經濟環境的變動，企業經營觀念產生很大的變革，導致行銷活動掀起了根本的改變。Kotler認為這些改變可以從下列幾個方向觀察（註3）：

1. 從產品單位的組織，改變為顧客區隔的組織。
2. 從重視有利可圖的交易，改變為重視顧客的終身價值。
3. 從只重視財務績效，改變為也重視行銷表現。
4. 從重視股東利益，改變為重視廣大利益關係人的利益。
5. 從只有行銷部門做行銷，改變為全員做行銷。
6. 從透過廣告來建立品牌，改變為透過績效來建構品牌。
7. 從重視爭取多少顧客，改變為重視留住多少顧客。
8. 從沒有衡量顧客滿意度，改變為具體而深層的衡量顧客滿意度。
9. 從承諾得多、實踐得少，改變為承諾得少、實踐得多。

　　行銷雖然是企業功能中最具前瞻性、關鍵性的功能，但是實務運作上仍然經常出現失誤的現象。Kotler 與Keller指出企業為了贏得未來的成功，高階管理者必須深切瞭解未來的行銷需要更具說服性，行銷工作必須發揮整體性力量減少部門主義。行銷人員必須發揮更大影響力，不斷提出創新想法提供顧客更大價值，而不只是忙著建立品牌；行銷人員必須精通電子技術，建立優異的資訊及溝通系統。他們預測未來的行銷將會朝下列方向發展（註4）：

1. 整體行銷取代行銷部門行銷。
2. 重視投資報酬率行銷，取代無限制支出的行銷。
3. 科學行銷興起，取代直覺行銷思維。
4. 自動化與創造性行銷當道，人工操作行銷逐漸式微。
5. 鎖定目標市場的精準行銷成為風尚，取代漫無目標的大眾行銷。

行銷就是在探討企業作戰的科學，猶如軍隊作戰講究戰略一樣，行銷作戰特別重視達成目標的策略。策略模糊的行銷少有勝算可言，何況是沒有策略的行銷更不可言勇，未來的行銷特別講究發展正確策略及戰術上務實執行。從策略面觀察，未來的行銷將朝下列方向發展：

1. 從單純將行銷視為一種功能，轉變為將行銷視為一種變革引擎功能。
2. 從傳統的行銷區隔，轉變為更具前瞻性的策略區隔。
3. 從單純銷售產品，轉變為提供整體解決方案的服務。
4. 從通路逐漸式微時代，轉變為通路大幅成長的時代。
5. 從品牌的威脅者，轉變為全球配銷的夥伴。
6. 從單純獲得品牌，轉變為講究品牌合理化。
7. 從被動因應的行銷，轉變為主動出擊的行銷。
8. 從重視策略事業單位行銷，轉變為講究整體企業的整合行銷。

無論是從實務觀點或從策略角度觀察，瞭解行銷發展趨勢之後廠商紛紛採取整合行銷策略努力建構嶄新的技術與能力，希望掌握行銷脈動發展競爭優勢再創績效高峰。這些技術與能力，包括顧客關係管理、夥伴關係管理、資料庫行銷、電話行銷、公共關係行銷、建立品牌及品牌權益管理、體驗行銷、整合行銷傳播，以及依照市場區隔、顧客、通路分別進行獲利分析（註5）。

為回應及迎合未來行銷的需要，廠商及其行銷長必須提前做好功課預先做萬全的準備，本著標竿行銷（Benchmarking Marketing）的精神，經常自問下列關鍵問題：公司現在身處何處？未來將往何處發展？這些方向是顧客所期盼的嗎？如何達到所要發展的地方？預計花多少時間？預計投入多少資源？採用什麼具體指標衡量績效？

行銷發展趨勢是一個嚴肅而重大議題，無論是學術研究或企業實務都在探討這個議題，不同的學者從不同角度剖析會有不同見解，雖然都基於

預測但是都頗具參考價值。在企業掌行銷兵符的行銷長，必須要經常關心行銷發展趨勢，才能掌握趨勢、借力使力、順勢而為，加速邁向成功。

14.3　數位科技革命

　　21世紀是一個加速度的新經濟時代，數位科技進步帶動經營環境變革為產業帶來發展的新契機。動作快速的企業順勢大量使用電子商務與網際網路，發展及行銷電腦硬體與軟體，嶄新的通訊設備及其他家電產品層出不窮，改變了產業結構與競爭態勢，同時也給腳步緩慢的公司帶來威脅、競爭加劇、獲利銳減，在無計可施之下黯然退出市場者屢見不鮮。科技進步最重要的是改變了人們的生活，改變幅度之大遠勝過以往五十年的累積，現代人們所享受的便利生活，絕非上一代所能相提並論。例如數位科技中寬頻連結的使用愈來愈普遍，利用高速資料傳輸的嶄新服務也愈來愈可行，廠商的研發成果成就了高水準的經營效能與效率，直接反映的是提升企業競爭力，同時也使消費者從中受益享受高品質的產品與服務，大幅提高生活品質。

　　近年來科技進步對行銷工作造成最大影響者，非數位科技莫屬。拜數位科技進步之賜，行銷人員得以蒐集及分析更多市場及顧客資料，更瞭解顧客的需求與欲望，提供更多樣化、更有價值的客製化產品與服務。消費者也可以更方便蒐集與比較生產廠商所提供的產品與服務，做出明智、理性的選擇，確實做到足不出戶照樣享受購物樂趣。

　　數位科技進步掀起一股數位科技革命，使企業經營產生重大的改變。這一股力量持續蔓延，不僅影響層面擴大且衝擊時程深遠，任何一家廠商都不能迴避。Schiffman與Kanuk指出數位科技對廠商帶來下列的影響（註6），其中對行銷活動的影響最顯著。

1. 消費者比以往擁有更多權力

消費者利用各種智慧型工具，搜尋產品與服務的資訊包括最佳價格、各種提供物的競標、跳脫零售據點與中間商，超越時空限制的在家享受購物樂趣。加上消費者意識高漲、〈消費者保護法〉之創制，受到這些主客觀因素影響，現代消費者比以往擁有更多權力。

2. 消費者比以往接觸更多資訊

消費者可以輕易的參考許多使用者在網路上分享使用產品的經驗，以及比較不同規格產品的特點，加入同好者所組成的虛擬社群，藉由參與討論獲得更多資訊。數位科技進步使消費者可以輕易接觸到各種消費資訊並進行分析與比較，幫助消費者做更明智選擇。

3. 廠商有能力比以往推出更多服務與產品

數位科技進步使廠商有能力在合理價格的前提下，提供客製化產品與服務，以及按照顧客的需求提供客製化的促銷訊息。科技進步使廠商開發產品的時程縮短加上同步工程技術應用，更有能力推出領先產品與服務。

4. 廠商與顧客之間的交易愈來愈重視互動性與即時性

數位科技的革新溝通技術使廠商得以一改傳統單向溝通方式，積極和消費者進行雙向溝通，即時獲知消費者對促銷訊息的回應。積極和顧客進行互動更瞭解顧客需求與欲望，有助於滿足尚未滿足的需求，即時性有助於快速回應顧客需求。

5. 廠商可以更快速、更容易蒐集消費者的資訊

廠商得以利用資料庫行銷手法，蒐集、分析及追蹤消費者在線上的購買行為，迅速獲得消費資訊作為發展客製化行銷的基本資訊。資訊對廠商

而言是非常寶貴的競爭情報，快速蒐集消費者、市場和競爭者的資訊，可以因為知己知彼而立於百戰百勝地位。

6. 數位科技革命影響遠超越個人電腦和網路的連結

數位科技進步使消費者可以利用行動電話無限上網、聊天和購物，無論是取得資訊或分享經驗，都遠遠超越電腦和網際網路連結的功能。這些影響超越眼前所看到的景象，被認為是一種不可思議的效果。

網際網路的興起帶給廠商許多發展的新契機，包括下列各項（註7）：

(1) 利用資訊組合技術，銷售相同產品給許多顧客。尤其是資訊產品，由顧客結合來自其他來源的資訊然後轉售之。

(2) 網路產品的規模投資報酬率愈來愈提高。

(3) 有效率提供個人化與顧客化產品的能力。

(4) 大幅提升縮減中間商與重建配銷通路的能力。

(5) 實現每星期七天，每天24小時的全球化鋪貨。

數位科技革命使得以往認為遙不可及的許多夢想，現在都一一呈現在人們眼前。例如從事B2B與B2C的公司，發展出他們的嶄新經營模式。在數位分水嶺中，某些消費族群在整個網際網路族群中雖然尚未形成代表性，但是已經有明顯成長趨勢。網際網路的優勢與普及，電子郵件、臉書、推特、LINE及其他社群媒體配合智慧型手機的應用，使現代人們的生活完全改觀。

14.4 網路與新媒體促銷

隨著科技變革與時代進步促銷技術不斷翻新，並且邁入新媒體時代，廠商紛紛導入網際網路及其他新媒體，廣泛應用在針對消費者、中間商和推銷員的促銷活動。新媒體廣泛應用在促銷活動，可區分為兩大部分：第一是網際網路與新媒體公司所應用促銷技術、第二是網際網路與新媒體用來執行促銷活動的技術（註8）。

擅長應用科技新技術廠商紛紛發現快速創造收益的新方法，明智的捨棄無利可圖的產品，從減法中尋求成長的新機會。更值得一提的是，他們發現贈送樣品促銷的威力。這些快速成長、經營非常成功的公司，也發現取代廣告活動的新方案，那就是促銷活動。

贈送樣品雖然並非嶄新的促銷技術，但是若所贈送的是智慧財產如電腦軟體卻是一種嶄新構想，重點在於如何贈送。對缺乏配銷通路的廠商而言，最感困擾的是無法將樣品贈送給目標顧客。在「窮則變，變則通」的信念下，許多廠商想出透過包裝促銷手法將樣品置於其他產品的包裝盒內，成功爭取到讓消費者試用進而達到促銷目的。無須投資於建立行銷通路，也無須對新產品做長期承諾，找到嶄新媒介是最重要關鍵。擅長應用新技術的公司，應用及接受成本與時效觀念，這是促銷活動突破通路限制的主要原因。

贈送樣品不只是促銷工具而已，經營網際網路的公司常利用贈送樣品作為吸引及留住網路使用者的一種促銷誘因。例如提供忠誠計畫、採用會員制，都是絕佳方法。擅長應用科技新技術廠商，發現促銷是整個推廣組合中很有價值的一種方法，比起單向傳播的廣告活動有著非常不一樣的影響力。

仔細觀察擅長使用網際網路及新媒介的公司，會發現依賴傳統促銷技

術的方法，也會發現這些公司如何使用網際網路及新媒介進行促銷活動的方法。一項針對廠商採用各種促銷技術的調查發現，半數以上的公司認為促銷技術大大影響他們的促銷規劃（註9）。

利用網際網路執行促銷活動有許多方法可循，例如有致力於提高促銷過程的效率者、有協助公司決定如何使用網際網路執行促銷活動者、有利用網際網路分送優待券者、有在公司網站上進行抽獎活動者，而且愈來愈普遍。例如黑松公司今年（2015）歡慶創業九十週年，舉辦「喝黑松，轉好運」抽獎活動，消費者只要購買黑松公司寶特瓶系列產品，上網登錄瓶蓋裡面的序號即可參加抽獎。

網際網路對促銷活動有興趣的消費者最具吸引力，尤其是經常上網搜尋相關資訊的網友們。嶄新傳播媒介的吸引力也相當驚人，創意十足的廠商都不斷在思索，利用新媒介執行促銷活動的方法。例如在店頭分送優待券，可以精準的將優待券分送給最需要的目標消費群。此外，在零售店利用和消費者互動的機會，既可提供產品與服務的相關資訊，又可以激發最適當的促銷誘因，使廠商收到一舉兩得效果。

利用網際網路傳送促銷訊息是一種非常有效的媒體，眼明手快的公司將促銷活動和網站結合其他數位媒體與社交媒體，創造非常明顯的促銷效果。根據NCH行銷服務公司的研究，線上發送優待券的兌換率高居第二位，僅次於利用包裝上發送的優待券，遠遠高於利用傳統方式發送優待券（註10）。目前有許多公司在線上發送優待券，簡化手續而且新鮮感十足方便消費者使用，受到網友們的喜愛。例如利用手機下載促銷標記，前往速食店及咖啡店點餐時只要出示手機上的促銷標記，就可以享受優惠。又如其他遊戲、競賽和抽獎等促銷活動，也都可以利用網際網路傳送促銷訊息。

14.5　促銷活動新趨勢

　　應用嶄新科技及其他新技術開創新契機，改善組織的經營績效不僅已經蔚為一股風潮，而且不斷推陳出新有勢不可擋的趨勢。2014年我國選戰市場，有候選人應用新科技媒介號召支持成功催票，創造了奇蹟式的新紀錄一時傳為美談，也使「網友」躍升為「婉君」的美譽，至今還為人所津津樂道。

　　根據資策會創新應用研究所的調查資料顯示，臺灣擁有智慧型手機的人數，預計今年（2015）將超過1,000萬人。伴隨著臺灣行動支付的法規環境漸趨完備，結合電子商務與行動支付的應用愈來愈普及。黑松公司就是率先應用這項新技術的廠商，利用行動商務的嶄新科技結合「零錢、悠遊卡、行動支付」功能，將行動商務技術建置在自動販賣機中，推出我國第一臺行動支付自動販賣機，開啓全新的消費模式。這項新技術於2013年在臺北世貿多季資訊展首度展出，佳評如潮且備受矚目。行動支付不僅為消費者打造便利、安全以及具有互動性的消費模式，也大幅強化黑松在自動販賣機通路的競爭優勢。黑松公司在展覽會場邀請參觀的民眾，體驗自動販賣機的創新應用，除了免費贈送飲料之外也趁機掌握促銷機會，參與問答活動答對的消費者即享多項好禮贈品。

　　這臺自動販賣機除了支援傳統的零錢、悠遊卡感應之外，採用開放式支付平臺並導入二維條碼（QR Code）與雲端管理功能，消費者只要先下載註冊免費APP Moneycoin，在「錢包」的使用介面上點選「信用卡管理」，設定常用信用卡輸入密碼後，即產生唯一並加密的QR Code。在靠近自動販賣機上的讀取器掃描，即可進行交易。金流服務透過雲端連線至收單銀行，交易明細紀錄會直接轉入APP中的「消費紀錄」。這項聰明支付的消費過程採用「電子錢包」的概念，創造了「不用帶錢或信用卡也能

消費」的嶄新消費模式。消費者只要使用智慧型手機，在Android 或 iOS 作業系統均可使用 Moneycoin 進行消費，而且不需另外支付任何手續費（註11）。

促銷活動隨著嶄新科技的發展及社會脈動，呈現其動態性的本質。未來促銷活動的發展趨勢，可以從下列幾個方向觀察：

1. 嶄新科技的應用

Nokia的經營理念指出「科技始終來自人性」，爲滿足人性的需求時時都有新科技產出。科技爲人所創造、爲人所應用，這是千古不變的道理。廠商將嶄新科技應用於促銷活動，可分爲三個層次：第一層次是興風作浪型，走在時代尖端，專精於創造促銷機會；第二層次是乘風破浪型，掌握時代脈動，擅長於應用促銷手法；第三層次是風平浪靜型，抱持穩健態度，務實的執行促銷方案。科技創新與發明並非每一家公司的專長，但是嶄新科技的應用卻要當仁不讓領先上路。

促銷活動中的「活動」兩字，隱約透露出「動態」的本質，重點是要迎合時代、融入市場、貼近消費者。未來促銷活動的發展趨勢除了追隨行銷觀念發展、與時俱進之外，更要積極應用嶄新科技與技術創造十倍數的促銷效果。

2. 發展新促銷技術

由本書第四篇「促銷執行篇」的論述可知，促銷招式之多不勝枚舉，除了嶄新科技引發新招式之外，新觀念的啓發也是新促銷技術的重要來源。新促銷技術發展無限寬廣沒有任何極限，唯一受到的限制是人們創造力。

促銷方法都是人們想出來的，人們慣用右腦思考以致構想往往受限於某一框架，大膽跳脫此一框架勇敢改用左腦思考，往往會激盪出無限的創意火花。創造性思考、腦力激盪法、水平思考和腦力革命等，都是激起創

意火花的實用方法。市場上常見的「再來一罐」、「第二件五折」、「利用手機出示促銷標記」、「跳樓大拍賣」，都是腦力激盪出來的促銷招式，而且都是教科書上沒有提到的方法。

3. 迎合顧客的期望

促銷活動需要投入龐大預算，廠商必須要很清楚知道促銷絕對不是「報銷主義」下的產物，絕對不是為了要消化預算，也不是「有舉辦就可交差」的工作，而是要有效吸引消費者的興趣與參與，確實迎合顧客期望。迎合顧客期望舉辦有效果又有效率的促銷活動，吸引消費者熱烈參與達成促銷與行銷目標，才是企業所期盼的活動。

迎合顧客期望需要進行科學的研究，調查產業環境與市場狀況、掌握競爭態勢與促銷情境、瞭解消費趨勢與顧客期望，衡諸公司的策略與能耐，最有勝算的促銷活動就是這麼發展出來的。

4. 組合觀念的應用

無論是針對消費者、中間商和推銷員的促銷，都有許多不同的基本方法，這些基本方法的不同組合又可發展出許多新方法。促銷方法可以是單一方法，也可以是多種方法的組合應用，端視促銷當時情境與公司策略而定。這種多重促銷或稱連環促銷活動都是組合觀念的應用，也是未來促銷活動的重要趨勢。

例如消費者參加公司舉辦的競賽活動，優勝者除了獲得獎勵之外可再參加下一階段的抽獎活動。消費者參加公司舉辦的抽獎活動，未中獎者可再累積參加下次抽獎。針對中間商的促銷活動，達到銷售目標的中間商除了給予銷售獎金之外，還可參加國外旅遊抽獎活動。

5. 先占優勢的爭取

儘管促銷創意無限，最重要的是搶得先機、爭取先占優勢。公司發展

促銷方法和推出新產品與服務一樣，領先廠商的產品與服務贏得消費者青睞，往往享有先占優勢。後進廠商要取而代之簡直是難上加難，甚至是不可能。未來的促銷活動除了應用上述各種方法之外，還要適時出手爭取先占優勢。

當年，維他露公司的舒跑運動飲料率先推出簡便、快捷的「再來一罐」促銷活動，搶盡了先占優勢。後進許多廠商模仿此一方法，紛紛陷入為先占廠商加油的窘境。

6. 聯合促銷更盛行

促銷活動常藉助高價值贈品的魅力拉抬促銷聲勢，這些高價值贈品常常選用其他公司的產品，例如抽獎促銷活動頭獎贈送汽車、機車、智慧型手機、家電產品、航空公司機票、飯店住宿券等，應用策略聯盟觀念，把聯合促銷發揮得可圈可點。

促銷訊息的傳播也將朝多元化發展，置入性行銷（Product Placement）將是新趨勢之一，透過電影、戲劇、電視節目的製作技巧，將產品及促銷訊息置入其中，降低商業氣息並提高潛移默化的促銷效果。

設在新北市板橋區的皇霆鞋業公司看準新娘新鞋的廣大商機，積極展開異業結盟促銷活動獲得輝煌成果。新娘結婚當天，家人、伴娘、親友們都希望和新娘一樣穿一雙漂亮的新鞋，於是一人結婚衍生出許多雙新鞋的需求。皇霆公司率先和婚紗業者合作，基於新鞋搭配婚紗的構想共同促銷婚紗與新鞋，提供優惠方案一次促銷許多雙新鞋，發揮促銷的綜效。

策略聯盟觀念更廣泛應用在促銷活動上，異業結盟互蒙其利，將是未來不可避免的重要趨勢。

 **本章摘要**

　　促銷是行銷策略的重要功能之一，兩者都有與時俱進的特性。拜嶄新科技與行銷技術進步之賜，經常有新穎的促銷方法與觀念出現。本章本著溫故知新的想法，從大方向出發引用行銷發展趨勢、數位科技革命狀況、網際網路與新媒體促銷實況，討論促銷發展趨勢並融入實務觀點，提供參考意見。

　　長江後浪推前浪，促銷的發展不僅止於此，此一動態學科與實用技術將繼續不斷向前發展。未來仍將持續有新科技與新技術出現，促銷環境也將繼續有起伏不定的變化，廠商及行銷長必須自我充實隨時做好準備，才能因應競爭的需求並迎合新時代的變化，創造持久性行銷優勢。

 # 參考文獻

1. Kotler, Philip, and Kevin Lane Keller, *Marketing Management*, 14th Edition, Global Edition, pp. 34-35, 2012, Pearson Education Limited, England.

2. 同註1，頁36-37。

3. Kotler, Philip, *Marketing Management*, 11th Edition, pp. 38-39, 2003, Prentice Hall, New Jersey, USA.

4. 同註1，頁668。

5. 同註1，頁668。

6. Schiffman, Leon G., Leslie Lazar Kanuk, *Consumer Behavior*, 9th Edition, pp.12-13, 2007, Pearson Prentice Hall, New Jersey, USA.

7. 林隆儀譯，Orville C. Walker, Jr., John W. Mullins, Harper W. Boyd, Jr., and Jean-Claude Larreché著，行銷策略管理，第五版，頁367-372，2006，五南圖書出版股份有限公司。

8. Semenik, Richard J., *Promotion & Integrated Communications*, pp. 406-408, 2002, South-Western, USA.

9. 同註8，頁407。

10. NCH Marketing Resource Center, 2011, www.nchmarketing.com.

11. 黑松公司網站。

第 14 章
促銷的發展趨勢

個案討論

愛的世界

「出清搶購暨特賣會」促銷

　　根據內政部的統計資料顯示，2014年第一季我國出生的嬰兒共計有48,661人，較2013年同期減少10.8%，折合年粗出生率8.4‰，較2013年略減0.1個千分點。估計2014年出生的嬰兒可達19萬人，由此可知，臺灣少子化與人口衰退的趨勢沒有改變。臺灣的人口結構正快速轉變，新生兒出生人數快速下降，就算加入外來移民臺灣總人口數依然呈現逐漸減少趨勢。

　　由於少子化的趨勢，家中的兒童都受父母與長輩的高度寵愛，兒童用品無畏經濟景氣影響，全球童裝市場規模卻逆勢成長。根據Companies & Markets 的研究報告顯示，全球童裝市場規模到2017年預估將達到1,736億美元，其中歐洲及北美是全球童裝的主要市場，新興國家市場的成長速度較其他區域為高。臺灣每年新生兒出生人數銳減至20萬人以下，少子化衝擊臺灣兒童用品市場規模萎縮20%，卻帶動中高單價品牌市場呈現數倍成長。低價位產品市場有逐漸衰退現象，市場朝兩極化發展的現象愈來愈明顯。新生兒銳減，相關

產品市場雖然隨著縮小，但是有些現象值得注意，例如政府在2004年開始施行汽座罰則（幼童乘坐汽車需坐兒童安全座椅）後，兒童安全座椅年營業額高達新臺幣2.5億到3億元之譜，成長二到三倍，主要原因是家長選擇價格相對較高、品質機能強的品牌商品。根據業者分析，單價1萬元以上的高價品與1萬元以下的中價品銷售量約各占50%。此一數字顯示，不只高收入家庭習慣使用知名品牌商品，一般家庭也轉向購買有信譽的品牌商品。

愛的世界（LOVE WORLD）是國內市場童裝領域中的佼佼者，成立於1975年，從回歸童真的原點出發，以純真可愛創作出適合小孩穿著的服飾。年齡層從新生兒至12歲的幼中童，秉持明亮鮮豔色彩及舒適健康的棉質素材，簡潔及適合孩子們在伸展活動剪裁的設計，為孩子營造充滿自由自在、活力健康的童年。自1975年創立以來，不斷引進法國、義大利、德國和日本等世界各國嬰幼兒用品與親子服飾，包括MY BABY、Marese、Pappa & Ciccia、KENZO、Bit'z、Supermini、MY BEAR、OOXOO、Timberland、F.O.KIDS等。愛的世界一直堅持臺灣原創的精神，以鮮豔豐富的色彩及舒適健康的高級素材，推出各種生動有趣又符合全家需求的設計主題，經營理念強調「孩子的世界」、「愛的世界，世界的愛」、「給孩子世界第一的愛」。以「舒適實用」為設計目標，不斷引進各國的嬰兒用品、童裝、青少年服飾與親子裝，致力建構最貼心的全方位服務，衷心期盼為所有的孩子建立一個沒有邊界的世界。該公司主要商品為：童裝、哺育用品、童鞋襪、寢具車床和清潔用具等，其他商品包括孕婦相關產品、禮盒以及幼兒服等，產品價格範圍由20元到7,000元不等。

在競爭激烈的童裝市場，愛的世界舉辦一系列的促銷活動，包

括：因應各種節日的打折促銷，例如兒童節、母親節；每逢週年慶也會有打折促銷活動、舉辦特賣會、新開幕打折、消費滿額禮、用品特別優惠等。

　　2015年愛的世界選擇在特定門市舉辦特賣會，另外還有特定暢貨中心，以最低二折起的價格舉辦促銷活動。此外，愛的世界也推出「出清搶購99元起」與「愛的寶貝俱樂部」等促銷活動回饋顧客。「愛的世界」被譽為兒童服飾專家，品牌普遍贏得消費者的信賴，產品獲得媽媽們的肯定。無論是特賣會或促銷活動都吸引成千上萬的人潮，名符其實的門庭若市。配合媒體的大量廣告，在全國各地造成轟動，成為同類產品促銷活動的重要指標。

參考資料:

1. MyGoNews（2014），少子化！臺灣人口紅利正在消失，房地產
   「自然滑落」，http://www.mygonews.com/news/detail/news_id/10935

9/%E5%B0%91%E5%AD%90%E5%8C%96%EF%BC%81%E5%8F%
B0%E7%81%A3%E4%BA%BA%E5%8F%A3%E7%B4%85%E5%88
%A9%E6%AD%A3%E5%9C%A8%E6%B6%88%E5%A4%B1%EF%
BC%8C%E6%88%BF%E5%9C%B0%E7%94%A2%E3%80%8C%E8
%87%AA%E7%84%B6%E6%BB%91%E8%90%BD%E3%80%8D

2. 楊宜蓁（2013），2017年全球童裝市場規模將逾1,700億美元，舒
   適與時尚兼具將成為發展趨勢，http://www2.itis.org.tw/NetReport/
   NetReport_Detail.aspx?rpno=967417710&industry=&ctgy=&free=

3. 大紀元電子報（2006），少子化促兒童市場兩極化，中高價商品
   倍數成長，http://www.epochtimes.com/b5/6/8/20/n1427637.htm

4. 愛的世界官網（2015），特賣訊息，http://www.lovelyworld.tw/sale.html

5. 臺灣生活資訊網（2015），愛的世界——全省嬰兒用品童裝門市
   查詢，http://www.twllw.com/loveworld.php

思考問題

1. 如果愛的世界每年都在年底舉辦出清搶購特賣會，你認為消費者是
   否會有促銷期待心理，而使非促銷期間銷售銳減？或者你認為因為
   使用對象是嬰幼兒而不會有明顯落差？請說明你的看法。

2. 面對網路及電視購物等新媒體日益蓬勃，如果將個案中的出清搶購特賣
   改為線上特賣會，請問可運用哪些新媒體傳播促銷訊息及進行交易？

3. 在促銷管理課程的學習過程，是否有你認為不適合促銷的商品或服
   務？請描述其原因？

附　錄

促銷活動企劃案應用範例

　　行銷與促銷屬於應用科學的一環，重視科學方法的應用。行銷長與促銷經理充分瞭解原理與原則之外，更重要的是如何應用在實務工作上。本附錄以虛擬實境方式，提供一則促銷活動企劃案應用範例作為參考。

壹、情境分析

一、保健飲品市場現況分析

　　Trengo Research在2009年針對目前市面上七項主流保健飲品，包括雞精、燕窩、蜆精、膠原蛋白、人蔘、四物飲和美容活力飲品等進行市場調查，探究這群崇尚「把美麗和健康直接『喝』進身體」的核心消費者輪廓。

　　分析最近一年內購買或使用過保健飲品的消費者後發現，從性別來看，核心消費族群以女性為主約占60%、男性占40%。從年齡來看，核心消費群集中於青壯年，年齡在26～45歲之間的消費者超過60%，而且年齡愈大比率愈高，但是45歲以上的中高年齡層使用者比率則明顯偏低，顯示銀髮族對喝的保健飲品接受度偏低，仍有很大的市場有待開發。從教育程度來看，核心消費群的學歷以大學或大專學歷最多占36.2%，其次為高中、職學歷占31.4%。再從居住地區來看，核心消費群主要集中在北、中、南三大都會區，這三大地區的市場占有率高達83.9%（註1）。

二、網購市場分析

　　資策會產業情報研究所（MIC）的統計資料顯示，2006年臺灣網購市場規模約為新臺幣1,341億元、2010年攀升至2,597億元、2011年達3,256

億元、2013年突破5,000億，達到5,088億元。每年呈現20%以上的高度成長，顯見網購市場發展潛力雄厚前景可期。

MIC研究報告指出，近年來臺灣網友的團購使用率大幅提高，2010年網路團購與合購使用率達到27%，相較於2009年成長將近16%。2010年臺灣團購市場規模達到新臺幣71.6億元，2011年產值達到89.5億元。近幾年快速竄升的團購市場，成為網路購物中一股不容小覷的龐大消費力（註1）。

2010年E-ICP的調查資料表示，15～34歲年齡層為網路購物的主要消費族群，大多集中在20～29歲的女性，並且有一定程度的收入水準。根據2011年E-ICP的調查資料顯示，25～35歲年齡層是網路最重度使用者（註2）。

三、市場分析發現

從市場角度來看，甲公司A產品與B產品以美容保健為主要訴求，目前以網路通路為主要通路，因此可推廣的利基市場為保健飲品市場中的網購市場。

保健飲品市場的主要消費群落在26～45歲女性，而網購市場主要消費群落在15～34歲，其中又以20～29歲女性為主力消費群。再與網路重度使用族群25～35歲做交叉分析，可以發現25～39歲女性為A產品、B產品的主要利基市場，其中B產品因以私密保養為主要行銷訴求，因此利基市場年齡層可再往上延伸到30～55歲。

貳、競品分析

一、我的健康日記蜂王膠原飲

1. 成分：彈力原（小分子好吸收）、美力原（日本專利蜂王乳）、A產品原（N-乙醯葡萄糖胺，玻尿酸前驅物）、光澤原

（高純度維生素C，天然抗氧化）。

2. 熱量：67.2卡。

3. 產品規格：50ml。

4. 價格：6瓶490元／24入1,680元。

5. 通路：實體店面（屈臣氏、康是美、7-11）、官網、PChome、7-NET。

6. 特色：添加專利蜂王乳萃取物，除了本身膠原蛋白的含量高之外，蜂王乳中的葵烯酸可以活化細胞，促進膠原蛋白吸收，迅速修補肌膚彈力。

7. 推廣

‧代言人：陳○○。

‧促銷方式主要為特價、部落客行銷、FB。

‧品牌定位：守護健康藥品專家。

二、你滋美得NutriMate彈力肌凸飲

1. 成分：膠原蛋白5,000mg（深海魚、彈力蛋白、賽洛美、22種蔬果多酚蘋果口味）。

2. 包裝：粉紅色瓶身，外包裝有代言人照片。

3. 熱量：40卡。

4. 規格：60ml。

5. 價格：3瓶480元，會員380元／促銷3瓶半價／12瓶1,180元。

6. 通路：實體店面（北中南都有你滋美得的商店）、14家百貨專櫃、200家藥局通路官網、PChome。

7. 特色：使用日本膠原魚蛋白，使用深海魚的彈力蛋白。

8. 推廣：代言人李○○，促銷方式以特價為主、官網有PO部落客文。

9. 品牌定位：天然保健食品專家。

三、白蘭氏活顏馥莓飲

1. 成分：高單位原青花素（抗氧化），鎖住膠原蛋白、莓果精華與
   葡萄籽萃取物，訴求成分天然。
2. 包裝：桃紅色瓶身。
3. 熱量：52卡。
4. 規格：50ml。
5. 價格：6瓶339元網路價／促銷價229元／超商代購特價49元一瓶／
   7-11售價69元，12瓶828元／網站12瓶712元。
6. 通路：各大超商、量販店、藥妝店、網路通路幾乎都有販售。
7. 特色：訴求成分純天然，不添加任何化學物質，成分都是莓果，
   素食者可以飲用。
8. 推廣：官網活動多，素顏復活計畫（抽獎）、FB分享，白蘭氏美
   麗+粉絲頁，通路試飲。
9. 廣告：剛上市時，操作部落客推薦，在各大美妝討論版相當熱
   門。現在有名人代言，加上知名度已經很高，幾乎都是用
   抽獎、折價、送好禮等方式。
10. 品牌定位：健康博士。

四、白蘭氏美妍纖棗飲

1. 成分：天然棗精、木寡糖、膳食纖維。
2. 包裝：紫色瓶身。
3. 熱量：42卡。
4. 規格：50ml。
5. 價格：3瓶199元／6瓶339-400元不等／14瓶723元。

6. 通路：各大超商、量販店、藥妝店、網路通路幾乎都有販售。
7. 特色：主打美研零肌凸，可幫助排便、排毒、天然無添加人工化學物質。
8. 推廣：有試飲活動，部落客推薦，有粉絲頁，由楊○○代言。

五、齊華堂膠原活莓飲

1. 成分：野櫻莓、蔓越莓、藍莓、黑醋栗、覆盆莓、膠原蛋白。
2. 包裝：粉紅色瓶身。
3. 熱量：42卡。
4. 規格：50ml。
5. 價格：12瓶1,200元原價／12瓶430元／30瓶1,300元。
6. 通路：7-11、PChome商店街、Yahoo!購物中心、PayEasy購物中心、PChome 24h快速到貨區、GOHAPPY購物中心。
7. 特色：名模林○○代言，榮獲網友評鑑最高榮譽。
8. 推廣：試飲、部落客推薦。

六、競品分析發現

1. B產品是全國第一支女性私密保養專屬飲品，有機會與女性消費者傳統使用的私密保養品競爭。
2. 競爭範疇：私密洗劑／蔓越莓相關保健食品。
3. 外用洗劑以舒摩兒、賽吉兒屬於知名度較高的品牌；內服食品則以各種類型呈現，如蔓越莓果乾、果汁、膠囊、粉包等，其中又以蔓越莓膠囊定位最偏向保健食品。

參、消費者分析

一、購買健康食品的動機

1. 認證的吸引力：優勢，可強調。

2. 廣告的吸引力：推廣策略。

3. 公司品牌吸引力：先打知名度，再建立品牌價值。

4. 具有功效性。

5. 營養價值高：養顏美容。

6. 消費者資訊來源與考量（註3、註4）。

   ·消費者對於保健食品資訊來源，最信任專業人士及親友的推薦，其次21～30歲較喜愛由網路搜尋，31～40歲喜歡從電視接收訊息。

   ·國家認證及功效驗證已成為消費者購買的重要決策因素。

二、私密保養分析

根據調查結果顯示，曾使用過女性私密保養品的女性受訪者，最常選擇購買的通路中，將近五成的受訪者首選藥妝店（48%）；第二高的選擇是連鎖量販店（14.9%）；第三則是網路購物中心／網路拍賣／專門購物網站（8.9%）（註5）。

三、網購分析

Martha（2004）提出女性消費者行為的「螺旋路徑」理論，指出女性消費的螺旋路徑會不斷重複蒐集大量資訊，然後才決定購買（註6）。

1. 正面口碑與親友推薦可有效降低女性購買時的知覺風險。

2. 多數女性消費者認同網友口碑與討論評價。

3. 購物動機分為產品與經驗導向。

4. 女性網友最常使用的搜尋資料方式：上網搜尋（31.1%）、尋找部落客文章（21.5%）、詢問親友（13.6%）。

5. 20～35歲女性消費者最易受親友影響。

6. 結論：除了建立口碑的重要性外，親友推薦也是影響女性消費者決策的重要因素，因此除了尋找意見領袖（部落客）外，亦可找素人來增加口碑資訊的可信度。

四、人口統計分析

1. A產品TA分析：TA：25～39歲女性（註7）。
   - 基本描述：主要以辦公室的OL為主要TA，注意美容保養資訊、喜愛逛街、拍照，樂於分享。
   - 媒體使用習慣：25～39歲族群為網路重度使用者，電視媒體為第二名，戶外媒體、雜誌與報紙也是她們經常接觸的媒體。

2. B產品TA分析：TA：30-55歲女性（註8）。
   - 基本描述：主要以辦公室需久坐的OL、正值蜜月新婚女性、更年期婦女等為主要目標消費群，因為生活習慣與身體變化，容易有私密性問題的困擾。
   - 媒體使用習慣：30歲族群為網路重度使用者，電視媒體為第二名，戶外媒體、雜誌與報紙也是她們經常接觸的媒體。
   - 使用時機：以看電視、嘴饞、辦公室小物、攜帶方便的零食為主。

肆、內部分析

一、品牌

1. 以「超植」為新品牌，知名度尚有進步空間。

2. 順應自然的植物專家，相信植物的力量融合了陽光、空氣、水，是自然界中食物鏈的源頭。以自然、環保為主要訴求，提供人體更天然的高品質營養補給品，用優質產品照顧消費者的健康，感動消費者。

3. 堅持採用全植物性進行產品研發，並以最謹慎的態度做嚴格把關，提供所有消費者安全、有效的選擇，達到「樂活人生、寵愛生命」的品牌理念。

4. 以最安全、優良的植物素材，給消費者帶來嶄新的生活與人生。經過長時間的開發與嚴格檢測，超值A產品麗肌飲正式在2009年問世。2013年，榮獲國家生技醫療產業策進會SNQ國家品質標章。

二、產品

(一) A產品

1. 在第一時間達到強化角質層：阻斷陽光對DNA的損傷，避免角質層受損，捕捉老化元凶自由基，減少自由基對肌膚的破壞，延緩老化現象。

2. 深層活化纖維母細胞：協助膠原蛋白及彈力纖維生成。

3. 強力抑制纖維分解酵素的破壞：提高彈力纖維及膠原纖維數量。

4. 雙效成分：賽洛美（英、美兩國專利）、刺梨（抗氧化、刺激膠原蛋白生成）、喝的美容聖品。

(二) B產品

1. 降低細菌、病菌附著率，達到雙重保護。

2. 三效成分：洛神花（英國專利）、蔓越莓（美國專利萃取物）、西印度櫻桃（英國專利萃取物，含豐富維他命C）、喝的專屬私密保養。

三、SWOT分析：A產品

S優勢	W劣勢
・成分天然，訴求純植物萃取。 ・無添加人工化學物質。 ・獲得多國專利、認證。 ・MIT。 ・網路口碑佳。	・知名度低、缺乏曝光率。 ・實體通路較少。 ・價格較他牌膠原蛋白飲與素食美容飲高。
O機會	**T威脅**
・網購市場規模大。 ・保健飲品接受度高。 ・美容保健飲品市場日趨成長。 ・消費者購買注重是否天然與購物經驗分享。 ・近年來社會風氣崇尚環保。	・競品多，白蘭氏領導品牌聲量大。 ・競品通路多。 ・缺乏實體通路曝光，與消費者接觸少。

四、SWOT分析：B產品

S優勢	W劣勢
・鈉含量低。 ・成分天然，純植物萃取。 ・無添加人工化學物質。 ・功能訴求專一。 ・市場無針對私密處保養的飲品。 ・獲得多國專利、認證。 ・MIT。 ・網路口碑佳。	・知名度低、缺乏曝光率。 ・實體通路較少。 ・價格比競品類產品高。
O機會	**T威脅**
・網購市場規模大。 ・保健飲品接受度高。 ・美容保健飲品市場日趨成長。 ・消費者購買注重是否天然與購物經驗分享。 ・近年來社會風氣崇尚環保。	・替代競品多元。 ・競品通路多。 ・缺乏實體通路曝光。 ・與消費者接觸少。 ・消費者未意識私密保養的重要性。

伍、策略發展

一、行銷問題

廣告曝光少、品牌知名度低，尚未建立品牌價值。實體通路密度低，缺乏與消費者接觸。

二、行銷任務

增加品牌曝光率，建立品牌形象並提高知名度。舉辦實體促銷活動，與消費者、黃金客群互動開發新客群。

三、行銷目標

短期：提高知名度。

中期：增加產品認知度與品牌偏好度。

長期：建立品牌形象，提高品牌忠誠度。

四、行銷策略

1. A產品與B產品已有固定客群與固定購買量，針對黃金客群建立官網會員積點制，讓黃金客群享有獨特優惠感，吸引其持續購買進而降低品牌轉移率。
2. 每年定期舉辦座談會，與消費者深度溝通產品訊息。
3. 新客群開發針對特定族群溝通，進行異業合作。A產品瞄準美髮業、美甲業、SPA業等，B產品持續與婦科診所合作。
4. 在網路上採用圖像式廣告與關鍵字廣告雙管齊下、相輔相成，主動觸及網購客群，有效提升網路購買率。
5. 採用公車車體廣告、報紙廣告、雜誌廣告，定期波段操作達到足量露出並有效提升知名度。

五、促銷計畫

(一)官網會員積點活動

1. 目的

- 以會員積點活動作為鎖定客源第一步，鞏固消費者忠誠度。
- 培養黃金客群讓他們成為口碑傳播者，透過會員機制有效提升產品回購率。

2. 執行內容

- 每消費50元可累積紅利點數1點，每累積滿10點，可轉換為產品折價1元。固定舉辦下列活動，刺激會員累積點數。
- 紅利加倍送：可搭配促銷檔期，凡購買消費5倍點數加倍送。
- 點數抽獎活動：凡累積滿100點，即可參加抽獎好禮送。
- 年度消費滿額禮：凡年度累積滿100點，可獲得滿額禮。累積滿200點，可獲得滿額特別禮。

3. 時程安排

- 1月開始與代理商123公司討論建立會員積點辦法。
- 2～3月建立程式。
- 4月開始實施會員積點活動。
- 5～11月搭配促銷檔期，點數加倍送。
- 12月點數抽獎活動、年度消費滿額禮。

會員行銷最主要的優點是在培養眾多忠實的顧客，建立一個長期穩定的市場並提高公司競爭力。薄利多銷是會員行銷的普遍特徵，會員一般都有一定期限，在此期間內會員都是公司的顧客，公司的產品或服務特徵會給消費者留下深深的烙印。如果公司能夠讓會員獲得滿意，這種情況可能會長久持續下去。由於會員制能把大量顧客長期吸引在企業周圍，給競爭對手造成威脅。

會員行銷能夠促進企業與顧客雙向交流。顧客成為會員後，會定期收

到公司有關新產品的訊息瞭解廠商動態,針對性的選購產品。此外,公司能夠及時瞭解消費者需求的變化,掌握他們對產品、服務等方面的意見,作為改進行銷模式的依據。

　　4.官網會員優惠活動

　　　　・點數抽獎活動:每年年中與年終舉行一次點數抽獎活動,針對累積100點的會員,舉辦獨優抽獎,獎項有飯店免費住宿券2人房×1。

　　　　・年度消費滿額禮:每年12/20進行會員紅利結算,寄送滿額禮後,紅利會自動歸零。

　　　　・滿額禮:累積100點,即可獲得超值獨家訂製風格碗＋環保餐筷。

　　　　・滿額特禮:累積200點,即可獲得超值禮券500元。

(二) A產品素人試飲座談會

1. 目的:提升產品曝光率,增加消費者對產品的認知,透過座談會更深入溝通產品訊息。

2. 執行規劃:運用口碑行銷,以素人力量影響其親友,增加產品資訊可信度。運用座談會先進行知識推廣,使素人具有基本知識,讓試飲提升資訊的品質。

3. 以座談會方式與目標,對消費群做定點式深入溝通。

4. 讓座談會更像分享會,提供專業知識以及贈送小禮物。

5. 在座談會中產品是配角,陪襯夏日水肌膚大作戰的主題講座。

6. 將試飲期縮短為六天,提高購買意願。

7. 透過親友口碑增加傳播效益。

　　　　・目標:每一場座談會邀請20位素人,共舉辦兩場。試飲總瀏覽量2,000,品牌認知度提升50%、產品認知度提升50%。

　　　　・活動對象:25～45歲女性,平常會使用部落格,但不是長期經

營；會關心保養美容資訊、臉書重度使用者。

(三)與美容業異業合作：A產品

1. 目的：因應A產品TA是高度關心自身外貌者，與美髮、美甲、SPA業等美容相關業者進行異業合作。藉由產品訊息深度溝通與互動，與TA建立良好關係增加購買意願。

2. 目標：與90家業者異業合作。

3. 執行內容：與美髮、美甲、SPA業者談異業合作事宜。以A產品作為贊助品，洽談以下合作方式：

   ・文宣品發送：製作A產品美容簡章、海報、立牌，在合作業者地點發送，結合消費抽獎活動一起宣傳。

   ・VIP會員贊助：凡消費額累積滿5,000元，即贈送A產品12瓶。

   ・消費抽獎贊助：活動期間消費即可獲得A產品抽獎活動抽獎券，每一家店抽獎獎品為A產品30入2名、12入5名、6入10名。

(四)與婦科診所異業合作：B產品

1. 目的：B產品TA以具私密問題困擾者為主，與婦科診所進行異業合作。藉由產品訊息深度溝通與互動，與TA建立良好關係增加購買意願。

2. 目標：與30家業者合作。

3. 執行內容：延續前一年度合作，持續與婦科診所異業合作。以B產品做贊助品，洽談以下合作方式：

   ・文宣品發送：製作B產品宣傳簡章、立牌、海報，在合作業者地點發送，結合抽獎活動一起宣傳。

   ・體驗派樣贊助：活動期間內在診所免費派樣B產品1瓶，提供給患者試用。

   ・按讚抽獎活動：將患者導回網路粉絲團請其加入為粉絲，並分享B產品形象廣告圖片，幫助建立B產品私密保養的形象。

(五)網路圖像式廣告

1. 目的：透過圖像式廣告，在各大網路平臺主動觸及網路潛在顧客群，加強官網通路的瀏覽率進而提升購買率。

2. 媒體規劃：Google聯播網廣告，在各大網路平臺如Google、Yam天空、Hinet中華電信、Mobile01、鉅亨網以及四大報新聞網刊登廣告。

3. 酷比廣告：分析網友瀏覽網頁行為，主動將廣告觸及瀏覽過相關資訊的群組。

4. 目標：每一個月圖像廣告點擊率達5,000人次。

5. 執行內容

   ・A產品：以A產品、Slogan、四大成分、廣大部落客推薦為素材製作廣告。

   ・B產品：以B產品、Slogan、四大成分、與診所合作推薦為素材製作廣告。

(六)網路關鍵字廣告

1. 目的：會搜尋相關關鍵字的每一個人都是商機。主動觸及網路潛在顧客群，加強官網通路的瀏覽率進而提升購買率。

2. 媒體規劃：Yahoo關鍵字廣告。

3. 目標：每一個月關鍵字廣告點擊率達1,000人次。

4. 執行內容

   A產品飲關鍵字方向分為以下兩個走向：

   ・素食膠原蛋白、植物膠原蛋白。

   ・保濕產品、保濕產品推薦。

   B產品飲關鍵字方向分為以下兩個走向：

   ・私密保養、私密保養推薦、私密保健。

   ・蔓越莓、洛神花。

(七)公車車體廣告

1. 目的：以公車車體廣告接觸通勤上班群組，此群組為網購主要客群。以大幅車體廣告加深產品記憶度，引起注意並提高知名度。
2. 媒體規劃：主要以行經商辦大樓聚集處與熱鬧商圈的公車為主要媒介，以車門側為主要露出標的。
3. 執行內容：預計規劃購買兩路線，A產品與B產品各買其中一條路線。

(八)捷運報廣告：B產品

1. 目的：以Upaper捷運報精準接觸B產品TA，與消費者溝通產品訊息，促使消費者搜尋產品進而增加討論度。
2. 媒體規劃：Upaper。
3. 目標：每月一期廣告接觸人次18萬人次。

(九)雜誌置入：A產品

1. 目的：依前述分析，A產品主要TA接觸頻率高的媒體之一是雜誌，透過雜誌長期露出在消費者心中建立A產品的產品價值，進而提高知名度。
2. 媒體特性：具備深度報導的特性，可精準接觸目標族群，圖像表現豐富、傳播時效長，具保存特性。
3. 執行內容：參考女性雜誌年銷售量前10名，《大美人》、《美麗佳人》、《Ray》、《愛女生》、《Choc恰女生》，從中挑選一種雜誌長期配合刊登廣告。透過長期廣告印象累積，有效提升消費者對A產品的購買意願。

陸、預算規劃

預算規劃

活動	項目	費用(元)
官網會員積點	會員積點程式建立30,000 飯店免費住宿券2人房×1＝3,000元 滿額禮×50＝7,500元	40,500
網路關鍵字廣告	預計購買6個月，採競標制，以每月提供廣告預算，做點擊與露出位置的調整，預估每月關鍵字廣告預算A、B產品各5,000元	60,000
公車廣告	媒體費（破格兩窗）8,500元／月，預計露出4個月＝34,000元 製作費（破格兩窗）6,250元／回 統計40,250元，共計兩路線80,500元	80,500
A產品異業合作	預計找公關公司統包，與90家業者合作	200,000
A產品素人座談會×2	主持人車馬費、餐盒、道具，預計7、8月各1場	15,000
A產品網路圖像AD	酷比點擊計費1次8元，預計露出2個月，每月點擊1,250人次，Google聯播網計費方式待詢問	20,000
A產品雜誌廣告	預計找雜誌公司規劃6個月專案	500,000
B產品異業合作	預計繼續找精緻協助	200,000
B產品網路圖像AD	酷比點擊計費1次8元，預計露出2個月，每月點擊1,250人次，Google聯播網計費方式待詢問	20,000
B產品捷運報廣告	廣告設計費5,000元 媒體購買費1檔60,000，預計推出2個月2檔	125,000
總預算		1,261,000

柒、預期效益

效益評估

活動	接觸／點擊人次／KPI	CP值	總觸及人數／總KPI
官網會員積點	預計吸引50名會員年度滿5,000元消費，5名會員年度滿10,000元消費		預算提升年度銷售額300,000元
網路關鍵字廣告	1月1,000元，共露出6個月	1人接觸成本10元	6,000元
網路圖像式廣告	1月1,250元，共露出4個月	1人接觸成本8元	5,000元
A產品異業合作	每家業者接觸800名，共計90家合作業者	1人接觸成本2.7元	72,000元
A產品素人座談會	兩場共計40位參加者，試飲總瀏覽率達2,000	1人接觸成本7.3元	2,040元
A產品雜誌廣告	依雜誌銷售量作KPI評估		
B產品異業合作	預計與30家診所合作，接觸6,000名患者	1人接觸成本41.6元	6,000元
B產品捷運報廣告	1天發行量180,000份，共購買2檔	1人接觸成本0.34元	360,000元
總效益			451,040人 銷售額300,000元

> 關鍵字與圖像式廣告採點擊費，因此僅以點擊人次計算，瀏覽人次效益將更高

參考資料

註1 http://life.trendgo.com.tw/epaper/201, Trendgo 行銷人電子報2010/07/07。

http://www.iii.org.tw/m/ICT-more.aspx?id=270 創新發現誌（ideas）2011年7月號。

註2 東方線上E-ICP東方消費者行銷資料庫2010、2011。

註3 2010臺灣保健食品與健康食品認證對消費者購買行為之分析，玄奘大學。

註4 2011消費者對機能性保健食品消費行為之研究。

註5 2011年05月創市際女性私密保養品篇。

註6 2010女性消費者網路購物行為意向之研究。

註7 2011年版E-ICP東方消費者行銷資料庫。

註8 同註6。

國家圖書館出版品預行編目資料

促銷管理精論：行銷關鍵的最後一哩路／林隆
儀著. — 二版. — 臺北市：五南圖書出版
股份有限公司, 2021.04
　　面；　公分
ISBN 978-957-11-9226-0 (平裝)

1.銷售　2.銷售管理　3.個案研究

496.5　　　　　　　　　　　106009153

1FTW

促銷管理精論：行銷關鍵
的最後一哩路

作　　者 ― 林隆儀

發 行 人 ― 楊榮川

總 經 理 ― 楊士清

總 編 輯 ― 楊秀麗

主　　編 ― 侯家嵐

責任編輯 ― 鄭乃甄

文字校對 ― 丁文星、陳俐君

封面設計 ― 盧盈良、姚孝慈

出 版 者 ― 五南圖書出版股份有限公司

地　　址：106台北市大安區和平東路二段339號4樓

電　　話：(02)2705-5066　傳　　真：(02)2706-6100

網　　址：https://www.wunan.com.tw

電子郵件：wunan@wunan.com.tw

劃撥帳號：01068953

戶　　名：五南圖書出版股份有限公司

法律顧問　林勝安律師事務所　林勝安律師

出版日期　2015年9月初版一刷
　　　　　2021年4月二版一刷

定　　價　新臺幣560元

經典永恆・名著常在

五十週年的獻禮——經典名著文庫

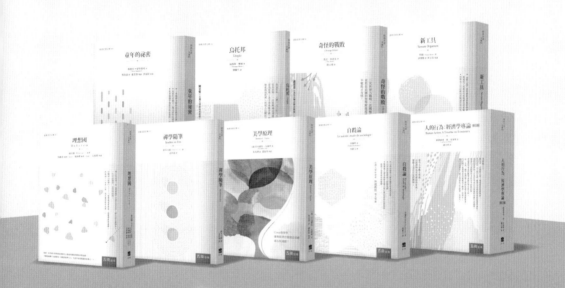

五南，五十年了，半個世紀，人生旅程的一大半，走過來了。

思索著，邁向百年的未來歷程，能為知識界、文化學術界作些什麼？

在速食文化的生態下，有什麼值得讓人雋永品味的？

歷代經典・當今名著，經過時間的洗禮，千錘百鍊，流傳至今，光芒耀人；

不僅使我們能領悟前人的智慧，同時也增深加廣我們思考的深度與視野。

我們決心投入巨資，有計畫的系統梳選，成立「經典名著文庫」，

希望收入古今中外思想性的、充滿睿智與獨見的經典、名著。

這是一項理想性的、永續性的巨大出版工程。

不在意讀者的眾寡，只考慮它的學術價值，力求完整展現先哲思想的軌跡；

為知識界開啟一片智慧之窗，營造一座百花綻放的世界文明公園，

任君遨遊、取菁吸蜜、嘉惠學子！